从零开始学

Scrapy网络爬虫

（视频教学版）

张涛◎编著

机械工业出版社
China Machine Press

图书在版编目（CIP）数据

从零开始学Scrapy网络爬虫：视频教学版/张涛编著. —北京：机械工业出版社，2019.9

ISBN 978-7-111-63474-4

Ⅰ．从… Ⅱ．张… Ⅲ．软件工具－程序设计 Ⅳ．TP311.561

中国版本图书馆CIP数据核字（2019）第181393号

本书从零开始，循序渐进地介绍了目前最流行的网络爬虫框架 Scrapy。即使你没有任何编程基础，阅读本书也不会有压力，因为书中有针对性地介绍了 Python 编程技术。另外，本书在讲解过程中以案例为导向，通过对案例的不断迭代、优化，让读者加深对知识的理解，并通过14 个项目案例，提高读者解决实际问题的能力。

本书共 13 章。其中，第 1～4 章为基础篇，介绍了 Python 基础、网络爬虫基础、Scrapy框架及基本的爬虫功能。第 5～10 章为进阶篇，介绍了如何将爬虫数据存储于 MySQL、MongoDB 和 Redis 数据库中；如何实现异步 AJAX 数据的爬取；如何使用 Selenium 和 Splash实现动态网站的爬取；如何实现模拟登录功能；如何突破反爬虫技术，以及如何实现文件和图片的下载。第 11~13 章为高级篇，介绍了使用 Scrapy-Redis 实现分布式爬虫；使用 Scrapyd 和Docker 部署分布式爬虫；使用 Gerapy 管理分布式爬虫，并实现了一个抢票软件的综合项目。

本书适合爬虫初学者、爱好者及高校相关专业的学生阅读，也适合数据爬虫工程师作为参考读物，同时还适合各大院校和培训机构作为教材使用。

从零开始学 Scrapy 网络爬虫（视频教学版）

出版发行：机械工业出版社（北京市西城区百万庄大街 22 号　邮政编码：100037）

责任编辑：欧振旭　李华君　　　　　　　　责任校对：姚志娟

印　　刷：中国电影出版社印刷厂　　　　　版　　次：2019 年 9 月第 1 版第 1 次印刷

开　　本：186mm×240mm　1/16　　　　　印　　张：18.75

书　　号：ISBN 978-7-111-63474-4　　　　定　　价：99.00 元

客服电话：（010）88361066　88379833　68326294　　　投稿热线：（010）88379604

华章网站：www.hzbook.com　　　　　　　　读者信箱：hzit@hzbook.com

随着人工智能浪潮的到来，笔者身边有越来越多的人投入到人工智能和大数据的学习与研究中。他们来自不同的行业，有高校老师和学生，有 AI 研究专家，有物理或数学专业人才。他们都迫切希望能够获取大量相关领域的数据，用于学习和研究。而互联网中源源不断的海量数据为他们提供了一个既经济又可靠的来源。如何简单、高效、快捷地获取这些数据呢？笔者试图为他们推荐几本能快速入手的书籍。经过一番了解，发现目前市场上关于网络爬虫的图书主要分为两类：一类是翻译成中文的外版图书，其定位相对高端，且翻译质量参差不齐，阅读难度较大，不易上手，故不适合初学者学习；另一类是国内原创的一些关于网络爬虫的图书，这些书大多要求读者具备一定的 Python 编程基础，虽然书中对各种网络爬虫框架都有介绍，但是不深入也不成体系，对于零基础或非计算机专业的人员来说，显然也不太适合。

于是，他们就"怂恿"我，希望我能编写一本从零基础开始学起的网络爬虫书籍。虽然我从事网络爬虫教学工作多年，但我深知教学跟写书是两码事。教学注重临场发挥，思维比较发散；而写书要求文笔流畅、逻辑严谨缜密。我实在没有信心接受这个挑战。直到有一天，机械工业出版社的编辑联系到了我，认为我从事教育和研究工作，能讲、会说、有技术，对写书来说正是最大的优势。于是在编辑的鼓励和指导下，我开始构思和梳理文章脉络：首先，本书受众要广，即使是零基础或非计算机专业的"小白"也能上手；其次，本书内容不追求多和杂，只选用最流行、最好用、最强大的网络爬虫框架介绍即可；最后，本书的可操作性和实用性要强，通过迭代案例加深读者对知识的理解与应用，以典型的、知名的网站为爬取目标，提高读者解决实际问题的能力。本书正是遵循这样的思路逐步推进，不断优化，最后顺利地完成了写作。

本书有何特色

1. 由浅入深，循序渐进

本书从零开始，先介绍 Python 语言、网络爬虫基础、Scrapy 框架结构等基础内容；再介绍 Scrapy 的数据库存储、动态页面爬取、突破反爬虫技术等核心技术；接着介绍分布式爬虫的实现、部署和管理等高级技术；最后介绍了一个完整的综合项目的开发过程。

2. 视频教学，讲解详尽

为了便于读者高效、直观地学习，书中每一章的重点内容都专门录制了配套教学视频。

读者可以将图书内容和教学视频结合起来，深入、系统地学习，相信一定会取得更好的学习效果。

3．注释详细，一目了然

无论是在 Python 程序设计，还是在 Scrapy 爬虫实现部分，本书均对代码做了详细的注释，读者理解起来会更加顺畅。另外，对于多步骤的操作过程，本书在图例中使用数字做了标注，便于读者准确操作。

4．案例丰富，实用易学

本书提供了 14 个实用性很强的项目案例，这些案例爬取的目标均是知名的、具有代表性的、应用价值较高的网站。读者通过实际操练这些项目案例，可以更加透彻地理解 Scrapy 网络爬虫的相关知识。

5．提供课件，方便教学

笔者专门为本书制作了专业的教学 PPT，以方便相关院校或培训机构的教学人员讲课时使用。

本书内容

第1篇　基础篇

第 1 章　Python 基础

本章介绍了 Python 环境搭建，并详细介绍了 Python 基本语法、Python 内置数据结构及 Python 模块化设计，为 Scrapy 网络爬虫开发打下坚实的编程基础。

第 2 章　网络爬虫基础

本章介绍了与网络爬虫技术相关的 HTTP 基本原理、网页基础，以及使用 XPath 提取网页信息的方法，为 Scrapy 网络爬虫开发打下坚实的理论基础。

第 3 章　Scrapy 框架介绍

本章首先介绍了网络爬虫的原理；然后介绍了 Scrapy 框架的结构及执行流程，并实现了 Scrapy 的安装；最后结合案例，实现了第一个 Scrapy 网络爬虫功能。

第 4 章　Scrapy 网络爬虫基础

本章深入 Scrapy 框架内部，介绍了使用 Spider 提取数据、使用 Item 封装数据、使用 Pipeline 处理数据的方法，并通过一个项目案例，演示了一个功能完备的 Scrapy 项目的实现过程。

第2篇　进阶篇

第 5 章　数据库存储

本章介绍了关系型数据库 MySQL、非关系型数据库 MongoDB 和 Redis 的下载、安装及基本操作，并通过 3 个项目案例，实现了将爬取来的数据分别存储于这 3 个数据库中的方法。

第 6 章　JavaScript 与 AJAX 数据爬取

本章通过两个项目案例，介绍了使用 Scrapy 爬取通过 JavaScript 或 AJAX 加载的数据的方法和技巧。

第 7 章　动态渲染页面的爬取

本章介绍了使用 Selenium 和 Splash 这两个工具来模拟浏览器进行数据爬取的方法，并通过两个项目案例，进一步巩固使用 Selenium 和 Splash 的方法与技巧。

第 8 章　模拟登录

本章介绍了某些需要登录才能访问的页面爬取方法，并介绍了模拟登录、验证码识别和 Cookie 自动登录等知识，还通过一个项目案例，进一步巩固了实现模拟登录的方法和技巧。

第 9 章　突破反爬虫技术

本章介绍了突破反爬虫的几种技术，主要有降低请求频率、修改请求头、禁用 Cookie、伪装成随机浏览器及更换 IP 地址等，通过这些举措，可以有效避免目标网站的侦测，提高爬虫成功率。

第 10 章　文件和图片下载

本章介绍了使用 Scrapy 的中间件批量下载文件和图片的方法，并通过两个项目案例，进一步巩固了文件和图片下载的方法与技巧。

第3篇　高级篇

第 11 章　Scrapy-Redis 实现分布式爬虫

本章介绍了使用 Scrapy-Redis 实现分布式爬虫的方法。首先介绍了分布式爬虫的原理，然后介绍了实现分布式爬虫的思路和核心代码，最后通过一个图片下载的项目案例，构造了一个分布式爬虫系统。

第 12 章　Scrapyd 部署分布式爬虫

本章介绍了分布式系统的部署和管理。首先介绍了使用 Scrapyd 和 Scrapyd-Client 部署分布式爬虫，然后介绍了使用 Docker 批量部署分布式爬虫，最后介绍了如何使用 Gerapy 管理分布式爬虫。

第 13 章　综合项目：抢票软件的实现

本章通过全面分析 12306 购票网站的特点，结合 Scrapy 网络爬虫框架和 Selenium 浏览器工具，使用 Python 面向对象的设计模式，完成了一个综合性和实用性都较强的项目：
抢票软件。

本书配套资源获取方式

本书涉及以下配套资源：

- 配套教学视频；
- 实例源代码文件；
- 教学 PPT。

这些配套资源需要读者自行下载。请登录华章公司网站 www.hzbook.com，在该网站
上搜索到本书，然后单击"资料下载"按钮，在本书页面上找到下载链接即可下载。

适合阅读本书的读者

- 网络爬虫初学者；
- 网络爬虫爱好者；
- 网络爬虫从业人员；
- 数据工程师；
- 高等院校的老师和学生；
- 相关培训机构的学员。

本书作者

笔者毕业于中国科学技术大学软件工程专业，获硕士学位。现就职于知名的智能语音
技术公司，有 10 余年软件项目管理经验。在高等院校担任网络爬虫及机器学习方面的授
课工作。

本书能够顺利出版，首先要感谢本书编辑欧振旭！他花费了大量时间和精力对本书提
出了有价值的修改意见和建议；还要感谢其他为本书的出版提供过帮助的编辑和朋友！没
有他们的大力支持，本书也很难与读者见面。

由于笔者水平所限，加之成书时间有限，书中可能还存在一些疏漏和不当之处，敬请
各位读者斧正。联系邮箱：hzbook2017@163.com。

张涛

|目录|

第 2 篇　进阶篇

第 3 篇　高级篇

第1篇
基础篇

第 1 章　Python 基础

Scrapy 网络爬虫框架是用 Python 编写的，因此掌握 Python 编程基础是更好地学习 Scrapy 的前提条件。即使你从未接触过 Python，通过本章的学习，也能很熟练地进行 Scrapy 网络爬虫开发，因为 Python 的设计哲学是优雅、明确、简单，用最少的代码完成更多的工作。

1.1　Python 简介

在开发者社群流行一句话"人生苦短，我用 Python"。看似一句戏言，其实十分恰当地说明了 Python 独特的魅力及其在开发者心目中的地位。

1.1.1　Python 简史

要说近几年最受关注的编程语言，非 Python 莫属。根据 2019 年 3 月 Tiobe 发布的编程语言排行榜显示，Python 以惊人的速度上升到了第三位。这门"古老"的语言，之所以能够焕发新生，得益于人工智能的崛起。因为 Python 是人工智能的首选编程语言，这已是业界的共识，也是必然的选择。

Python 是一门解释型的高级编程语言，创始人为荷兰人 Guido van Rossum（吉多·范罗苏姆）。1989 年圣诞节期间，在阿姆斯特丹，Guido 为了打发圣诞节无聊的时间，决心开发一个简单易用的新语言，它介于 C 和 Shell 之间，同时吸收了 ABC 语言的优点。之所以起 Python 这个名字，是因为他喜欢看英国电视秀节目《蒙提·派森的飞行马戏团（Monty **Python**'s Flying Circus）》。

Python 主要有以下几个特点。
- 初学者的语言：结构简单、语法优雅、易于阅读和维护。
- 跨平台：支持主流的操作系统，如 Windows、Mac OS 和 Linux。
- 内置电池：极其丰富和强大的第三方库，让编程工作看起来更像是在"搭积木"。
- 胶水语言：就像使用胶水一样把用其他编程语言（尤其是 C/C++）编写的模块黏合过来，让整个程序同时兼备其他语言的优点，起到了黏合剂的作用。

1.1.2　搭建 Python 环境

一提到环境的搭建，相信很多人都有过痛苦的经历，除了需要安装一堆软件，还要忍受一系列复杂的步骤及天书般的配置命令，稍有不慎，就会功亏一篑。本节将为大家介绍使用 Anaconda "傻瓜式" 地搭建 Python 编程环境的方法。

1．Anaconda介绍

Anaconda 是最受欢迎的数据科学 Python 发行版，它集成了 Python 环境，包含了一千多个 Python/R 数据科学包，并能有效地管理包、依赖项和环境，更重要的是它包含了 Scrapy 框架的各种依赖包，因此以后安装 Scrapy 框架时，基本不会出现任何问题。

2．安装Anaconda

（1）下载 Anaconda。

官方网站下载网址为 https://www.anaconda.com/download/，如图 1-1 所示。

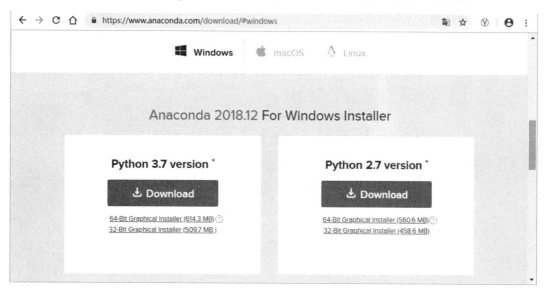

图 1-1　Anaconda 下载页面

网速慢的读者可在清华大学开源软件镜像站下载，网址为 https://mirrors.tuna.tsinghua.edu.cn/anaconda/archive/，如图 1-2 所示。

（2）Anaconda 是跨平台的，有 Windows、Linux 和 Mac OS 版本，请根据自己的操作系统及系统类型（32/64 位），下载最新版本的 Anaconda。

图 1-2　清华大学开源软件 Anaconda 下载页面

（3）安装过程比较简单，直接双击安装包，按照提示安装即可。在安装过程中，有两处需要注意：

一是勾选 Add Anaconda to my PATH environment variable 复选框，将 Anaconda 注册到环境变量中，如图 1-3 所示。

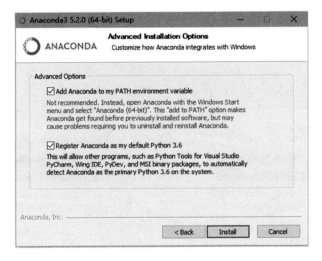

图 1-3　设置环境变量

二是忽略下载 VSCode，即单击 Skip 按钮，如图 1-4 所示。VSCode（Visual Studio Code），是微软推出的一款轻量级代码编辑器，这里用不到。

3. 验证安装是否成功

如何验证 Anaconda 是否已经安装成功了呢？很简单，打开控制台，输入命令：python。如果显示如图 1-5 所示的 Python 版本的信息，说明 Anaconda 已经成功安装，这时即可进入 Python 的解释器界面。

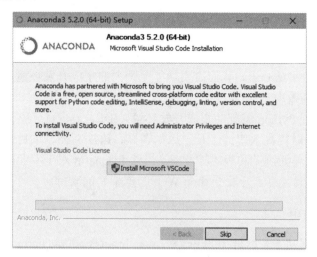

图 1-4 忽略安装 VSCode

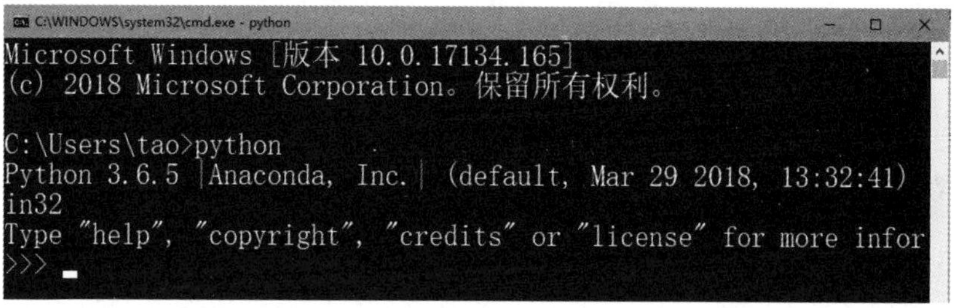

图 1-5 验证安装是否成功

4．编写第一行Python代码

在解释器界面就可以进行 Python 编程了，如输入 print("hello Python!")，回车，就会打印出字符串"hello Python!"，如图 1-6 所示。自己动手试一试吧。

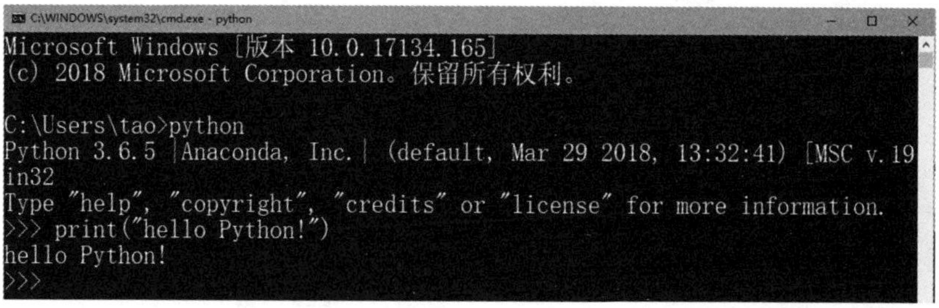

图 1-6 第一行 Python 代码

1.1.3　安装 PyCharm 集成开发环境

如果仅仅是基本的 Python 程序开发，安装 Anaconda 就足够了。但是对于 Scrapy 网络爬虫开发，就显得力不从心了，我们需要功能更强大的集成开发环境，来帮助我们整合资源，减少错误，提高效率。

PyCharm 是一种 Python 编程的集成开发环境（IDE），带有一整套可以帮助用户在使用 Python 语言开发时提高效率的工具，比如调试、语法高亮、项目管理、代码跳转、智能提示、自动完成、单元测试和版本控制等。当然 PyCharm 对于专业的 Python Web 开发，也提供了 Django 框架（用于开发 Python Web 的框架）的支持。

1．下载PyCharm

PyCharm 官方网站下载网址为 https://www.jetbrains.com/pycharm/download。

2．选择版本

PyCharm 分 Professional（专业版）和 Community（社区版）。专业版拥有全部功能，但是收费；社区版是个较轻量级的 IDE，免费开源。对于开发者来说，使用社区版完全够用了。

3．安装PyCharm

PyCharm 的安装也是"傻瓜式"的，只要按照提示执行"下一步"即可。不过，在选择操作系统类型（32/64 位）时，需要根据操作系统的实际情况选择对应的系统类型，如图 1-7 所示。

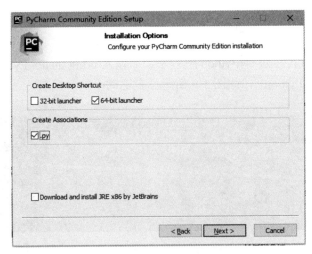

图 1-7　选择自己的操作系统类型

4．编写第一个Python代码hello Python！

下面在 PyCharm 中编写 Python 程序。首先新建一个名为 hello 的项目（Project），一个项目中可以包含多个 Python 源文件，然后在 hello 项目中新建一个名为 hello.py 的源文件，在源文件中输入 print("hello Python!")，最后在源文件中右击，在弹出的快捷菜单中选择 run 'hello' 选项，即可执行程序。结果显示在信息显示区，如图 1-8 所示。

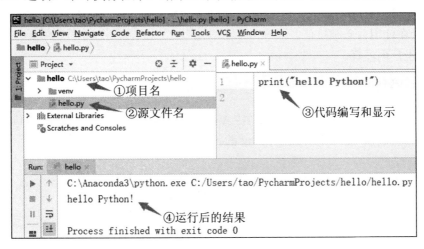

图 1-8 PyCharm 编程

1.2 Python 基本语法

Python 语法简单、优雅，如同阅读英语一般，即使是非科班出身的用户，也能很快理解 Python 语句的含义。

1.2.1 基本数据类型和运算

1．变量

有计算机基础的读者都知道，计算机在工作过程中所产生的数据都是在内存中存储和读取的。内存类似于工厂的仓库，数据作为零件存储在仓库（内存）中不同的地方。仓库那么大，怎样才能快速找到这些零件（数据）呢？我们可以给每个零件贴上"标签"，根据标签名称，就可以找到它们了。这些标签，就是传说中的"变量"。使用"变量"可以快速定位数据、操作数据。比如，存储同学 cathy 的个人信息：

```
name = "cathy"              #变量名 name，存储姓名
age = 10                    #变量名 age，存储年龄
height = 138.5              #变量名 height，存储身高
is_student = True          #变量名 is_student，存储是否是学生的标记
score1 = None              #变量名 score1，存储成绩
```

【重点说明】

- 变量名包含英文、数字及下划线，但不能以数字开头。
- =用来给变量赋值，如变量 name 的值为 cathy。
- 变量在使用前必须赋值。
- #代表行内注释。

2. 数据类型

Python 的基本数据类型包括整数、浮点数、布尔型和字符串，可以使用 type()函数查看一个变量的类型。比如查看同学 cathy 的各个变量的类型：

```
type(name)                 #字符串：<class 'str'>
type(age)                  #整数：<class 'int'>
type(height)               #浮点数：<class 'float'>
type(is_student)           #布尔型：<class 'bool'>
type(score1)               #NoneType：<class 'NoneType'>
```

【重点说明】

- 注释中的尖括号是执行 type()函数后输出的结果。
- 结果中的 class 意味着 Python 中一切皆对象，后面会讲到。
- score1 的类型是 NoneType，不是 0，也不是空。很多情况下，API 执行失败会返回 None。
- 变量不需要声明类型，Python 会自动识别。

1.2.2　运算符和表达式

Python 中数值的基本运算和其他语言差不多，运算符及其使用说明如表 1-1 所示。

表 1-1　运算符及其使用说明

运 算 符	描 述	实 例	结 果	说 明
+	加	n1+n2	7.8	已知n1=5,n2=2.8,n3=3，下同
−	减法	n1-n2	2.2	5−2.8
*	乘	n1*n2	14.0	5×2.8
/	除	n1/n2	1.7857142857142858	结果为浮点数
//	整除	n1//n2	1.0	向下取整
%	取余	n1%n3	2	n3不能为0
**	幂	n1**n3	125	5的3次方

（续）

运 算 符	描 述	实 例	结　　果	说　　明
+=	自增	n1+=1	6	（1）等同于：n1 = n1 +1； （2）Python中没有++，自增用+=； （3）其他运算符也可以与=组合起来，实现自操作，如-=, /=, %=

1.2.3　条件判断语句

条件语句是指根据条件表达式的不同，使程序跳转至不同的代码块。Python 的条件语句有：if、if-else 和 if-elif-else。下面来看几个判断成绩的例子。

（1）判断成绩是否合格：

```
score = 95                       #成绩
#二选一
if score >= 60:                  #如果成绩 60 分及以上，则输出"合格"
    print("合格")
else:                            #否则，输出"不合格"
    print("不合格")
```

运行以上代码后，输出"合格"。

（2）判断成绩是优秀、良好、及格还是不及格：

```
#多选一
if score >= 90:                        #如果成绩大于等于 90
    print("优秀")
    print("再接再厉")
elif score <90 and score >=70:         #如果成绩在 70~90 之间
    print("良好")
elif score < 70 and score >= 60:       #如果成绩在 60~70 之间
    print("及格")
else:                                  #其他情况
    print("不及格")
```

运行以上代码后，输出"优秀"和"再接再厉"。

【重点说明】

- 关键字 if、elif 和 else 后面的冒号（:）不能缺，这是语法规则。
- 每个判断条件下的代码块都必须缩进，这是 Python 的一大特点，即通过强行缩进来表明成块的代码。这样做的好处是代码十分清晰工整，坏处是稍不注意，代码块就会对不齐，运行就会出错。
- Python 中用于比较大小的关系运算符，跟其他语言类似，如表 1-2 所示。

表 1-2　关系运算符

大　　于	小　　于	大于等于	小于等于	等　　于	不　等　于
>	<	>=	<=	==	!=

● Python 中用于连接多个条件的逻辑运算符，如表 1-3 所示。

表 1-3　逻辑运算符

与（并且）	或（或者）	非（取反）
and	or	not
优先级：not > and > or		

下面来看一个判断闰年的例子。要判断是否是闰年，只要看年份是否满足条件：能被 4 整除，并且不能被 100 整除，或者能被 4 整除，并且又能被 400 整除。

实现代码如下：

```
year = input("请输入年份: ")              #通过命令行输入年份
year = int(year)                          #转换为整型
if (year%4==0 and year%100!=0) or (year%4==0 and year%400==0):
    print("%d年是闰年"%year)              #闰年
else:
    print("%d年不是闰年"%year)            #非闰年
```

【重点说明】

● 第一行通过 input( )函数实现从命令行中动态输入年份。
● if 后面是判断闰年的条件表达式，由于 and 的优先级高于 or，也可以省略圆括号。条件表达式还可以简写为：

```
if year%4==0 and (year%100!=0 or year%400==0):
```

● 通过 print 输出字符串文字。这是一个经过格式化的字符串，双引号中是将要格式化的字符串，其中的%d 是格式化符号，表示整数。双引号后面跟%year，表示将变量 year 的值转换为整数后插入到%d 的位置上。

1.2.4　循环语句

生活中有许多重复的劳动，如 cathy 做错事被罚抄课文 5 遍等。代码的世界也是如此，对于重复的功能，如果通过简单的复制、粘贴，代码就会变得沉重冗余，难以理解。Python 中使用 while 和 for 循环来实现代码的重复利用，通常用于遍历集合或累加计算。

1. while循环

while 循环的语法结构为：

```
while <条件>:
    循环体
```

在给定的判定条件为 True 时执行循环体，否则，退出循环。循环的流程图如图 1-9 所示。

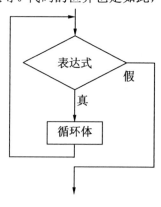

图 1-9　循环流程图

以下代码实现了打印 5 遍字符串的功能：

```
#1.使用 while 执行 5 次循环
n = 1                                    #记录次数
while n<=5:                               #n<=5 为循环条件
    print("cathy 正在努力抄第%d 遍课文"%n)      #每次循环输出的文字
    n += 1                                #自增 1
```

【重点说明】

● while 语句后要有半角冒号（:）。
● 循环体要有缩进。
● 每次循环 n 都会自增 1，否则就会死循环。

2．for循环

for 循环的语法结构为：

```
for <目标对象> in <对象集合>:
    循环体
```

当执行 **for** 循环时，会逐个将对象集合中的元素赋给目标对象，然后为每个元素执行循环体。以下代码使用 for 循环实现了计数和遍历集合的功能：

```
#1.使用 for 执行 5 次循环
for n in range(1,6):                        #range()函数生成整数集合(1,2,3,4,5)
    print("cathy 正在努力抄第%d 遍课文"%n)        #每次循环输出文字
#2.遍历字符串所有字符
name = "cathy"
for n in name:
    print(n)                                #每次循环分别输出 c、a、t、h、y
#3.遍历列表中的所有项目
student = ["cathy",10,25]                    #记录姓名、年龄、体重
for item in student:
    print(item)                             #每次循环分别输出 cathy 10 25
```

3．break和continue

在循环过程中，有时需要终止循环或者跳过当前循环。Python 使用 break 和 continue 来分别表示终止循环和跳过当前循环。

来看一个 break 的例子：实现在 1~100 之间，找到第一个能被 3 整除且能被 8 整除的整数。实现代码如下：

```
a = 1                                        #初始为 1
while a<=100:                                #循环 100 次
    if a%3==0 and a%8==0:
        print("第一个能被 3 整除且能被 8 整除的整数是：%d"%a)
        break                                #终止循环
    a+=1                                     #每次循环自增 1
```

再来看一个 continue 的例子：实现在 1~100 之间，找到所有不能被 3 和 8 整除的数。实现代码如下：

```
for i in range(1,101):
    if i%3==0 and i%8==0:
        continue
    print("%d "%i)
```

【重点说明】

- range(1,101)函数生成了一个包含 1~100 的整数集合，注意，不包括 101。
- if 语句判断的是能被 3 和 8 整除的数，使用 continue 跳过 for 循环剩下的代码，继续执行下一次循环。

4．while和for使用场景

一般情况下，while 和 for 循环可以互相代替，但也有一些使用原则：

- 如果循环变量的变化，伴随着一些条件判断等因素，推荐使用 while 循环。
- 如果仅仅是遍历集合中所有的数据，没有一些条件判断因素，推荐使用 for 循环。

1.2.5　字符串

1．引号

字符串是 Python 中最常见的数据类型，它包含在一对双引号（""）或单引号（''）中。单引号和双引号没有任何区别。

```
name = "cathy"                          #双引号字符串
like = 'english'                        #单引号字符串
```

当单引号中含有单引号（或者叫撇号）时，程序运行就会出错，解释器会"犯迷糊"，如下面的代码所示。它会将'i'看成一个字符串，后面的 m 就不知道如何处理了。

```
age = 'i'm ten '                        #单引号中包含单引号
错误信息：SyntaxError: invalid syntax
```

针对上述问题，有以下两种修改方式。

方式一：将字符串改为双引号括起来。

```
age = "i'm ten "                        #使用双引号
```

方式二：使用反斜杠（\）将字符串中的单引号进行转义。

```
age = 'i\'m ten '                       #加转义字符：\
```

2．访问字符串

Python 访问字符串，可以使用方括号（[ ]）下标法来截取字符串，代码如下：

```
hello = "hello,Python!"
hello[0]                              #获取第 1 个值：h
hello[1:4]                            #获得第 2～5 个（不包括）范围的值：ell
hello[-1]                             #获取最后一个值：！
```

【重点说明】

- 字符串的下标是由左往右，从 0 开始标记的。
- 截取任意范围内容，其格式为：起始下标:终止下标，这叫做切片。需要注意的是，终止下标是不包含在截取范围内的，如 hello[1:4]得到 ell。
- 下标为负数时，从右往左标记，如-1 就是获取最后一个值，-2 获取倒数第二个值，以此类推。

3．字符串方法

字符串自带很多处理方法，通过简单的调用，就可以实现对自身的处理。以下为字符串最常用的几种处理方法，读者可以打印出来看一下效果。

```
cathyStr =" Hello,cathy! "             #两边有空格的字符串
cathyStr.strip(" ")                   #去除字符串两边的空格
cathyLst = cathyStr.split(",")        #以逗号作为分隔符，切分字符串，保存为列表
cathyStr.replace("!",".")             #将字符串中所有感叹号替换为句号
cathyStr.lower()                      #将字符串中所有字母都转换为小写字母
cathyStr.upper()                      #将字符串中所有字母都转换为大写字母
```

4．格式化输出

字符串的格式化输出有 3 种方法：

第 1 种是我们一直在 print( )函数中使用的%格式法。例如，要输出字符串"我的名字叫 XX，今年 X 岁了。"，其中名字和年龄都是动态输入的。实现代码如下：

```
name = input("请输入姓名：")
age = int(input("请输入年龄："))
message = "我的名字叫%s，今年%d 岁了。"%(name,age)
print(message)
```

【重点说明】

- 在 message 字符串中，%s 和%d 是格式化符号，%s 代表字符串，%d 代表整数。它们与后面的 name 和 age 一一对应，功能是将 name 设为字符串，将 age 设为整数，再插入到%s 和%d 对应的位置上。

程序运行后，根据提示输入 cathy 和 10，输出的结果如下：

```
>请输入姓名：cathy
>请输入年龄：10
我的名字叫 cathy，今年 10 岁了。
```

这种方法有个特点，就是格式化符号和后面的变量要一一对应，位置一旦搞错，就会出现错乱。这时候可以考虑使用第 2 种格式化输出方法。先看一下代码：

```
name = input("请输入姓名：")
age = int(input("请输入年龄："))
message = "我的名字叫%(i_name)s，今年%(i_age)d岁了。"%{"i_name":name,"i_age":age}
print(message)
```

【重点说明】

● %s 和%d 的中间添加了 i_name 和 i_age 这两个参数。在后面的字典（{}括起来的部分）中可以找到参数对应的值，这些值会替换参数形成完整的字符串。

程序运行后，根据提示输入 tom 和 15，输出结果如下：

```
>请输入姓名：tom
>请输入年龄：15
我的名字叫tom，今年15岁了。
```

第 3 种格式化输出的方法是使用字符串的 format()函数，用法与第 2 种方法类似。还是先来看代码：

```
name = input("请输入姓名：")
age = int(input("请输入年龄："))
message = "我的名字叫{i_name}，今年{i_age}岁了。".format(i_name=name,i_age=age)
print(message)
```

【重点说明】

● 字符串中的{}中定义了参数，这些参数可以在 format()函数中找到对应的值，这些值会替换参数形成完整的字符串。

程序运行后，根据提示输入 lili 和 8，输出的结果如下：

```
>请输入姓名：lili
>请输入年龄：8
我的名字叫lili，今年8岁了。
```

1.3　Python 内置数据结构

1.2.5 节使用了变量存储同学 cathy 的个人信息，但是如果她的个人信息很多，就需要定义更多的变量来存储，这就会产生以下问题：

● 变量定义多，容易混淆。
● 数据各自独立，没有关联性。
● 代码量大。
● 可读性不强。

使用 Python 容器就可以解决上述问题。容器可以用来盛放一组相关联的数据，并对数据进行统一的功能操作。容器主要分为列表（list）、字典（dict）和元组（tuple），这些结构和其他语言中的类似结构本质上是相同的，但 Python 容器更简单、更强大。

1.3.1　列表

列表是一组元素的集合，可以实现元素的添加、删除、修改和查找等操作。现将同学 cathy 的个人信息统一放到列表中，代码如下：

```
cathy = ["cathy",10,138.5,True,None]    #cathy 的个人信息
score = [90,100,98,95]                  #各科成绩
name = list("cathy")                    #利用 list() 函数初始化一个列表
print(name)                             #输出结果：['c', 'a', 't', 'h', 'y']
```

【重点说明】

- 列表内的元素用方括号（[ ]）包裹。
- 列表内不同元素之间使用逗号（,）分隔。
- 列表内可以包含任何数据类型，也可以包含另一个列表。
- 可以使用 list() 函数生成一个列表。

可以使用列表自带的方法实现列表的访问、增加、删除和倒序等操作。仔细阅读以下代码及注释。

```
cathy = ["cathy",10,138.5,True,None]    #cathy 的个人信息
a = cathy[0]              #下标法获取第 1 个元素（姓名）：cathy
b = cathy[1:3]           #使用切片获取下标 1 到下标 3 之前的子序列：[10, 138.5]
c = cathy[1:-2]          #切片下标也可以倒着数，-1 对应最后一个元素：[10, 138.5]
d = cathy[:3]            #获取从开始到下标 3 之前的子序列：['cathy', 10, 138.5]
e = cathy[2:]            #获取下标 2 开始到结尾的子序列：[138.5, True, None]
cathy[2] = 140.2         #将第 3 个元素修改为 140.2
10 in cathy             #判断 10 是否在列表中，True
cathy.append(28)        #将体重添加到列表末尾
print(cathy)            #['cathy', 10, 140.2, True, None, 28]
cathy.insert(2,"中国")   #将国籍插入到第 2 个元素之后
print(cathy)            #['cathy', 10, '中国', 140.2, True, None, 28]
cathy.pop()             #默认删除最后一个元素
print(cathy)            #['cathy', 10, '中国', 140.2, True, None]
cathy.remove(10)        #删除第 1 个符合条件的元素
print(cathy)            #['cathy', '中国', 140.2, True, None]
cathy.reverse()         #倒序
print(cathy)            #[None, True, 140.2, '中国', 'cathy']
```

现在要使用列表存储另一个同学 terry 的信息，已知除了姓名以外,其他的信息跟 cathy 一样。通过以下操作就可以得到同学 terry 的列表。

```
#cathy 的个人信息
cathy_list = ["cathy",10,138.5,True,None]
terry_list = cathy_list #将 cathy_list 赋给变量 terry_list
terry_list[0] = "terry" #修改 terry 的姓名
print(terry_list)       #打印 terry 信息：['terry', 10, 138.5, True, None]
print(cathy_list)       #打印 cathy 信息：['terry', 10, 138.5, True, None]
```

　　和大家的预期不同的是，cathy_list 中的姓名也变成 terry 了，但是我们并未修改 cathy_list 的姓名，这是什么原因呢？原来在执行 terry_list=cathy_list 时，程序并不会将 cathy_list 的值复制一遍，然后赋给 terry_list，而是简单地为 cathy_list 的值即["cathy",10,138.5,True,None]建立了一个引用，相当于 cathy_list 和 terry_list 都是指向同一个值的指针，所以当 terry_list 中的值改变后，cathy_list 的值也会跟着变。可以通过 id()函数来获取变量的地址。实现代码如下：

```
print(id(cathy_list))          #获取 cathy_list 的地址：2011809417032
print(id(terry_list))          #获取 terry_list 的地址：2011809417032
```

　　结果显示，cathy_list 和 terry_list 这两个变量均指向同一个地址。如何解决这个问题呢？可以使用 copy()函数将值复制一份，再赋给 terry_list，实现代码如下：

```
#terry_list = cathy_list          #删除该条语句
terry_list = cathy_list.copy()    #将值复制一份赋给变量 terry_list
```

1.3.2　字典

　　将同学 cathy 各科的成绩保存于列表 score 中，实现代码如下：

```
score = [90,100,98,95]          #成绩
```

　　如果想要获取 cathy 的语文成绩，如何做到呢？除非事先将每门课的位置都做了记录，否则无论如何是获取不到语文成绩的。当需要对数据做明确的标注，以供别人理解和处理时，使用列表就不太方便了，这时字典就派上用场了。

　　字典是一种非常常见的"键-值"（key-value）映射结构，它为每一个元素分配了一个唯一的 key，你无须关心位置，通过 key 就可以获取对应的值。下面来看一下使用字典保存的成绩：

```
score1 = {"math":90,"chinese":100,"english":98,"PE":95}          #成绩字典
print(score1["chinese"])
```

【重点说明】

- 字典内的元素用大括号（{}）包裹。
- 使用 key:value 的形式存储一个元素，如"math":90，字符串 math 是分数 90 的 key。
- 字典内不同键值对之间采用逗号（,）分隔。
- 字典是无序的，字典中的元素是通过 key 来访问的，如 score1["chinese"]得到语文成绩。

　　也可以使用 dict()函数初始化字典，实现代码如下：

```
score2 = dict(math=90,chinese=100,english=98,PE=95)
print(score1["chinese"])          #根据 key 获取语文成绩：100
if "PE" in score1:                #判断字典中是否包含"PE"的 key
    print(score1["PE"])           #得到体育成绩：95
#获取所有的 key 并保存于列表中，输出结果：['math', 'chinese', 'english', 'PE']
```

```
print(score1.keys())
#获取所有的 value 并保存于列表中，输出结果：[90, 100, 98, 95]
print(score1.values())
#获取 key 和 value 对转化为列表
#输出结果：[('math', 90), ('chinese', 100), ('english', 98), ('PE', 95)]
print(score1.items())
```

1.3.3　元组

元组和列表最大的区别就是不可变的特性，即元组的值一旦确定了，就无法进行任何改动，包括修改、新增和删除。

```
sex1 = ("male","female")              #使用括号生成并初始化元组
sex2 = tuple(["male","female"])       #从列表初始化
sex3 = ("male",)                      #只有一个元素时，后面也要加逗号
sex4 = "male","female"                #默认是元组类型("male","female")
```

【重点说明】
- 元组中元素的访问方法和列表一样，都可以使用下标和切片。
- 圆括号（()）表示元组，方括号（[]）代表列表，大括号（{}）代表字典。
- 初始化只包含一个元素的元组时，也必须在元素后加上逗号，如 sex3。
- 直接用逗号分隔多个元素的赋值默认是元组，如变量 sex4。
- 元组内的数据一旦被初始化，就不能更改。

1.3.4　遍历对象集合

for 循环用于遍历一个对象集合，依次访问集合中的每个项目。前面提到的列表、字典和元组，均可通过 for 循环遍历。下面来看几个例子。

1．遍历列表

```
cathy = ["cathy",10,138.5,True,None]
#依次输出："cathy", 10, 138.5, True, None
for a in cathy:
    print(a)
```

可以通过下标遍历列表。用 len()函数获得列表长度，再用 range()函数获得所有下标的集合，实现代码如下：

```
#依次输出："cathy", 10, 138.5, True, None
for i in range(len(cathy)):
    print(cathy[i])
```

2．遍历字典

```
score = {"math":90,"chinese":100,"english":98,"PE":95}        #成绩字典
#键的遍历，不按顺序输出："math","chinese","english","PE"
```

```
for key in score:
    print(key)
#键和值的遍历,不按顺序输出: math : 90, chinese : 100, english : 98, PE : 95
for key,value in score.items():
    print(key,":",value)
```

程序如果执行多次，会发现输出的顺序不一定一致，这是因为字典是无序的。

3. 遍历元组

```
sex = ("male","female")
#依次输出: "male", "female"
for b in sex:
    print(b)
```

1.4　Python 模块化设计

在编写程序的时候，读者会不会被一个问题所困扰？有些功能多处要用到，实现时不得不复制和粘贴相同的代码。这不但会使程序代码冗余、容易出错，而且维护起来十分困难。因此，可以将这段重复使用的代码打包成一个可重用的模块，根据需要调用这个模块，而不是复制和粘贴现有的代码，这个模块就是 Python 的函数。

另外，我们有时希望将模块和模块所要处理的数据相关联，就跟 Python 内置的数据结构一样，能有效地组织和操作数据。Python 允许创建并定义面向对象的类，类可以用来将数据与处理的数据功能相关联。

Scrapy 爬虫框架正是基于 Python 模块化（函数和类）的设计模式进行组织和架构的。而且几乎所有爬虫功能的实现，都是基于函数和类的。可以说，Python 模块化设计是理解 Scrapy 爬虫框架及掌握爬虫编程技术的重要前提。

1.4.1　函数

函数是组织好的，可重复使用的，用来实现单一或相关联功能的代码段。它有一个入口，用于输入数据，还有一个出口，用于输出结果。当然，根据实际需求，入口和出口是可以省略的。下面先看几个例子。

（1）判断闰年的函数。

```
def is_leap(year):                          #函数定义
    if (year % 4 == 0 and year % 100 != 0) or (year % 4 == 0 and year % 400 == 0):
        return 1                            #闰年
    else:
        return 0                            #非闰年
```

【重点说明】

● 函数以 def 关键字开头，后接函数名、圆括号（()）和冒号（:）。

- 圆括号内用于定义参数（也可以没有参数）。
- 代码块必须缩进。
- 使用 return 结束函数，并将返回值传给调用方。

需要注意的是，函数只有被调用才会被执行。以下代码实现了函数的调用：

```
year = int(input("请输入年份: "))          #控制台输入年份
result = is_leap(year)                     #函数调用，传递参数 year
if result == 1:
    print("%d 年是闰年"%year)
else:
    print("%d 年不是闰年"%year)
```

【重点说明】

- 通过 is_leap(year)调用函数，其中，year 是传递给函数的参数（叫做实参）。
- 当函数执行完后，会通过 return 返回结果，赋给 result。

（2）实现打印任意同学信息的函数。

```
def print_student(name,age,sex="女"):       #性别使用了默认值，必须放最后面
    print("name:",name)
    print("age:",age)
    print("sex:",sex)
print_student("cathy",10)                    #函数调用，性别使用了默认设置
print_student("terry",20,"男")               #函数调用
```

【重点说明】

- 函数可以定义多个参数，用逗号隔开。
- 参数可以设置默认值，但是必须放在最后。
- 在调用函数时，要按定义时的顺序放置参数，函数会按照顺序将实参传递给形参。

（3）求任意几门功课的平均成绩的函数。

```
def get_avg(*scores):                        #scores 前面加*，表示可变长参数
    sum = 0                                  #总成绩，初始值为 0
    for one in scores:
        sum+=one
    return (sum/len(scores))                 #计算出平均值，返回给调用方
avg = get_avg(80,90,95)                      #调用函数，求 3 门课的平均分
avg1 = get_avg(77,88)                        #调用函数，求 2 门课的平均分
print(avg)                                   #结果: 88.33333333333333
print(avg1)                                  #结果: 82.5
```

【重点说明】

- 在参数个数不确定的情况下，可以使用可变长参数。方法是在变量前面加上*号。
- 可变长参数类似于一个列表，无论输入多少个数据，都会被存储于这个可变参数中。
  因此，可以使用 for 循环遍历这个可变参数，获取所有的数据。

1.4.2　迭代器（iterator）

大家都知道，通过网络爬虫提取的数据，数据量往往都很大。如果将所有数据都保存到列表或字典中，将会占用大量的内存，严重影响主机的运行效率，这显然不是一个好方法。遇到这种情况，就需要考虑使用迭代器（iterator）了。

迭代器相当于一个函数，每次调用都可以通过 next() 函数返回下一个值，如果迭代结束，则抛出 StopIteration 异常。从遍历的角度看这和列表没什么区别，但它占用内存更少，因为不需要一下就生成整个列表。

能够使用 for 循环逐项遍历数据的对象，我们把它叫做**可迭代对象**。例如列表、字典和 rang() 函数都是可迭代对象。可以通过内置的 iter() 函数来获取对应的**迭代器对象**。例如，使用迭代器获取列表中的每个元素，代码如下：

```
cathy = ["cathy",10,138.5,True,None]
iter1 = iter(cathy)                    #生成迭代器对象
print(next(iter1))                     #得到下一个值："cathy"
print(next(iter1))                     #得到下一个值：10
```

1.4.3　生成器（Generator）

在 Python 中，把使用了 yield 的函数称为生成器（generator）。生成器是一种特殊的迭代器，它在形式上和函数很像，只是把 return 换成了 yield。函数在遇到 return 关键字时，会返回值并**结束函数**。而生成器在遇到 yield 关键字时，会返回迭代器对象，但**不会立即结束**，而是保存当前的位置，下次执行时会从当前位置继续执行。

下面来看一个著名的斐波那契数列，它以 0、1 开头，后面的数是前两个数的和，下面展示的是前 20 个斐波那契数列的数据。

```
0 1 1 2 3 5 8 13 21 34 55 89 144 233 377 610 987 1597 2584 4181
```

下面分别使用普通函数和生成器实现斐波那契数列的功能，以此来说明它们的不同之处。

（1）定义普通函数。

```
#普通斐波那契函数定义
def get_fibonacci(max):                            #max: 数量
    fib_list =[0,1]                    #保存斐波那契数列的列表，初始值为 0 和 1
    while len(fib_list) < max:
        fib_list.append(fib_list[-1]+fib_list[-2])     #最后两个值相加
    return fib_list
#主函数
if __name__ == "__main__":
    #函数调用，输出前 10 个斐波那契数列的值：0 1 1 2 3 5 8 13 21 34
    for m in get_fibonacci(10):
        print(m,end=" ")
```

　　因为函数只能返回一次，所以每次计算得到的斐波那契数必须全部存储到列表中，最后再使用 return 将其返回。

（2）使用带 yield 的函数——生成器。

```
#使用 yield 的斐波那契函数定义
def get_fibonacci2(max):
    n1 = 0                              #第一个值
    n2 = 1                              #第二个值
    num = 0                            #记录数量
    while num < max:
        yield n1
        n1,n2 = n2,n1+n2
        num+=1
#主函数
if __name__ == "__main__":
    #输出前 10 个斐波那契数列的值: 0 1 1 2 3 5 8 13 21 34
    for n in get_fibonacci2(10):
        print(n,end=" ")
```

yield 一次返回一个数，不断返回多次。先来看一下程序执行的流程图，如图 1-10 所示。

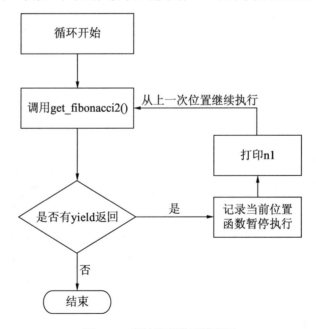

图 1-10　斐波那契数列流程图

【重点说明】

● 通过函数 get_fibonacci2()实现斐波那契数列时，没有将其保存于列表中，而是通过 yield 实时将其返回。

● 在主函数中，使用 for 循环遍历生成器。执行第一次循环，调用生成器函数 get_fibonacci2()，函数运行到 yield 时，返回 n1，函数暂停执行，并记录当前位置，然后执行 for 循环的循环体 print(n,end=" ")，打印 n1 的值。下一次循环，函数从上次暂停的位置继续执行，直到遇到 yield，如此往复，直到结束。

- 使用 yield 可以简单理解为：对大数据量的操作，能够节省内存。
- 在使用 Scrapy 实现爬虫时，为了节省内存，总是使用 yield 提交数据。

1.4.4　类和对象

1．类和对象

我们希望尽量将函数和函数所要处理的数据相关联，就跟 Python 内置的数据结构一样，能有效地组织和操作数据。Python 中的类就是这样的结构，它是对客观事物的抽象，由数据（即属性）和函数（即方法）组成。

就像函数必须调用才会执行一样，类只有实例化为对象后，才可以使用。也就是说，类只是对事物的设计，对象才是成品。

以下为描述人这个类的代码示例：

```
class People:                              #定义人的类
    #构造函数，生成类的对象时自动调用
    def __init__(self,my_name,my_age,my_sex):
        self.name = my_name                #姓名
        self.age = my_age                  #年龄
        self.sex = my_sex                  #性别
    #方法：获取姓名
    def get_name(self):
        return self.name
    #方法：打印信息
    def get_information(self):
        print("name:%s,age:%d,sex:%s"%(self.name,self.age,self.sex))
```

【重点说明】

- 使用 class 关键字定义一个类，其后接类名 People，类名后面接冒号（:）。
- __init__()方法是一种特殊的方法，被称为类的构造函数或初始化方法，当创建了这个类的实例时就会调用该方法。注意，init 两边分别有两个下划线。
- self 代表类的实例。在定义类的方法时，self 要作为参数传递进来，虽然在调用时不必传入相应的参数。
- 类的属性有：name、age 和 sex。使用属性时要在前面要加上 self。
- 类的方法有：get_name(self)和 get_information(self)。注意，这里要有参数 self。
- 类的方法与普通的函数只有一个区别，它们必须有一个额外的第一个参数名称，按照惯例它是 self。

重申一遍，类只有实例化为对象后才可以使用。例如要生成同学 cathy 的对象，实现代码如下：

```
#主函数
if __name__ == "__main__":
    #生成类的对象，赋初值
    cathy = People("cathy",10,"女")
    print(cathy.get_name())         #调用方法并打印，得到："cathy"
cathy.get_information()             #调用方法，得到：name:cathy, age:10, sex:女
```

【重点说明】

- 使用类名 People，生成该类的对象 cathy，并传入参数 cathy，10 和"女"。
- 实例化为对象 cathy 时，自动调用__init__()构造函数，并接收传入的参数。
- 使用点号（.）来访问对象的属性和方法，如 cathy.get_name()。

2. 继承

刚才定义了人这个类，如果还想再实现一个学生的类，是否需要重新设计呢？显然这会浪费很多时间，因为学生首先是人，具有人的所有属性和功能，再加上学生独有的一些特性，如年级、学校等即可。因此，我们没有必要重复"造轮子"，只要将人的类继承过来再加上自己的特性就生成了学生的类，这种机制叫做继承，其中学生类叫做子类，人的类叫做父类。类似于"子承父业"，即子类继承了父类所有的属性和方法。

学生类实现代码如下：

```
class Student(People):
    def __init__(self,stu_name,stu_age,stu_sex,stu_class):
        People.__init__(self,stu_name,stu_age,stu_sex)    #初始化父类属性
        self.my_class = stu_class                          #班级
    #打印学生信息
    def get_information(self):
        print("name:%s,age:%d,sex:%s,class:%s"%(self.name,self.age,self.
        sex,self.my_class))
#主函数
if __name__ == "__main__":
    #生成 Student 类的对象
    cathy = Student("cathy",10,"女","三年二班")
    #打印结果 name:cathy, age:10, sex:女, class:三年二班
    cathy.get_information()
```

- Student 为学生类的类名，圆括号内是继承的父类。这样，Student 类就继承了父类所有的属性和方法。
- 在构造函数中，为学生类新增了一个属性 my_class，其余属性自动从父类继承而来。不过，需要调用父类的构造函数来初始化父类的属性。
- 新增的方法 get_information(self)用于输出学生的信息。

1.4.5　文件与异常

1. 文件操作

Python 提供了文件操作的函数，用于将数据保存于文件中，或者从文件中读取数据。

以下代码实现了将学生列表数据保存到文件中的功能：

```
#学生列表
students=[["cathy",10,"女"],
         ["terry",9,"男"]]
#使用 with…as…打开文件，文件会自动被关闭
with open("students.txt","a",encoding="utf-8") as f:
    for one in students:
        #以逗号隔开，连成一个长字符串
        to_str = one[0]+","+str(one[1])+","+one[2]+"\n"
        f.write(to_str)                     #将字符串写入文件
```

【重点说明】

- open()函数用于打开文件，参数有：
  - ➢ 文件名：students.txt。
  - ➢ 打开方式：a 表示追加，r 表示只读，w 表示只写。
  - ➢ 编码方式：utf-8（支持中文）。
- 正常情况下，打开文件后，需要手动关闭文件（使用 close()函数）。如果使用 with…as…打开文件，系统会自动关闭文件。f 为 open()函数返回的可迭代的文件对象，用于处理文件。
- 如果文件不存在，会先自动生成一个空文件。程序运行后，在当前目录下就会生成 students.txt 文件，文件内容如图 1-11 所示。

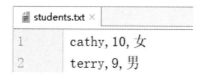

图 1-11　文件内容

以下代码实现了从文件中读取数据到列表的功能：

```
students1 = []
with open("students.txt","r",encoding="utf-8") as f:
    for one in f:                           #f 为可迭代文件对象，使用 for 循环，依次遍历
        # 将读取到的字符串去除换行符，再转换为列表
        one_list = one.strip("\n").split(",")
        one_list[1] = int(one_list[1])                  #将年龄转为整型
        students1.append(one_list)                      #增加到学生列表中
    #输出结果: [['cathy', '10', '女'], ['terry', '9', '男']]
    print(students1)
```

2. 异常处理

上面的代码实现了从文件中读取数据到列表中的功能，但是，如果 students.txt 文件不存在，程序就会报错。这时可以使用 try…except 结构捕获异常，并对异常做出处理。

加入异常处理的代码如下:

```
students1 = []
try:
    with open("students.txt","r",encoding="utf-8") as f:
        for one in f:                        #f 为可迭代文件对象,使用 for 循环,依次遍历
            # 将读取到的字符串去除换行符,再转换为列表
            one_list = one.strip("\n").split(",")
            one_list[1] = int(one_list[1])          #将年龄转换为整型
            students1.append(one_list)              #增加到学生列表中
        #输出结果: [['cathy', '10', '女'], ['terry', '9', '男']]
        print(students1)
except FileNotFoundError:
    print("文件不存在! ")
except:
    print("其他错误! ")
```

【重点说明】

- 当 try 中的代码模块运行出现异常时,将会执行 except 中的代码模块。
- except 关键字可以有多个,FileNotFoundError 代表文件不存在的异常。如果文件不存在,则输出"文件不存在! ";如果是其他错误,则输出"其他错误! "。

1.5　本　章　小　结

本章首先简单介绍了 Python 的历史及其在人工智能领域无可替代的优势;接着使用 Anaconda "傻瓜式"地搭建了 Python 编程环境,并介绍了 PyCharm 集成开发环境;最后紧密围绕 Scrapy 网络爬虫开发需要,介绍了 Python 的基本语法、内置数据结构和模块化设计,为 Scrapy 网络爬虫开发打下坚实的编程基础。

第2章　网络爬虫基础

网络爬虫实现的思想是模拟用户使用浏览器向网站发送请求，网站响应请求后，将 HTML 文档发送过来，爬虫再对网页做信息提取和存储。因此，了解浏览器与网站服务器之间的通信方式和交互过程，理解 HTML 页面的组织和结构，掌握页面信息的提取和存储技术，能进一步加深对网络爬虫原理的理解。

2.1　HTTP 基本原理

下面来看一下用户从浏览器输入某个网址到获取网站内容的整个过程。该过程主要分为 4 个步骤，如图 2-1 所示。

图 2-1　访问网站的过程

（1）在浏览器中输入 URL 地址（如百度地址 https://www.baidu.com），然后回车。
（2）在浏览器中向网站服务器发送请求访问的命令。
（3）网站服务器响应请求后，向浏览器发送 HTML 文档（也可以是图片、视频和 JSON

数据等其他资源）。

（4）浏览器解析、渲染 HTML 文档后，将页面展示给用户。

下面详细讲解这些步骤中的关键知识，这将有助于我们更深入地了解爬虫的基本原理。

2.1.1　URL 介绍

我们把在浏览器的地址栏里输入的网址叫做 URL（**U**niform **R**esource **L**ocator，统一资源定位符）。URL 用于确定分散在互联网中各种资源的位置和访问方式。例如摄图网中故宫博物馆的图片地址为 http://seopic.699pic.com/photo/50088/2824.jpg_wh1200.jpg。它包含了以下几种信息：

- 访问协议：http，用于确定数据传输的方式。
- 服务器名称：seopic.699pic.com，图片所在的网站服务器地址。
- 访问路径：photo/50088，图片目录。
- 资源名：2824.jpg_wh1200.jpg，图片名称。

2.1.2　HTTP 和 HTTPS 协议

首先来看一下访问协议。为了保证浏览器能够正确解析并显示网站服务器传送的资源，需要制定一套双方都遵守的协议，最常见的有 HTTP 和 HTTPS 协议。当然还有其他功能的协议，如 FTP（文件传输协议）、TELNET（远程登录服务）、FILE（本地文件传输协议）等。在爬虫中，通常是通过 HTTP 或 HTTPS 协议获取到页面的。

下面就来了解一下这两个协议。

HTTP（**H**yper**T**ext **T**ransfer **P**rotocol，超文本传输协议）是用于从网络中传输超文本到本地浏览器的传输协议，是互联网中应用最广泛的一种网络协议。它能保证高效而准确地传送超文本文档，我们平常看到的 HTML 文档就是超文本文档。

HTTP 协议以明文方式发送内容，不提供任何方式的数据加密。像银行卡号、密码等对安全性要求高的信息传输，就不能使用 HTTP，而要使用 HTTPS 协议。

HTTPS（**H**yper**T**ext **T**ransfer **P**rotocol over **S**ecure **S**ocket **L**ayer，安全套接字层超文本传输协议）是以安全为目标的 HTTP 通道，简单地讲，就是 HTTP 的安全版。HTTPS 在HTTP 的基础上加入了 SSL 协议，SSL 依靠证书来验证服务器的身份，并对浏览器和服务器之间的通信加密。

目前，越来越多的网站都开始采用安全级别更高的 HTTPS 协议了。

2.1.3　HTTP 请求（Request）

当用户通过浏览器访问某个网站时，浏览器会向网站服务器发送访问请求，这个请求就叫做 HTTP 请求。请求包含的内容主要有：
- 请求方法（Request Method）；
- 请求网址（Request URL）；
- 请求头（Request Headers）；
- 请求体（Request Body）。

为了更直观地说明这个过程，我们使用 Chrome 浏览器自带的"开发者工具"来查看浏览器发送的请求信息。下面以访问百度（https://www.baidu.com）为例来讲解。

（1）打开 Chrome 浏览器，按 F12 键，显示"开发者工具"栏。

（2）在地址栏中输入百度网址 https://www.baidu.com，然后回车。

（3）此时"开发者工具"栏抓取到了许多浏览器请求及服务器响应信息。按如图 2-2 所示的顺序选中各个选项，在第 4 步的 Headers 选项卡中，就能查看到请求信息了。

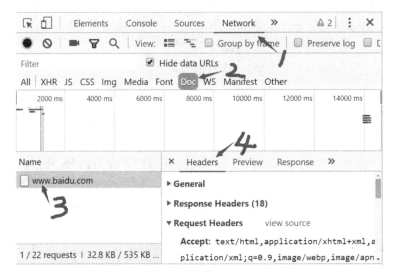

图 2-2　查看请求内容

下面来看一下浏览器向百度的网站服务器发送了哪些请求信息。

1．请求方法（Request Method）

HTTP 协议定义了许多与服务器交互的方法，最常用的有 GET 和 POST 方法。

如果浏览器向服务器发送一个 GET 请求，则请求的参数信息会直接包含在 URL 中。例如在百度搜索栏中输入 scrapy，单击"百度一下"按钮，就形成了一个 GET 请求。搜索结果页面的 URL 变为 https://www.baidu.com/s?wd=scrapy，URL 中问号（？）后面的 wd=scrapy 就是请求的参数，表示要搜寻的关键字。

POST 请求主要用于表单的提交。表单中输入的卡号、密码等隐私信息通过 POST 请求方式提交后，数据不会暴露在 URL 中，而是保存于请求体中，避免了信息的泄露。

2．请求网址（Request URL）

另外，还有一个选项 Remote Address：180.97.33.107:443，这是百度服务器的 IP 地址。也可以使用 IP 地址来访问百度。

3．请求头（Request Headers）

请求头的内容在 Headers 选项卡中的 Request Headers 目录下，如图 2-3 所示。请求头中包含了许多有关客户端环境和请求正文的信息，比较重要的信息有 Cookie 和 User-Agent 等。

图 2-3　Chrome 中的请求头

下面简单介绍常用的请求头信息。

- Accept：浏览器端可以接受的媒体类型。text/html 代表浏览器可以接受服务器发送的文档类型为 text/html，也就是我们常说的 HTML 文档。
- Accept-Encoding：浏览器接受的编码方式。
- Accept-Language：浏览器所接受的语言种类。
- Connection：表示是否需要持久连接。keep-alive 表示浏览器与网站服务器保持连接；close 表示一个请求结束后，浏览器和网站服务器就会断开，下次请求时需重新连接。
- Cookie：有时也用复数形式 Cookies，指网站为了辨别用户身份、进行会话跟踪而储存在用户本地的数据（通常经过加密），由网站服务器创建。例如当我们登录后，访问该网站的其他页面时，发现都是处于登录状态，这是 Cookie 在发挥作用。因为浏览器每次在请求该站点的页面时，都会在请求头中加上保存有用户名和密码等信息的 Cookie 并将其发送给服务器，服务器识别出该用户后，就将页面发送给浏览器。在爬虫中，有时需要爬取登录后才能访问的页面，通过对 Cookie 进行设置，就可以成功访问登录后的页面了。
- Host：指定被请求资源的 Internet 主机和端口号，通常从 URL 中提取。
- User-Agent：告诉网站服务器，客户端使用的操作系统、浏览器的名称和版本、CPU 版本，以及浏览器渲染引擎、浏览器语言等。在爬虫中，设置此项可以将爬虫伪装成浏览器。

4．请求体（Request Body）

请求体中保存的内容一般是 POST 请求发送的表单数据。对于 GET 请求，请求体为空。

2.1.4　HTTP 响应（Response）

当网站服务器接收到浏览器的请求后，会发送响应消息给浏览器，这个响应就叫做 HTTP 响应。一个完整的响应消息主要包含：
- 响应状态码（Response Status Code）；
- 响应头（Response Headers）；
- 响应体（Response Body）。

1．响应状态码（Response Status Code）

响应状态码表示服务器对请求的响应结果。例如，200 代表服务器响应成功，403 代表禁止访问，404 代表页面未找到，408 代表请求超时。浏览器会根据状态码做出相应的处理。在爬虫中，可以根据状态码来判断服务器的状态，如果状态码为 200，则继续处理数据，否则直接忽略。表 2-1 中列举了常见的状态码。

表 2-1　常见状态码及说明

状　态　码	说　　明	详　　情
100	继续	服务器已收到请求的一部分，客户端应该继续发送
101	切换协议	请求者已要求服务器切换协议，服务器已确认并准备切换
200	成功	服务器已成功处理了请求
201	已创建	请求成功并且服务器创建了新的资源
202	已接受	服务器已接受请求，但尚未处理
203	非授权信息	服务器成功处理了请求，但返回的信息可能来自另一来源
204	无内容	服务器成功处理了请求，但没有返回任何内容
205	重置内容	服务器成功处理了请求，但没有返回任何内容
206	部分内容	服务器成功处理了部分GET请求
300	多种选择	针对请求，服务器可执行多种操作
301	永久移动	请求的网页已永久移动到新位置
302	临时移动	请求的网页暂时跳转到其他页面
400	错误请求	服务器不理解请求的语法
401	未授权	请求要求身份验证
403	禁止	服务器拒绝请求
404	未找到	服务器找不到请求的网页
405	方法禁用	禁用请求中指定的方法
406	不接受	无法使用请求的内容特性响应请求的网页
407	需要代理授权	与401（未授权）类似，但指定请求者应当授权使用代理

（续）

状 态 码	说 明	详 情
408	请求超时	服务器等候请求时发生超时
409	冲突	服务器在完成请求时发生冲突
410	已删除	请求的资源已被永久删除
411	需要有效长度	服务器不接受不含有效内容长度标头字段的请求
412	未满足前提条件	服务器未满足请求者在请求中设置的其中一个前提条件
413	请求实体过大	实体过大，超出服务器的处理能力
414	URI过长	请求的URI（通常为网址）过长
415	不支持的媒体类型	请求的格式不受请求页面的支持
500	服务器内部错误	服务器遇到错误，无法完成请求
501	尚未实施	服务器不具备完成请求的功能
502	错误网关	服务器作为网关或代理，从上游服务器收到无效响应
503	服务不可用	服务器目前无法使用
504	网关超时	没有及时从上游服务器收到请求
505	HTTP版本不支持	服务器不支持请求中所用的HTTP协议版本

2．响应头（Response Headers）

响应头中包含了服务器对请求的应答信息。在 Chrome 浏览器的"开发者工具"中，响应头的内容在 Headers 选项卡中的 Response Headers 目录中，如图 2-4 所示。

图 2-4　Chrome 中的响应头信息

下面简单介绍一下常用的响应头信息。

- Date：服务器响应时间。
- Content-Type：返回数据的文档类型，如 text/html 代表返回 HTML 文档；application/x-javascript 代表返回 JavaScript 文件；image/jpeg 代表返回图片。
- Content-Encoding：服务器支持的返回内容压缩编码类型。
- Server：服务器软件的名称。
- Set-Cookie：设置 HTTP Cookie。
- Expires：响应过期的日期和时间。

3. 响应体（Response Body）

响应体中存放服务器发送给浏览器的正文数据。在 Chrome 浏览器的"开发者工具"中，与 Headers 选项卡平行的 Response 选项卡中存储的就是响应体数据。比如请求访问百度首页时，它的响应体就是百度首页的 HTML 代码，如图 2-5 所示。

图 2-5　服务器返回的百度首页的响应体

当访问摄图网中故宫博物馆的图片（http://seopic.699pic.com/photo/50088/2824.jpg_wh1200.jpg）时，它的响应体就是一张图片的二进制数据。Response 选项卡中无法显示图片数据，在左边的 Preview 选项卡中可以预览，如图 2-6 所示。

图 2-6　服务器返回的图片预览

在爬虫中，我们从响应体中获取 HTML 代码、JSON 数据和网络图片等，然后从中提取相应的内容。

2.2　网页基础

当从网站服务器获取了 HTML 文档后，就需要从文档中提取有价值、有意义的数据了。如何从看似纷繁复杂、杂乱无章的 HTML 文档中提取想要的数据呢？这就必须要了解 HTML 的基本组成和结构了。可以将 HTML 看成一个树形结构，沿着树根往下遍历，就能找到任何想要位置的数据了。

2.2.1　HTML 文档

HTML（**HyperText Markup Language**，超文本标记语言）用于创建网页。HTML 使用标签来表示不同的内容，如使用<img>表示图片，使用<video>表示视频，使用<form>表示表格，使用<div>对页面进行布局等，各种标签互相嵌套，就形成了复杂的网页。

还记得在 Chrome 浏览器的"开发者工具"中，如何查看百度的 HTML 代码吗？没错，服务器将它放在了响应体中，见图 2-5 所示。

2.2.2　网页的结构

下面来看一个简单的电影排行的 HTML 例子。代码可以在记事本中编写，保存后将后缀改为 html（movies.html），也可以在 PyCharm 中新建一个 HTML 文档。下面是实现的 HTML 代码：

```html
<!DOCTYPE html>
<html lang="en">
    <head>
        <meta charset="UTF-8">
        <title>电影排行</title>
    </head>
    <body>
        <div id="content">
            <h1>电影排行榜单</h1>
            <div class="m_list">
                <p>1.肖申克的救赎</p>
                <p>2.霸王别姬</p>
            </div>
        </div>
    </body>
</html>
```

使用浏览器打开 movies.html，网页效果如图 2-7 所示。

下面来分析一下这个 HTML 代码。

- 第一行代码中用 DOCTYPE 定义了文档类型。
- 使用尖括号定义标签，如<html>、<head>、<body>、<div>。
- 标签一般是成对出现的，如<html>是起始标签，</html>是终止标签。
- 最外层的是 HTML 标签，表示 HTML 代码的范围。内部包含 head 和 body 标签，分别表示网页头和网页体。
- head 标签内定义了网页的属性和引用。例如，<meta charset="UTF-8">指明了网页的编码方式为 UTF-8；<title>电影排行</title>定义了网页的标题。

- body 标签内是浏览器显示的正文内容，也是爬虫获取数据的来源。
- div 标签类似于一个容器，它将内部所有的内容看成一个整体，主要用于页面的布局。

图 2-7　电影排行页面

- h1 标签代表一级标题；p 标签代表段落，会自动换行。
- 标签内可以定义自己的属性。例如，<div id="content">的属性 id 值为 content。这是一个非常有用的属性，因为整个网页中，id 的值是唯一的，可以通过它快速定位到这个标签。在<div class="m_list">中，属性 class 的值为 m_list，这也是一个非常有用的属性，通过它可以定位到所有相同样式的标签。

2.2.3　节点树及节点之间的关系

如何获取穿插在 HTML 文档中的文本信息呢？可以把 HTML 文档看作一棵树，准确地讲，叫做 HTML DOM 树。什么是 DOM 呢？DOM（**D**ocument **O**bject **M**odel，文档对象模型）是 W3C（万维网联盟）的标准，它定义了访问 HTML 和 XML 文档的标准。不同的浏览器有不同的呈现网页的内部数据结构。但 DOM 树是跨平台且不依赖语言的，可以支持几乎所有的浏览器。

根据 W3C 的 HTML DOM 标准，HTML 文档中的所有内容都是节点，所以 HTML DOM 树也叫做节点树。

- 整个文档是一个文档节点。
- 每个 HTML 元素是元素节点。
- HTML 元素内的文本是文本节点。
- 每个 HTML 属性是属性节点。
- 注释是注释节点。

🔔 **注意**：这里所说的元素和标签是不一样的。标签是指被尖括号括起来的对象，元素是指从起始标签到终止标签所包含的所有内容的对象，如<h1>电影排行榜单</h1>就是一个元素，其中<h1>是一个标签。

将电影排行的 HTML 文档转化为 HTML DOM 树，如图 2-8 所示，图中的方框就是一个个节点。

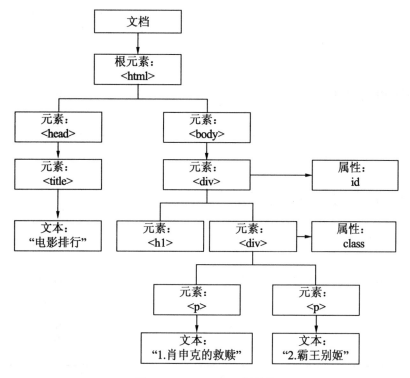

图 2-8　HTML DOM 树结构

通过这棵 HTML DOM 树，就可以遍历任意节点了。例如要获取网页的标题"电影排行"，可以沿着图 2-8 中树的左侧，从根节点依次查找：html→head→title→文本"电影排行"。

树中的节点之间具有层级关系，常用父（parent）、子（child）和兄弟（sibling）等术语描述这些关系。父节点拥有子节点，同级的子节点被称为兄弟节点。在节点树中，顶端节点称为根（root）。如图 2-9 所示为部分节点之间的关系。

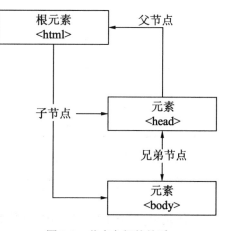

图 2-9　节点之间的关系

2.3   使用 XPath 提取网页信息

即使我们了解了 HTML 的树结构，要设法解析这棵树以获取文本内容，也将是一个十分艰巨的任务。好消息是，已经有人替我们实现了这些功能，通过一种被称为 XPath 的语言，就可以轻松地定位并提取元素、属性和文本。Scrapy 爬虫框架中，也引入了 XPath 语言来定位和提取数据。

2.3.1   XPath 介绍

XPath（**XML Path** Language，XML 路径语言），是一门在 XML 文档中查找信息的语言。HTML 与 XML 结构类似，也可以在 HTML 中查找信息。

2.3.2   XPath 常用路径表达式

XPath 使用路径表达式来选取 HTML 文档中的节点或者节点集。这些路径表达式和我们在常规的计算机文件系统中看到的表达式非常相似。

例如，在 Windows 系统中，要指明桌面上的文件 hello.py 的路径，通常可以写成 C:\Users\tao\Desktop\hello.py，从 C 盘开始，使用反斜杠（\）逐级向下查找，直到找到最终的目标。如表 2-2 中列举了常用的 XPath 路径表达式。

表 2-2   XPath常用路径表达式

表　达　式	描　　述	示　　例
nodename	选取此节点的所有子节点	div,p,h1
/	从根节点选取（描述绝对路径）	/html
//	不考虑位置，选取页面中所有子孙节点	//div
.	选取当前节点（描述相对路径）	./div
..	选取当前节点的父节点（描述相对路径）	h1/../
@属性名	选取属性的值	@href,@id
text()	获取元素中的文本节点	//h1/text()

有计算机基础的读者对诸如：斜杠（/）、点（.）、两点（..）的用法一定不会陌生。即使不熟悉也没关系，因为 XPath 的语法实在太简单了。下面通过一些实例来加深对 XPath 用法的理解。

还是以电影排行的 HTML 文档为例，使用 XPath 提取页面信息。HTML 代码和显示页面，如图 2-10 所示。

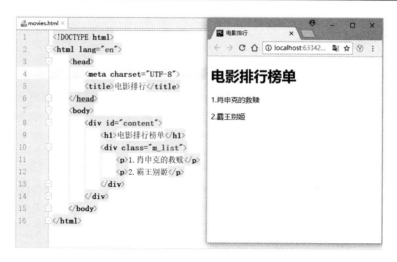

图 2-10　电影排行代码和显示页面

1．安装lxml库

使用 XPath 之前，要先安装 Python 的 lxml 库。lxml 库是一个 HTML/XML 的解析器。安装方法非常简单，在命令行中输入以下命令即可。

```
>pip install lxml
```

2．导入lxml库

提取数据之前，要先导入 lxml 库的 etree 模块，再使用 etree 读取 movies.html 文件，生成一个节点树的对象，代码如下：

```
#导入 lxml 库的 etree 模块
from lxml import etree
#解析 movies.html 文件，返回一个节点树的对象
html_selector = etree.parse("movies.html",etree.HTMLParser())
```

节点树的对象生成后，就可以使用 XPath 抽取数据了。

3．获取html元素

使用斜杠（/）从根节点开始获取 html 元素。

```
#获取根节点 html 的元素
root = html_selector.xpath("/html")
print(root)
```

运行结果如下：

```
[<Element html at 0x1a1a9395948>]
```

可以看出，返回的 root 是一个列表，列表中存储了一个 Element（元素）类型的对象，对象中节点的名称为 html。

4．获取title元素

可以使用斜杠（/）从根节点开始逐层查找元素的子节点。

```
#斜杠（/）获取节点 title
title = html_selector.xpath("/html/head/title")
print(title)
```

运行结果如下：

```
[<Element title at 0x1a1a9395a48>]
```

需要注意的是，斜杠（/）在起始位置时，代表的是从根节点开始查找，其他位置代表查找子节点。

5．获取title的文本

可以使用 text()获取节点 title 中的文本。

```
#text()获取节点 title 的文本
title_name = html_selector.xpath("/html/head/title/text()")
print(title_name)
```

运行结果如下：

```
['电影排行']
```

6．获取所有电影名称

电影名称所在的 p 节点相对根节点很远，如果从根节点逐层往下查找，XPath 的表达式就会很长，如/html/body/div/div/p/text()。使用双斜杠（//）可以不考虑位置，获取页面中所有符合规则的子孙节点。

```
movie_name = html_selector.xpath("//p/text()")
print(movie_name)
```

运行结果如下：

```
['1.肖申克的救赎', '2.霸王别姬']
```

代码使用了双斜杠（//）抽取出页面中所有节点 p 的文本。注意抽取出来的所有数据，均是保存于列表中的。

当然，双斜杠（//）也可以放在路径表达式的中间，代码如下：

```
name = html_selector.xpath("/html//div[@id='content']/h1/text()")
```

运行结果如下：

```
['1.肖申克的救赎', '2.霸王别姬']
```

7．获取网页的编码格式

有时要获取的信息保存在属性中。例如，页面的编码格式就是在 meta 标签的 charset 属性中。可以使用"@属性名"的方式获取属性值。

```
#使用@获取属性的值
meta = html_selector.xpath("//meta/@charset")
print(meta)
```

运行结果如下：

```
['UTF-8']
```

在爬虫中，经常使用@href 获取超链接。

8．获取div的id属性值

通过斜杠（/）或双斜杠（//）可以查找子节点或子孙节点。那么如何通过子节点，查找父节点呢？可以用两点（..）来实现。

```
attr = html_selector.xpath("//h1/../@id")
print(attr)
```

运行结果如下：

```
['content']
```

h1 的后面是两点（..），即定位到 h1 的父节点<div id="content">，再使用@id 获取属性 id 的值。

2.3.3　XPath 带谓语的路径表达式

有时需要查找某个特定的节点或者包含某个指定值的节点，如获取属性 id 为 content 的 div 元素，或者获取第一个 p 节点的文本等，如果使用 XPath 路径表达式，实现起来就比较困难，这时就需要用到谓语了。谓语被嵌在方括号（[ ]）中，用于查找特定节点或指定值的节点。如表 2-3 中列举了一些常用的带谓语的路径表达式（还是以电影排行的 HTML 文档为例）。

表 2-3　常用的带谓语的路径表达式

谓语表达式	说　　明	结　　果
//div[@id='content']	选取属性id为content的div元素	[<Element div at 0x179ec884cc8>]
//div[@class]	选取所有带有属性class的div元素	[<Element div at 0x17398837cc8>]
//div/p[1]/text()	选取div节点中第一个p元素的文本	['1.肖申克的救赎']
//div/p[2]/text()	选取div节点中第二个p元素的文本	['2.霸王别姬']
//div/p[last()]/text()	选取div节点中最后一个p元素的文本	['2.霸王别姬']

XPath 的功能非常强大，内置函数也很丰富，熟练使用，能大大提高 HTML 信息的提取效率。在 Scrapy 爬虫中，也是主要使用 XPath 定位和提取数据。更多 XPath 的用法，可以参考 w3cschool（http://www.w3school.com.cn/xpath/index.asp）。

2.4　本　章　小　结

本章首先介绍了浏览器访问网站服务器的过程；接着讲解了 HTML 网页的组成和结构；最后实现了使用 XPath 提取网页信息。这正是网络爬虫运行的核心步骤，即模拟浏览器发送请求，服务器返回网页，然后解析网页信息。通过本章的学习，为网络爬虫的开发打下了坚实的理论基础。

第 3 章　Scrapy 框架介绍

Scrapy 是一个为了爬取网站信息，提取结构性数据而编写的应用框架。Scrapy 用途广泛，可用于数据挖掘、监测和自动化测试等。

3.1　网络爬虫原理

网络爬虫的英文为 Web Spider，又称做网络蜘蛛或网络机器人。如果把互联网比喻成一张巨大的蜘蛛网，数据便是存放于蜘蛛网中的各个节点，爬虫就是网中爬行的蜘蛛，沿着网络抓取自己的猎物（数据）。

网络爬虫简单来说就是一种按照一定规则，自动地抓取互联网中信息的程序或脚本。

3.1.1　爬虫执行的流程

我们知道，网络爬虫执行的基本流程是：模拟用户使用浏览器向网站发送请求，网站响应请求后将网页文档发送过来，爬虫对网页做信息提取和存储。具体流程如图 3-1 所示。

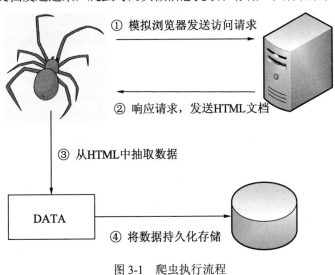

图 3-1　爬虫执行流程

图 3-1 中的爬虫执行流程，介绍如下：

（1）发送请求。

爬虫设定一个 URL，模拟浏览器使用 HTTP 协议向网站服务器发送访问请求。

（2）获取 HTML 文档。

服务器接收到请求后，将 HTML 文档（或者图片、视频等其他资源）发送给爬虫。

（3）抽取数据。

爬虫使用 XPath 或 BeautifulSoup 从 HTML 文档中抽取出有用的数据。

（4）保存数据。

将抽取到的数据保存到文件（CSV、JSON、TXT 等）或数据库（MySQL、MongoDB 等）中，实现数据的持久化存储。

上面流程中的每一步，看似简单，但实现起来着实不易。如何伪装成浏览器？如何构造一个 HTTP 请求发送给网站服务器？如何获取网站服务器发送的 HTML 文档？如何抽取 HTML 数据？如何将每一个步骤关联起来？种种问题，在学习 Scrapy 爬虫框架后，都能轻松解决。还等什么呢？下面开始我们的 Scrapy 学习之旅吧！

3.2　Scrapy 框架结构及执行流程

Scrapy 框架结构和流程设计遵循网络爬虫的基本原理。通过组件封装不同的功能模块；通过请求和响应类封装数据流；通过引擎指挥整个系统协调运行。

3.2.1　Scrapy 框架结构

理解了 HTTP 和爬虫的基本原理，就不难理解 Scrapy 的框架结构了。如图 3-2 所示为 Scrapy 的框架结构，包含了不同功能的组件、系统中发生的数据流及执行流程。

1．组件

下面简单介绍一下 Scrapy 框架结构中包含的组件。

● 引擎（Engine）

引擎犹如总指挥，是整个系统的"大脑"，指挥其他组件协同工作。

● 调度器（Scheduler）

调度器接收引擎发过来的请求，按照先后顺序，压入队列中，同时去除重复的请求。

● 下载器（Downloader）

下载器用于下载网页内容，并将网页内容返回给爬虫（Scrapy 下载器是建立在 twisted 这个高效的异步模型上的）。

● 爬虫（Spiders）

爬虫作为最核心的组件,用于从特定的网页中提取需要的信息,即所谓的实体(Item)。用户也可以从中提取出链接,让 Scrapy 继续抓取下一个页面。

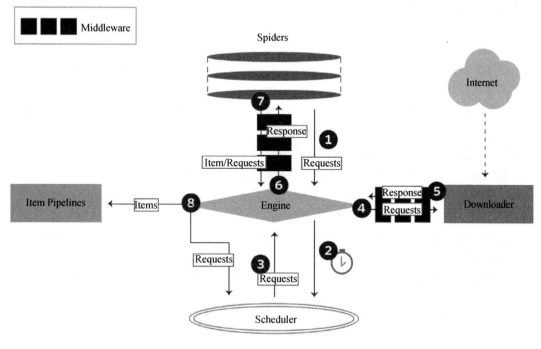

图 3-2　Scrapy 框架结构

- 项目管道（Item Pipelines）

项目管道负责处理爬虫从网页中抽取的实体。主要的功能是持久化实体、验证实体的有效性、清除不需要的信息等。

- 下载器中间件（Downloader Middlewares）

下载器中间件介于引擎和下载器之间,主要处理 Scrapy 引擎与下载器之间的请求及响应。

- 爬虫中间件（Spider Middlewares）

爬虫中间件介于引擎和爬虫之间,主要工作是处理爬虫的响应输入和请求输出。

2．数据流

Scrapy 框架结构中传递和处理的数据主要有以下 3 种:
- 向网站服务器发送的请求数据（请求的内容见 2.1.3 节）;
- 网站服务器返回的响应数据（响应的内容见 2.1.4 节）;
- 解析后的结构数据（类似于字典）。

Scrapy 中定义的 Request 和 Response 类,用于保存请求和响应数据;Item 类保存解析后的结构数据。它们分别对应于图 3-2 中标识的 Requests、Response 和 Items。

3.2.2　Scrapy 执行流程

下面从数据流的角度介绍 Scrapy 框架的执行流程。

图 3-2 中第①、②、③、④步，执行的是 HTTP 请求，传递和处理的是向网站服务器发送的请求数据。

第①步：爬虫（Spider）使用 URL（要爬取页面的网址）构造一个请求（Request）对象，提交给引擎（Engine）。如果请求要伪装成浏览器，或者设置代理 IP，可以先在爬虫中间件中设置，再发送给引擎。

第②步：引擎将请求安排给调度器，调度器根据请求的优先级确定执行顺序。

第③步：引擎从调度器获取即将要执行的请求。

第④步：引擎通过下载器中间件，将请求发送给下载器下载页面。

图 3-2 中第⑤、⑥、⑦、⑧步，执行的是 HTTP 响应，传递和处理的是网站服务器返回的响应数据。

第⑤步：页面完成下载后，下载器会生成一个响应（Response）对象并将其发送给引擎。下载后的数据会保存于响应对象中。

第⑥步：引擎接收来自下载器的响应对象后，通过爬虫中间件，将其发送给爬虫（Spider）进行处理。

第⑦步：爬虫将抽取到的一条数据实体（Item）和新的请求（如下一页的链接）发送给引擎。

第⑧步：引擎将从爬虫获取到的 Item 发送给项目管道（Item Pipelines），项目管道实现数据持久化等功能。同时将新的请求发送给调度器，再从第②步开始重复执行，直到调度器中没有更多的请求，引擎关闭该网站。

3.3　Scrapy 安装

Scrapy 作为一个强大的爬虫框架，需要依赖于很多库。幸运的是，前面我们安装了 Anaconda，它已经帮我们安装好了 Scrapy 所有的依赖库。因此，无论在哪个操作系统，安装 Scrapy 就非常简单了。

3.3.1　使用 pip 安装 Scrapy

这里还是使用 pip 安装 Scrapy 框架，命令如下：

```
>pip install scrapy
```

3.3.2　常见安装错误

因为系统环境的差异，在安装 Scrapy 时，有时会出现各种意想不到的错误。例如，使用 pip 安装 Scrapy 时遇到 Microsoft Visual C++14.0 is required 错误，如图 3-3 所示。

图 3-3　Scrapy 安装时出现的错误

解决方法1

如果使用 pip 安装失败，可以试着使用 Conda 安装 Scrapy，执行如下命令：

```
>conda install -c scrapinghub scrapy
```

安装过程中，可能会有升级 Conda 的提示，根据提示选择 y 就可以了，如图 3-4 所示。

图 3-4　使用 Conda 安装 Scrapy

解决方法2

根据提示可知，错误是由安装 Twisted 导致的，所以需要先安装 Twisted。Twisted 的下载地址为 http://www.lfd.uci.edu/~gohlke/pythonlibs/#twisted，如图 3-5 所示。根据 Python 和操作系统的版本，选择对应的 whl 下载文件即可。其中，cp 后面的数字是依赖的 Python 版本，amd64 表示 64 位操作系统。下载完后，定位到 Twisted 安装包所在路径，执行以下命令安装 Twisted。

```
>pip install Twisted-19.2.0-cp35-cp35m-win_amd64.whl
```

Twisted, an event-driven networking engine.
Twisted-19.2.0-cp27-cp27m-win32.whl
Twisted-19.2.0-cp27-cp27m-win_amd64.whl
Twisted-19.2.0-cp35-cp35m-win32.whl
Twisted-19.2.0-cp35-cp35m-win_amd64.whl
Twisted-19.2.0-cp36-cp36m-win32.whl
Twisted-19.2.0-cp36-cp36m-win_amd64.whl
Twisted-19.2.0-cp37-cp37m-win32.whl
Twisted-19.2.0-cp37-cp37m-win_amd64.whl

图 3-5　Twisted 下载页

成功安装 Twisted 后，就可以使用 pip 命令安装 Scrapy 了。

3.3.3　验证安装

Scrapy 安装完成后，需要验证安装是否成功。在 Python 解释器界面，输入如下代码：

```
>import scrapy
```

运行代码后，如果没有错误提示信息，说明 Scrapy 已经安装成功。

3.4　第一个网络爬虫

正确安装 Scrapy 框架后，就可以创建 Scrapy 项目，实现第一个网络爬虫了。

3.4.1　需求分析

现要获取起点中文网中小说热销榜的数据（网址为 https://www.qidian.com/rank/hotsales?style=1&page=1），如图 3-6 所示。每部小说提取内容为：小说名称、作者、类型和形式。

图 3-6　起点中文网中 24 小时热销榜

3.4.2　创建项目

首先，创建一个爬取起点中文网小说热销榜的 Scrapy 项目步骤如下：

（1）通过命令行定位到存放项目的目录（如 D 盘的 scrapyProject 文件夹）。

```
>d:
>cd d:\scrapyProject
```

（2）创建一个名为 qidian_hot 的项目，命令如下：

```
>scrapy startproject qidian_hot
```

回车，得到如图 3-7 所示的创建成功信息。

图 3-7　生成 Scrapy 项目

（3）查看项目结构。

在 D 盘的 scrapyProject 目录下，自动生成了 qidian_hot 项目。使用 PyCharm 打开项目，如图 3-8 所示为 Scrapy 项目的目录结构，它对应于图 3-2 中 Scrapy 的框架结构。

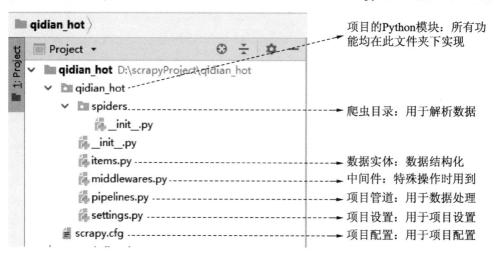

图 3-8　Scrapy 项目框架

Scrapy 中组件的本质是一个个 Python 源文件，只要在源文件中实现各自的功能，爬虫功能就能自动实现了。

3.4.3　分析页面

通过 Chrome 浏览器的"开发者工具"，分析页面的 HTML 代码，确定数据解析的 XPath 方法步骤如下：

（1）在 Chrome 浏览器中，按 F12 键，显示"开发者工具"栏。

（2）输入网址 https://www.qidian.com/rank/hotsales?style=1&page=1，回车。

（3）此时将显示 24 小时热销榜页面。选择"开发者工具"栏，单击最左边的元素选择按钮，将光标移动到任一部小说内容上并选中，对应的 HTML 代码<div class="book-mid-info">就会被高亮显示，具体操作如图 3-9 所示。

（4）分析页面结构。

不难发现，每部小说都包裹在<div class=" book-mid-info ">元素中，逐层展开，就能定位到小说名称、作者、类型和形式。

- 小说名称：div(class=" book-mid-info ") → h4 → a → 文本。
- 作者：div(class=" book-mid-info ") → p（第 1 个）→ a（第 1 个）→ 文本。
- 类型：div(class=" book-mid-info ") → p（第 1 个）→ a（第 2 个）→ 文本。
- 形式：div(class=" book-mid-info ") → p（第 1 个）→ span → 文本。

使用 XPath 获取小说内容，语法如下：

- 小说名称：div[@class=" book-mid-info "]/ h4/a/text()。
- 作者：div[@class=" book-mid-info "]/ p[1]/a[1]/text()。
- 类型：div[@class=" book-mid-info "]/ p[1]/a[2]/text()。
- 形式：div[@class=" book-mid-info "]/ p[1]/span/text()。

图 3-9　获取小说内容对应的 HTML 代码

3.4.4　实现 Spider 爬虫功能

下面实现爬虫功能。由图 3-8 得知，爬虫功能是在 spiders 目录下实现的。实现的步骤如下：

（1）在 spiders 目录下新建爬虫源文件 qidian_hot_spider.py。

（2）在 qidian_hot_spider.py 文件中定义 HotSalesSpider 类，实现爬虫功能。

实现代码如下：

```
#-*-coding:utf-8-*-
from scrapy import Request
from scrapy.spiders import Spider
class HotSalesSpider(Spider):
    #定义爬虫名称
    name = 'hot'
    #起始的 URL 列表
    start_urls = ["https://www.qidian.com/rank/hotsales?style=1"]
    #解析函数
    def parse(self, response):
        #使用 xpath 定位到小说内容的 div 元素，保存到列表中
```

```
list_selector = response.xpath("//div[@class='book-mid-info']")
#依次读取每部小说的元素，从中获取名称、作者、类型和形式
for one_selector in list_selector:
    #获取小说名称
    name = one_selector.xpath("h4/a/text()").extract()[0]
    #获取作者
    author =  one_selector.xpath("p[1]/a[1]/text()").extract()[0]
    #获取类型
    type = one_selector.xpath("p[1]/a[2]/text()").extract()[0]
    #获取形式（连载/完本）
    form = one_selector.xpath("p[1]/span/text()").extract()[0]
    #将爬取到的一部小说保存到字典中
    hot_dict = {"name":name,              #小说名称
                "author":author,          #作者
                "type":type,              #类型
                "form":form}              #形式
    #使用 yield 返回字典
    yield hot_dict
```

以上代码虽然添加了不少注释，但相信大家理解起来还是有点困难。不用担心，下一章将会详细讲解，这里先成功运行一个爬虫，建立信心和整体认识即可。

下面简单说明 HotSalesSpider 的实现方法。

- 爬虫所有的功能都是在类 HotSalesSpider 中实现的，它的基类为 Spider。
- 类中定义了两个属性：name 和 start_urls。其中，name 为爬虫名称，运行爬虫时需要用到；start_urls 中存储的是目标网址的列表。如想要爬取两页热销榜的小说信息，可以将 start_urls 修改为：

```
start_urls = ["https://www.qidian.com/rank/hotsales?style=1",
              "https://www.qidian.com/rank/hotsales?style=1&page=3"]
```

类中定义了一个方法 parse()，这是爬虫的核心方法，通常完成两个任务：

- 提取页面中的数据。
- 提取页面中的链接，并产生对链接页面的下载请求。

3.4.5　运行爬虫

代码完成后，就可以使用命令执行爬虫了。

（1）通过命令行定位到 qidian_hot 项目目录下（很重要）。

```
>d:
>cd D:\scrapyProject\qidian_hot
```

（2）输入爬虫执行命令（hot 为爬虫名，hot.csv 为保存数据的文件名）。

```
>scrapy crawl hot -o hot.csv
```

回车，爬虫程序开始执行，命令提示符中会不断显示爬虫执行时的信息。爬虫执行完后，数据会自动保存于 hot.csv 文件中。打开 hot.csv 文件查看数据，如图 3-10 所示。

图 3-10　生成的 CSV 文件

需要特别注意的是，爬虫程序不能频繁执行。因为网站一般都有反爬虫措施，如频繁执行会被认定是爬虫程序，网站就会封掉你的 IP，禁止访问。关于这个问题，下一章会给出解决方案。

3.4.6　常见问题

在生成的 CSV 文件中，有时会发现数据之间会有空行间隔，如图 3-11 所示。

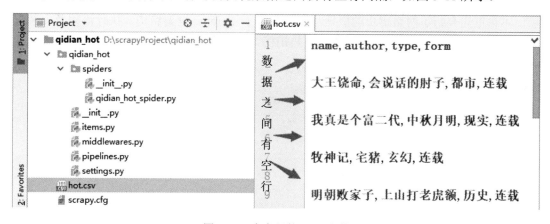

图 3-11　有空行的 CSV 文件

原因：这是 Scrapy 框架默认的组织形式，即数据之间以空行间隔。

解决方法：修改默认的组织形式。在 Anaconda 中找到 exporters.py（笔者的是在 C:\Anaconda3\Lib\site-packages\scrapy 目录下）。打开源文件，在类 CsvItemExporter 中添加一行代码，如图 3-12 所示。保存文件，重新运行爬虫程序。

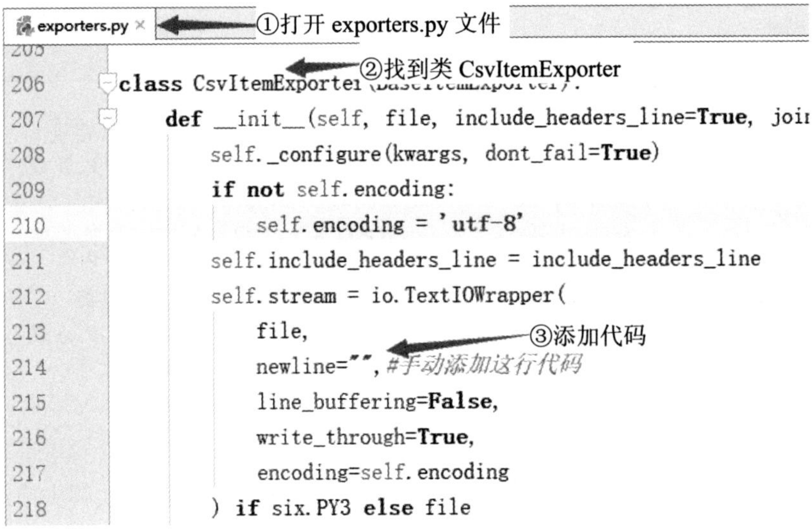

图 3-12　手动添加换行形式

3.5　本章小结

本章首先介绍了网络爬虫的原理；接着介绍了 Scrapy 框架结构、执行流程及安装过程；最后以爬取起点中文网小说 24 小时热销榜为例，实现了第一个 Scrapy 爬虫案例，让大家对 Scrapy 爬虫有个初步的认识。

第 4 章　Scrapy 网络爬虫基础

第 3 章我们完成了第一个网络爬虫程序，对 Scrapy 有了整体的认识。从本章开始，我们来学习 Scrapy 网络爬虫实现的技术细节。

首先介绍 Scrapy 中最重要的组件爬虫（Spider），它用于构建 HTTP 请求并从网页中提取数据；接着介绍使用 Item 封装数据；最后介绍使用 Pipeline 组件对数据进行处理，如数据清理、去重及持久化存储等。

4.1　使用 Spider 提取数据

Scrapy 网络爬虫编程的核心就是爬虫（Spider）组件，它其实是一个继承于 Spider 的类，主要功能是封装一个发送给网站服务器的 HTTP 请求，解析网站返回的网页及提取数据。

4.1.1　Spider 组件介绍

首先回顾一下 Scrapy 框架结构中 Spider 与引擎之间交互的过程，如图 4-1 所示。

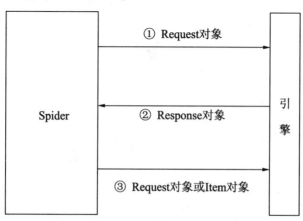

图 4-1　Spider 执行流程

下面从数据流的角度分析一下执行步骤：

（1）Spider 生成初始页面请求（封装于 Request 对象中），提交给引擎。

（2）引擎通知下载器按照 Request 的要求，下载网页文档，再将文档封装成 Response 对象作为参数传回给 Spider。

（3）Spider 解析 Response 中的网页内容，生成结构化数据（Item），或者产生新的请求（如爬取下一页），再次发送给引擎。

（4）如果发送给引擎的是新的 Request，就回到第（2）步继续往下执行。如果发送的是结构化数据（Item），则引擎通知其他组件处理该数据（保存到文件或数据库中）。

以上步骤中的第（1）步和第（3）步属于 Spider 类的功能范畴。Spider 的任务主要有：

（1）定义向网站服务器发送的初始 Request 对象。

（2）从获取的网页文档中提取结构化数据或产生新的请求。

以上一章实现的起点中文网小说热销榜为例，打开 Spiders 目录下的 qidian_hot_spider.py，实现代码如下：

```python
#-*-coding:utf-8-*-
from scrapy import Request
from scrapy.spiders import Spider                    #导入 Spider 类
class HotSalesSpider(Spider):
    #定义爬虫名称
    name = 'hot'
    #起始的 URL 列表
    start_urls = ["https://www.qidian.com/rank/hotsales?style=1"]
    # 解析函数
    def parse(self, response):
        #使用 xpath 定位到小说内容的 div 元素，保存到列表中
        list_selector = response.xpath("//div[@class='book-mid-info']")
        #依次读取每部小说的元素，从中获取小说名称、作者、类型和形式
        for one_selector in list_selector:
            #获取小说名称
            name = one_selector.xpath("h4/a/text()").extract()[0]
            #获取作者
            author =  one_selector.xpath("p[1]/a[1]/text()").extract()[0]
            #获取类型
            type = one_selector.xpath("p[1]/a[2]/text()").extract()[0]
            #获取形式（连载还是完本）
            form = one_selector.xpath("p[1]/span/text()").extract()[0]
            #将爬取到的一部小说保存到字典中
            hot_dict = {"name":name,                    #小说名称
                        "author":author,               #作者
                        "type":type,                   #类型
                        "form":form}                   #形式
            #使用 yield 返回字典
            yield hot_dict
```

首先从 scrapy 模块导入了两个模块：Request 和 Spider；然后定义了一个继承于 Spider 的类 HotSalesSpider。该类的结构很简单，有两个属性 name 和 start_urls，两个方法 parse()

和 start_requests()，它们都是基类 Spider 的属性和方法。下面来看一下它们各自的功能。

（1）name：必填项。name 是区分不同爬虫的唯一标识，因为一个 Scrapy 项目中允许有多个爬虫。不同的爬虫，name 值不能相同。

（2）start_urls：存放要爬取的目标网页地址的列表。

（3）start_requests()：爬虫启动时，引擎自动调用该方法，并且只会被调用一次，用于生成初始的请求对象（Request）。start_requests()方法读取 start_urls 列表中的 URL 并生成 Request 对象，发送给引擎。引擎再指挥其他组件向网站服务器发送请求，下载网页。代码中之所以没看到 start_requests()方法，是因为我们没有重写它，直接使用了基类的功能。

（4）parse()：Spider 类的核心方法。引擎将下载好的页面作为参数传递给 parse()方法，parse()方法执行从页面中解析数据的功能。

由此可见，要实现爬虫（Spider）功能，只要执行 4 个步骤，如图 4-2 所示。

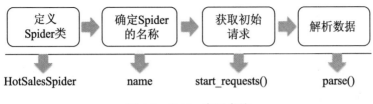

图 4-2　Spider 实现步骤

4.1.2　重写 start_requests()方法

Spider 的结构非常简单，不难理解，但是你一定有这样的疑问：

（1）如何避免爬虫被网站识别出来导致被禁呢？

（2）引擎是怎么知道要将下载好的页面发送给 parse()方法而不是其他方法？能否自定义这个方法？

第一个问题的答案是可以重写（override）start_requests()方法，手动生成一个功能更强大的 Request 对象。因为伪装浏览器、自动登录等功能都是在 Request 对象中设置的。

第二个问题的答案是引擎之所以能自动定位，是因为在 Request 对象中，指定了解析数据的回调函数，而默认情况下，Request 指定的解析函数就是 parse()方法。

下面我们就来重写 start_requests()方法，对起点中文网小说热销榜的功能做一些优化。优化内容有：

（1）将爬虫伪装成浏览器。

（2）设置新的解析数据的回调函数（不使用默认的 parse()）。

实现代码如下：

```
#-*-coding:utf-8-*-
from scrapy import Request
from scrapy.spiders import Spider#导入 Spider 类
```

```
class HotSalesSpider(Spider):
    #定义爬虫名称
    name = 'hot'
    #设置用户代理（浏览器类型）
    qidian_headers = {"User-Agent":"Mozilla/"
                "5.0 (Windows NT 10.0; "
                "Win64; x64) AppleWebKit/"
                "537.36 (KHTML, like Gecko) Chrome/"
                "68.0.3440.106 Safari/"
                "537.36"}
    #获取初始Request
    def start_requests(self):
        url = "https://www.qidian.com/rank/hotsales?style=1"
        #生成请求对象，设置url, headers, callback
        yield Request(url,headers=self.qidian_headers,callback=self.qidian_
        parse)
    # 解析函数
    def qidian_parse(self, response):
        ......
```

在类 HotSalesSpider 中，新增一个字典型的属性 qidian_headers，用于设置请求头信息。这里设置的 User-Agent，就是用于伪装浏览器。值可以通过 Chrome 浏览器的"开发者工具"获取，如图 4-3 所示。

图 4-3　在 Chrome 浏览器中获取用户代理

另外，代码中删除了属性 start_urls，并重写了 start_requests()方法，用于自定义 Request 对象。Request 对象设置了 3 个参数：

- url：请求访问的网址。
- headers：请求头信息。
- callback：回调函数。这里确定解析数据的函数为 qidian_parse()。引擎会将下载好的页面（Response 对象）发送给该方法，执行数据解析功能。

解析函数由 parse()改为 qidian_parse()，实现代码未变。

在命令行中输入运行爬虫命令：

```
>scrapy crawl hot -o hot.csv
```

打开生成的.csv 文件，如图 4-4 所示。

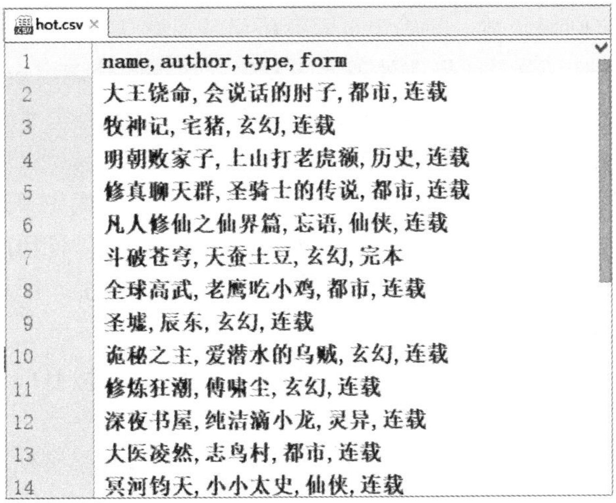

```
name, author, type, form
大王饶命, 会说话的肘子, 都市, 连载
牧神记, 宅猪, 玄幻, 连载
明朝败家子, 上山打老虎额, 历史, 连载
修真聊天群, 圣骑士的传说, 都市, 连载
凡人修仙之仙界篇, 忘语, 仙侠, 连载
斗破苍穹, 天蚕土豆, 玄幻, 完本
全球高武, 老鹰吃小鸡, 都市, 连载
圣墟, 辰东, 玄幻, 连载
诡秘之主, 爱潜水的乌贼, 玄幻, 连载
修炼狂潮, 傅啸尘, 玄幻, 连载
深夜书屋, 纯洁滴小龙, 灵异, 连载
大医凌然, 志鸟村, 都市, 连载
冥河钓天, 小小太史, 仙侠, 连载
```

图 4-4　爬取结果

通过设置 Request 的 headers 和 callback 参数就轻松实现了爬虫伪装和自定义解析函数的功能。看来 Request 对象大有玄机，通过设定各种参数还能实现更多有用的功能。下面就来详细了解一下 Request 对象吧。

4.1.3　Request 对象

Request 对象用来描述一个 HTTP 请求，它通常在 Spider 中生成并由下载器执行。

Request 的定义形式为：

```
class scrapy.http.Request(url [, callback, method ='GET', headers, body,
cookies, meta, encoding ='utf-8', priority = 0, dont_filter = False, errback ])
```

其中，参数 url 为必填项，其他为选填项，下面逐个介绍这些参数。

（1）以下参数用于设置向网站发送的 HTTP 请求的内容，你一定不会感到陌生。

- url：HTTP 请求的网址，如 https://baidu.com。
- method：HTTP 请求的方法，如 GET、POST、PUT 等，默认为 GET，必须大写英文字母。
- body：HTTP 的请求体，类型为 str 或 unicode。
- headers：HTTP 的请求头，类型为字典型。请求头包含的内容可以参考 2.1.3 节 HTTP 请求。
- cookies：请求的 Cookie 值，类型为字典型或列表型，可以实现自动登录的效果，后面章节会具体讲解。
- encoding：请求的编码方式，默认为 UTF-8。

（2）以下参数设置 Scrapy 框架内部的事务。

- callback：指定回调函数，即确定页面解析函数，默认为 parse()。页面下载完成后，回调函数将会被调用，如果在处理期间发生异常，则会调用 errback() 函数。
- meta：字典类型，用于数据的传递。它可以将数据传递给其他组件，也可以传递给 Respose 对象，本章的项目案例中会使用到该参数。
- priority：请求的优先级，默认为 0，优先级高的请求会优先下载。
- dont_filter：如果对同一个 url 多次提交相同的请求，可以使用此项来忽略重复的请求，避免重复下载，其值默认为 False。如果设置为 True，即使是重复的请求，也会强制下载，例如爬取实时变化的股票信息数据。
- errback：在处理请求时引发任何异常时调用的函数，包括 HTTP 返回的 404 页面不存在的错误。

Request 中的参数看上去有很多，但除了 url 外，其他参数都有默认值，大部分情况下不必设置。

介绍完 Request，下面继续研究 Spider 的核心：解析函数（默认为 parse() 函数）。它主要实现两方面的功能：

- 使用 Scrapy 的选择器提取页面中的数据，将其封装后交给引擎。
- 提取页面中的链接，构造新的 Request 请求并提交给 Scrapy 引擎。

先来看一下 Scrapy 的选择器是如何提取数据的。

4.1.4　使用选择器提取数据

Scrapy 提取数据有自己的一套机制，被称做选择器（Selector 类），它能够自由"选择"由 XPath 或 CSS 表达式指定的 HTML 文档的某些部分。Scrapy 的选择器短小简洁、解析快、准确性高，使用其内置的方法可以快速地定位和提取数据。下面就来了解一下选择器（Selector 类）及选择器列表（SelectorList 类，选择器对象的集合）内置的方法。

1. 定位数据

- xpath(query)：查找与 XPath 表达式匹配的节点，并返回一个 SelectorList 对象。SelectorList 对象类似于一个列表，包含了所有匹配到的节点。参数 query 是 XPath 表达式的字符串。
- css(query)：查找与 CSS 表达式匹配的节点，并返回一个 SelectorList 对象。参数 query 是 CSS 表达式的字符串。

2. 提取数据

- extract()：提取文本数据，返回 unicode 字符串列表。使用 xpath() 或 css() 方法将匹配到的节点包装为 SelectorList 对象后，可以使用 extract() 方法提取 SelectorList 对象中的文本，并将其存放于列表中。

- extract_first()：SelectorList 独有的方法，提取 SelectorList 对象中第一个文本数据，返回 unicode 字符串。
- re(regex)：使用正则表达式提取数据，返回所有匹配的 unicode 字符串列表。
- re_first()：SelectorList 独有的方法，提取第一个与正则表达式匹配的字符串。

4.1.5　Response 对象与 XPath

　　我们完全没有必要手动构造一个选择器对象来实现对网页信息的查找与提取。因为 Scrapy 将下载下来的网页信息封装为 Response 对象传递给解析函数时，会自动构造一个选择器作为 Response 对象的属性，这样就能通过 Response 对象非常方便地查找与提取网页数据。

　　下面再来分析一下解析函数，函数框架如下：

```
# 解析函数
def qidian_parse(self, response):
......
```

　　参数 response 接收封装有网页信息的 Response 对象，这时就可以使用下面的方法实现对数据的定位。

- response.selector.xpath(query)；
- response.selector.css(query)。

　　由于在 Response 中使用 XPath 和 CSS 查询十分普遍，因此 Response 对象提供了两个实用的快捷方式，它们能自动创建选择器并调用选择器的 xpath() 或 css() 方法来定位数据。简化后的方法如下：

- response.xpath(query)；
- response.css(query)。

　　下面来看一下完整的解析函数的实现代码。

```
1  # 解析函数
2  def qidian_parse(self, response):
3      #使用 xpath 定位到小说内容的 div 元素，并保存到列表中
4      list_selector = response.xpath("//div[@class='book-mid-info']")
5      #依次读取每部小说的元素，从中获取小说名称、作者、类型和形式
6      for one_selector in list_selector:
7          #获取小说名称
8          name = one_selector.xpath("h4/a/text()").extract()[0]
9          #获取作者
10         author = one_selector.xpath("p[1]/a[1]/text()").extract()[0]
11         #获取类型
12         type = one_selector.xpath("p[1]/a[2]/text()").extract()[0]
13         #获取形式（连载还是完本）
14         form = one_selector.xpath("p[1]/span/text()").extract()[0]
15         #将爬取到的一部小说保存到字典中
16         hot_dict = {"name":name,                    #小说名称
```

```
17                      "author":author,        #作者
18                      "type":type,            #类型
19                      "form":form}            #形式
20          #使用 yield 返回字典
21          yield hot_dict
```

在第 4 行代码中,使用 Response 的 xpath()方法定位到小说信息的 div 元素。list_ selector 是一个选择器列表,存储有多个选择器对象,一个选择器对应一个 div 元素。list_selector 的内容如下:

```
[<Selector xpath="//div[@class='book-mid-info']" data='<div class="book-
mid-info">\r
 '>,
<Selector xpath="//div[@class='book-mid-info']" data='<div class="book-
mid-info">\r
    '>,
......]
```

由数据可知,列表存储了多个用尖括号包含的数据。尖括号表示数据类型为对象, Selector 表示这是一个选择器对象,后面的 xpath 是选择方法,data 是提取到的元素。

在第 6 行代码中,使用 for 循环依次遍历每个选择器对象,保存于 one_selector 中。

第 8 行代码获取小说名称。为了更好地理解,特将代码拆开分步骤完成:

```
name_selector_list = one_selector.xpath("h4/a/text()")
name_list = name_selector_list.extract()
name = name_list[0]
```

首先使用 xpath 定位到小说名称的文本元素,返回一个选择器列表;然后使用 extract() 方法提取出文本并保存于列表中;最后再从列表中获取文本赋值给 name。

第 8 行代码也可以使用 extract_first()方法直接得到列表中的第一个文本,代码修改为:

```
name = one_selector.xpath("h4/a/text()").extract_first()
```

在第 15~19 行代码中,使用字典 hot_dict 保存爬取到的一条小说的信息。

在第 21 行代码中,通过 yield 提交 hot_dict 给引擎后,解析函数继续执行解析任务。引擎接收到数据后将其交由其他组件处理,这样做的好处是节省了大量内存(只有一条数据),提高了执行效率(解析一条,处理一条)。如果将 yield 替换为 return,解析函数将会立即停止执行。

☞【实用技巧】

我们知道,在 Request 中,设置参数 headers 可以将爬虫伪装成浏览器,以避免被网站侦测到。其实,更普遍、更科学的做法是将其配置在 settings.py 中,Request 对象每次被调用时,Scrapy 会自动将其加入。对于一个项目中有多个爬虫程序来说,能有效避免重复设置的麻烦。具体实现方法为:

(1)在 settings.py 中启用并设置 User-Agent。

```
# Crawl responsibly by identifying yourself (and your website) on the
user-agent
```

```
USER_AGENT = "Mozilla/5.0 (Windows T 10.0;Win64; x64) " \
             "AppleWebKit/537.36 (KHTML, like Gecko) " \
             "Chrome/68.0.3440.106 Safari/537.36"
```

（2）爬虫类中删除相应代码。

```
class HotSalesSpider(Spider):
    #定义爬虫名称
    name = 'hot'
    #设置用户代理（浏览器类型）
    qidian_headers = {"User-Agent":"Mozilla/"
                        "5.0 (Windows T 10.0; "
                        "Win64; x64) AppleWebKit/"
                        "537.36 (KHTML, like Gecko) Chrome/"
                        "68.0.3440.106 Safari/"
                        "537.36"}
    #获取初始 Request
    def start_requests(self):
        url = "https://www.qidian.com/rank/hotsales?style=1"
        #生成请求对象，设置 url, headers, callback
        yield Request(url,headers=self.qidian_headers,callback=self.qidian_
        parse)
```

一个好的习惯是，在建立 Scrapy 项目时，立刻在 settings.py 中启用并设置 User-Agent。

4.1.6　Response 对象与 CSS

Response 也支持使用 CSS 表达式来解析数据。

CSS（Cascading Style Sheets，层叠样式表），用于表现 HTML 或 XML 的样式。CSS 表达式的语法比 XPath 简洁，但是功能不如 XPath 强大，大多作为 XPath 的辅助。

熟悉 CSS 样式表的读者对如表 4-1 所示的 CSS 表达式一定感到亲切，即使不熟悉也没关系，它比 XPath 的语法还简单。

表 4-1　常用的CSS表达式

表　达　式	描　　述	示　　例
*	选取所有元素	*
E	选取E元素	div
E1,E2	选取E1和E2元素	div,p
E1>E2	选取E1的子元素E2	div>h1
E1 E2	选取E1子孙中的E2元素	div h1
.class	选取CLASS属性的值为class的元素	.author
#id	选取ID属性的值为id的元素	.name
[ATTR]	选取包含ATTR属性的元素	[href]
[ATTR=VALUE]	选取属性ATTR的值为VALUE的元素	[class=author]
E:nth-child(n)	选取E元素且该元素是其父元素的第n个子元素	p:nth-child(1)
E:nth-last-child(n)	选取E元素且该元素是其父元素的倒数第n个子元素	p:nth-last-child(1)
E::text	获取E元素的文本	h1::text

下面还是以起点中文网小说热销榜为例，改用 CSS 表达式实现数据的解析。实现代码如下：

```
1  # 使用 CSS 选择器解析数据
2  def qidian_parse(self, response):
3      #使用 CSS 定位到小说内容的 div 元素，生成选择器，并保存到选择器列表中
4      list_selector = response.css("[class='book-mid-info']")
5      #依次读取每部小说，从中获取小说名称、作者、类型和形式
6      for one_selector in list_selector:
7          #获取小说名称
8          name = one_selector.css("h4>a::text").extract_first()
9          #获取作者
10         author = one_selector.css(".author a::text").extract()[0]
11         #获取类型
12         type = one_selector.css(".author a::text").extract()[1]
13         #获取形式（连载还是完本）
14         form = one_selector.css(".author span::text").extract_first()
15         #将爬取到的一部小说保存到字典中
16         hot_dict = {"name":name,                #小说名称
17                     "author":author,            #作者
18                     "type":type,                #类型
19                     "form":form}                #形式
20         #使用 yield 返回字典
21         yield hot_dict
```

以上代码中，仅将数据解析方法从 XPath 表达式替换为 CSS 表达式，其余没有变化。

在第 4 行代码中，list_selector 使用 CSS 表达式定位到小说信息的 div 元素。如果将 list_selector 打印出来，将得到如下结果：

```
[<Selector xpath="descendant-or-self::*[@class = 'book-mid-info']" data=
'<div class="book-mid-info">\r          '>,
<Selector xpath="descendant-or-self::*[@class = 'book-mid-info']" data=
'<div class="book-mid-info">\r          '>,
……]
```

结果中会发现 XPath 的身影，这是因为在运行 CSS 表达式时，内部会将其转换为 XPath 表达式，再使用选择器的 xpath()方法提取数据。

在第 8 行代码中，获取小说名称的 CSS 表达式为 h4>a::text，即定位到 h4 子节点 a 标签的文本，返回选择器列表，再使用 extract_first()方法提取出第 1 个文本。

在第 12 行代码中，获取小说类型的 CSS 表达式为.author a::text，即定位到 class 属性值为 author 下所有 a 标签的文本，返回选择器列表；然后使用 extract()方法提取文本存储于列表中；最后使用下标获取列表中的第 1 个文本。

4.1.7　进一步了解 Response 对象

下面我们回过头，对 Response 做一个系统的认识。

Response 用来描述一个 HTTP 响应，它只是一个基类。当下载器下载完网页后，下载器会根据 HTTP 响应头部的 Content-Type 自动创建 Response 的子类对象。子类主要有：

- TextResponse；
- HtmlResponse；
- XmlResponse。

其中，TextResponse 是 HtmlResponse 和 XmlResponse 的子类。我们通常爬取的是网页，即 HTML 文档，下载器创建的便是 HtmlResponse。

下面以 HtmlResponse 为例，介绍它的属性。

- url：响应的 url，只读，如 https://www.baidu.com。
- status：HTTP 响应的状态码，如 200、403、404。状态码可以参考 2.1.4 节 HTTP 响应。
- headers：HTTP 的响应头，类型为字典型。具体内容可以参考 2.1.4 节 HTTP 响应。
- body：HTTP 响应体。具体内容可以参考 2.1.4 节 HTTP 响应。
- meta：用于接收传递的数据。使用 request.meta 将数据传递出去后，可以使用 response.meta 获取数据。

4.1.8　多页数据的爬取

目前为止，我们实现了起点中文网小说热销榜中一页数据的爬取，但是这个榜单其实有 25 页，如图 4-5 所示。如何将这 25 页的数据全部爬取到呢？

图 4-5　25 页小说热销榜数据

思路是这样的：在解析函数中，提取完本页数据并提交给引擎后，设法提取到下一页的 URL 地址，使用这个 URL 地址生成一个新的 Request 对象，再提交给引擎。也就是说，解析本页的同时抛出一个下一页的请求，解析下一页时抛出下下页的请求，如此递进，直到最后一页。

以下代码是在之前（4.1.5 节）的基础上，增加多页数据的爬取功能：

```
#-*-coding:utf-8-*-
from scrapy import Request
from scrapy.spiders import Spider        #导入 Spider 类
class HotSalesSpider(Spider):
    #定义爬虫名称
    name = 'hot'
    current_page = 1                      #设置当前页，起始为 1
    #获取初始 Request
    def start_requests(self):
```

```
        url = "https://www.qidian.com/rank/hotsales?style=1"
        #生成请求对象，设置 url、headers 和 callback
        yield Request(url,callback=self.qidian_parse)
    #解析函数
    def qidian_parse(self, response):
        #使用 xpath 定位到小说内容的 div 元素，并保存到列表中
        list_selector = response.xpath("//div[@class='book-mid-info']")
        #依次读取每部小说的元素，从中获取小说名称、作者、类型和形式
        for one_selector in list_selector:
            #获取小说名称
            name = one_selector.xpath("h4/a/text()").extract_first()
            #获取作者
            author = one_selector.xpath("p[1]/a[1]/text()").extract()[0]
            #获取类型
            type = one_selector.xpath("p[1]/a[2]/text()").extract()[0]
            #获取形式（连载还是完本）
            form = one_selector.xpath("p[1]/span/text()").extract()[0]
            #将爬取到的一部小说保存到字典中
            hot_dict = {"name":name,              #小说名称
                        "author":author,         #作者
                        "type":type,             #类型
                        "form":form}             #形式
            #使用 yield 返回字典
            yield hot_dict
    #获取下一页 URL，并生成 Request 请求，提交给引擎
    #1.获取下一页 URL
    self.current_page+=1
    if self.current_page<=25:
        next_url = "https://www.qidian.com/rank/hotsales?style=1&page=
        %d"%(self.current_page)
        #2.根据 URL 生成 Request，使用 yield 返回给引擎
        yield Request(next_url,callback=self.qidian_parse)
```

以上代码看着多，其实仅增加了加粗代码部分，下面来分析一下这些代码。

（1）属性 current_page，用于记录当前的页码，初始值为 1。

（2）通过分析得知，第 N 页的 URL 地址为 https://www.qidian.com/rank/hotsales?style=1&page=N，即只有 page 的值是变化（递增）的。获取下一页的 URL 就变得简单了。

（3）根据下一页的 URL，构建一个 Request 对象，构建方法和 start_requests()中 Request 对象构建方法一样，仅仅是 URL 不同。

4.2　使用 Item 封装数据

上一节，我们学习了使用 Spider 从页面中提取数据的方法，并且将提取出来的字段保存于字典中。字典使用虽然方便，但也有它的缺陷：

● 字段名拼写容易出错且无法检测到这些错误。

- 返回的数据类型无法确保一致性。
- 不便于将数据传递给其他组件（如传递给用于数据处理的 pipeline 组件）。

为了解决上述问题，Scrapy 定义了 Item 类专门用于封装数据。

4.2.1　定义 Item 和 Field

Item 对象是一个简单的容器，用于收集抓取到的数据，其提供了类似于字典（dictionary-like）的 API，并具有用于声明可用字段的简单语法。

以起点中文网小说热销榜项目 qidian_hot 为例，在新建项目时，自动生成的 items.py 文件，就是用于封装数据的。之所以叫 items，是因为源文件中可以定义多种 Item，其原始代码为：

```
import scrapy
class QidianHotItem(scrapy.Item):
    # define the fields for your item here like:
    # name = scrapy.Field()
    pass
```

已知需要爬取的小说的字段有小说名称、作者、类型和形式。在类 QidianHotItem 中声明这几个字段，代码如下：

```
import scrapy
#保存小说热销榜字段数据
class QidianHotItem(scrapy.Item):
    # define the fields for your item here like:
    name = scrapy.Field()                   #小说名称
    author = scrapy.Field()                 #作者
    type = scrapy.Field()                   #类型
    form = scrapy.Field()                   #形式
```

是不是很简单？确实，除了字段名不一样之外，其他的没什么不同。下面分析一下代码：

（1）类 QidianHotItem 继承于 Scrapy 的 Item 类。

（2）name、author、type、form 为小说的各个字段名。

（3）scrapy.Field()生成一个 Field 对象，赋值给各自的字段。

（4）Field 对象用于指定每个字段的元数据，并且 Field 对象对接受的数据没有任何限制。因此，在定义属性字段时，无须考虑它的数据类型，使用起来非常方便。

下面修改 HotSalesSpider 类中的代码，使用 QidianHotItem 替代 Python 字典存储数据，实现代码如下：

```
#-*-coding:utf-8-*-
from scrapy import Request
from scrapy.spiders import Spider                  #导入 Spider 类
from qidian_hot.items import QidianHotItem         #导入模块
class HotSalesSpider(Spider):
    ......
    # 解析函数
```

```
    def qidian_parse(self, response):
        #使用 xpath 定位到小说内容的 div 元素，并保存到列表中
        list_selector = response.xpath("//div[@class='book-mid-info']")
        #依次读取每部小说的元素，从中获取小说名称、作者、类型和形式
        for one_selector in list_selector:
            #获取小说名称
            name = one_selector.xpath("h4/a/text()").extract_first()
            #获取作者
            author = one_selector.xpath("p[1]/a[1]/text()").extract()[0]
            #获取类型
            type = one_selector.xpath("p[1]/a[2]/text()").extract()[0]
            #获取形式（连载还是完本）
            form = one_selector.xpath("p[1]/span/text()").extract()[0]
            #将爬取到的一部小说保存到 item 中
            item = QidianHotItem()                #定义 QidianHotItem 对象
            item["name"] = name                   #小说名称
            item["author"] = author               #作者
            item["type"] = type                   #类型
            item["form"] = form                   #形式
            #使用 yield 返回 item
            yield item
        #获取下一页 URL，并生成 Request 请求提交给引擎
        ……
```

以上代码分析如下：

（1）首先导入 qidian_hot.items 下的 QidianHotItem 模块。

（2）生成 QidianHotItem 的对象 item，用于保存一部小说信息。

（3）将从页面中提取到的各个字段赋给 item。赋值方法跟 Python 的字典一样，使用 key-value 的形式。key 要与在 QidianHotItem 中定义的名称一致，否则会报错，value 为各个字段值。Item 复制了标准的字典 API，因此可以按照字典的形式赋值。

☞【实用技巧】

有时会有这样的情况，使用 Execl 打开生成的 CSV 文件时出现中文乱码。

解决方法：使用记事本打开 CSV 文件，在“文件”菜单中选择“另存为”命令，“编码格式”选择 UTF-8，然后单击“保存”按钮。之后再次使用 Excel 打开，中文就能正常显示了。

4.2.2　使用 ItemLoader 填充容器

目前为止我们爬取的数据的字段较少，但是当项目很大、提取的字段数以百计时，数据的提取规则也会越来越多，再加上还要对提取到的数据做转换处理，代码就会变得庞大，维护起来十分困难。

为了解决这个问题，Scrapy 提供了项目加载器（ItemLoader）这样一个填充容器。通

过填充容器，可以配置 Item 中各个字段的提取规则，并通过函数分析原始数据，最后对
Item 字段赋值，使用起来非常便捷。

Item 和 ItemLoader 的区别在于：

● Item 提供了保存抓取到的数据的容器，需要手动将数据保存于容器中。

● Itemloader 提供的是填充容器的机制。

下面使用 ItemLoader 来改写起点中文网小说热销榜的项目。打开爬虫（Spider）源文
件 qidian_hot.py。

1．导入ItemLoader类

导入 ItemLoader 类，代码如下：

```
from scrapy.loader import ItemLoader          #导入 ItemLoader 类
```

2．实例化ItemLoader对象

在使用 ItemLoader 之前，必须先将其实例化。来看一下数据解析函数 qidian_parse()
的实现代码：

```
#解析函数
def qidian_parse(self, response):
    #使用 xpath 定位到小说内容的 div 元素，并保存到列表中
    list_selector = response.xpath("//div[@class='book-mid-info']")
    #依次读取每部小说的元素，从中获取小说名称、作者、类型和形式
    for one_selector in list_selector:
        #生成 ItemLoader 的实例
        #参数 item 接收 QidianHotItem 实例，selector 接收一个选择器
        novel = ItemLoader(item=QidianHotItem(),selector=one_selector)
        #使用 XPath 选择器获取小说名称
        novel.add_xpath("name","h4/a/text()")
        #使用 XPath 选择器获取作者
        novel.add_xpath("author","p[1]/a[1]/text()")
        #使用 XPath 选择器获取类型
        novel.add_xpath("type","p[1]/a[2]/text()")
        #使用 CSS 选择器获取小说形式（连载还是完本）
        novel.add_css("form",".author span::text")
        #将提取好的数据 load 出来，并使用 yield 返回
        yield novel.load_item()
```

很明显，使用 ItemLoader 实现的 Spider 功能，代码量更少、更加清晰。因为 ItemLoader
将数据提取与数据封装的功能全实现了。

在实例化 ItemLoader 时，ItemLoader 接收一个 Item 实例来指定要加载的 Item（参数
item）；指定 response 或者 selector 来确定要解析的内容（参数 response 或 selector）。

3．使用ItemLoader填充数据

实例化 ItemLoader 对象后，就要开始提取数据到 ItemLoader 中了。ItemLoader 提供

了 3 种重要的方法将数据填充进来。

- add_xpath()：使用 XPath 选择器提取数据。
- add_css()：使用 CSS 选择器提取数据。
- add_value()：直接传值。

以上 3 个方法中都有两个参数，第一个参数指定字段名，第二个参数指定对应的提取规则或者传值。

在上面的代码中，小说名称、作者、类型都是通过 add_xpath 填充到 ItemLoader 实例对象中，而小说形式是通过 add_css 填充的。add_value 用于直接传值，例如：

```
novel.add_value("form", "连载")            #字段 form 值设置为字符串"连载"
```

4．给Item对象赋值

当提取到的数据被填充到 ItemLoader 后，还需要调用 load_item()方法给 Item 对象赋值。

5．进一步处理数据

下面两个问题一定也困扰着大家：

（1）使用 ItemLoader 提取的数据，也是保存于列表中的，以前可以通过 extract_first() 或者extract()获取列表中的数据，但是在 ItemLoader 中如何实现呢？以下为生成的数据格式：

```
{'author': ['傅啸尘'], 'form': ['连载'], 'name': ['修炼狂潮'], 'type': ['玄幻']}
```

（2）很多时候，我们还需要将选择器（XPath 或 CSS）提取出来的数据做进一步的处理，例如去除空格、提取数字和格式化数据等。这些处理又在哪里实现呢？

解决方法是，使用输入处理器（input_processor）和输出处理器（output_processor）对数据的输入和输出进行解析。

下面来看一个例子，实现将提取出来的小说形式（连载/完结）转换为简写形式（LZ/WJ）。下面在 items.py 中实现这个功能，实现代码如下：

```
import scrapy
from scrapy.loader.processors import TakeFirst
#定义一个转换小说形式的函数
def form_convert(form):
    if form[0] == "连载":
        return "LZ"
    else:
        return "WJ"
#保存小说热销榜字段数据
class QidianHotItem(scrapy.Item):
    #TakeFirst 为 Scrapy 内置处理器，获取列表中第一个非空数据
    name = scrapy.Field(output_processor=TakeFirst())          #小说名称
    author = scrapy.Field(output_processor=TakeFirst())        #作者
    type = scrapy.Field(output_processor=TakeFirst())          #类型
    form = scrapy.Field(input_processor=form_convert,
                        output_processor=TakeFirst())          #形式
```

首先定义了一个转换小说形式的函数 form_convert( )。参数如果为"连载",则返回 LZ;否则返回 WJ。

在 QidianHotItem 类中,scrapy.Field()中设置了两个参数(或其中之一):输入处理器(input_processor)和输出处理器(output_processor)。

output_processor 绑定了函数 TakeFirst( )。TakeFirst()函数为 Scrapy 内置的处理器,用于获取集合中第一个非空值。

form 为小说形式的字段,scrapy.Field()的参数 input_processor 绑定了函数 form_convert( )。当 ItemLoader 通过选择器(XPath 或 CSS)提取某字段数据后,就会将其发送给输入处理器进行处理,然后将处理完的数据发送给输出处理器做最后一次处理。最后调用 load_item()函数将数据填充进 ItemLoader,并得到填充后的 Item 对象。如图 4-6 所示为每个字段的数据处理过程。

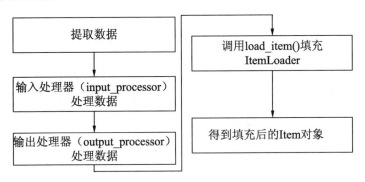

图 4-6　字段的处理过程

6. 运行项目

通过以下命令运行项目:

```
>scrapy crawl hot -o hot.csv
```

打开 hot.csv 文件,在 form 列,查看所有的"连载"是否已变成 LZ,所有的"完结"是否已变成 WJ。

ItemLoader 提供了一种灵活、高效和简单的机制,但是,如果爬取的字段不算太多,也没有必要使用它。

4.3　使用 Pipeline 处理数据

前面,我们学习了 Scrapy 的数据爬取和数据封装,但有时可能还需要对数据进行处理,例如过滤掉重复数据、验证数据的有效性,以及将数据存入数据库等。Scrapy 的 Item Pipeline(项目管道)是用于处理数据的组件。本节就来学习使用 Item Pipeline 实现数据的处理的方法。

4.3.1　Item Pipeline 介绍

当 Spider 将收集到的数据封装为 Item 后，将会被传递到 Item Pipeline（项目管道）组件中等待进一步处理。Scrapy 犹如一个爬虫流水线，Item Pipeline 是流水线的最后一道工序，但它是可选的，默认关闭，使用时需要将它激活。如果需要，可以定义多个 Item Pipeline 组件，数据会依次访问每个组件，执行相应的数据处理功能。

以下为 Item Pipeline 的典型应用：

- 清理数据。
- 验证数据的有效性。
- 查重并丢弃。
- 将数据按照自定义的格式存储到文件中。
- 将数据保存到数据库中。

还是以起点中文网小说热销榜项目 qidian_hot 为例，来看看如何使用 Item Pipeline 处理数据。如图 4-7 所示为获取到的部分小说热销榜数据，字段有名称、作者、类型和形式。其中，小说的形式有连载和完本两种，如果期望小说形式是以首字母简写的形式展现，就可以使用一个 Item Pipeline 来完成这个功能。下面在项目 qidian_hot 中实现该功能。

	A	B	C	D
1	name	author	type	form
2	大王饶命	会说话的肘子	都市	连载
3	牧神记	宅猪	玄幻	连载
4	修炼狂潮	傅啸尘	玄幻	连载
5	明朝败家子	上山打老虎额	历史	连载
6	圣墟	辰东	玄幻	连载
7	斗破苍穹	天蚕土豆	玄幻	完本
8	修真聊天群	圣骑士的传说	都市	连载
9	全球高武	老鹰吃小鸡	都市	连载
10	诡秘之主	爱潜水的乌贼	玄幻	连载
11	凡人修仙之仙界篇	忘语	仙侠	连载

图 4-7　部分小说热销榜数据

4.3.2　编写自己的 Item Pipeline

编写自己的 Item Pipeline 组件其实很简单，它只是一个实现了几个简单方法的 Python 类。当建立一个项目后，这个类就已经自动创建了。打开项目 qidian_hot 下的 pipelines.py，发现自动生成了如下代码：

```python
class QidianHotPipeline(object):
    def process_item(self, item, spider):
        return item
```

下面在方法 process_item()中，实现数据处理的功能。

```
class QidianHotPipeline(object):
    def process_item(self, item, spider):
        #判断小说形式是连载还是完结
        if item["form"] == "连载":            #连载的情况
            item["form"] = "LZ"               #替换为简称
        else:#其他情况
            item["form"] = "WJ"
        return item
```

QidianHotPipeline 是自动生成的 Item Pipeline 类，它无须继承特定的基类，只需要实现某些特定的方法，如 process_item()、open_spider()和 close_spider()。注意，方法名不可改变。

process_item()方法是 Item Pipeline 类的核心方法，必须要实现，用于处理 Spider 爬取到的每一条数据（Item）。它有两个参数：

item：待处理的 Item 对象。

spider：爬取此数据的 Spider 对象。

方法的返回值是处理后的 Item 对象，返回的数据会传递给下一级的 Item Pipeline（如果有）继续处理。

4.3.3　启用 Item Pipeline

在 Scrapy 中，Item Pipeline 是可选组件，默认是关闭的。要想激活它，只需在配置文件 settings.py 中启用被注释掉的代码即可。

```
# Configure item pipelines
# See https://doc.scrapy.org/en/latest/topics/item-pipeline.html
ITEM_PIPELINES = {
   'qidian_hot.pipelines.QidianHotPipeline': 300,
}
```

ITEM_PIPELINES 是一个字典，将想要启用的 Item Pipeline 添加到这个字典中。其中，键是 Item Pipeline 类的导入路径，值是一个整数值。如果启用多个 Item Pipeline，这些值就决定了它们运行的顺序，数值越小，优先级越高。下面来看一下运行多个 Item Pipeline 的例子。

4.3.4　多个 Item Pipeline

如果有这样一个需求，同一个作者只能上榜一部作品，而爬取到的数据中可能有多部同一作者的作品。因此可以实现一个去重处理的 Item Pipeline，将重复数据过滤掉。在 pipelines.py 中，定义一个去重的 Item Pipeline 类 DuplicatesPipeline，实现代码如下：

```
from scrapy.exceptions import DropItem
#去除重复作者的 Item Pipeline
```

```
class DuplicatesPipeline(object):
    def __init__(self):
        #定义一个保存作者姓名的集合
        self.author_set = set()
    def process_item(self, item, spider):
        if item['author'] in self.author_set:
            #抛弃重复的 Item 项
            raise DropItem("查找到重复姓名的项目: %s"%item)
        else:
            self.author_set.add(item['author'])
        return item
```

在构造函数__init__()中定义一个保存作者姓名的集合 author_set。

在 process_item()方法中，判断 item 中的 author 字段是否已经存在于集合 author_set 中，如果不存在，则将 item 中的 author 字段存入 author_set 集合中；如果存在，就是重复数据，使用 raise 抛出一个 DropItem 异常，该 Item 就会被抛弃，不会传递给后面的 Item Pipeline 继续处理，更不会导出到文件中。

在配置文件 settings.py 中启用 DuplicatesPipeline：

```
# Configure item pipelines
# See https://doc.scrapy.org/en/latest/topics/item-pipeline.html
ITEM_PIPELINES = {
    'qidian_hot.pipelines.DuplicatesPipeline': 100,
    'qidian_hot.pipelines.QidianHotPipeline': 300,
}
```

DuplicatesPipeline 设置的值比 QidianHotPipeline 小，因此优先执行 DuplicatesPipeline，过滤掉重复项，再将非重复项传递给 QidianHotPipeline 继续处理。

4.3.5　保存为其他类型文件

之前我们都是通过命令将数据保存为 CSV 文件。但是，如果要将数据保存为 TXT 文件，并且字段之间使用其他间隔符（例如分号），使用命令就无法实现了。Scrapy 中自带的支持导出的数据类型有 CSV、JSON 和 XML 等，如果有特殊要求，需要自己实现。

下面通过 Item Pipeline 实现将数据保存为文本文档（txt），并且字段之间使用分号（；）间隔的功能。在 pipelines.py 中，定义一个保存数据的 Item Pipeline 类 SaveToTxtPipeline，实现代码如下：

```
#将数据保存于文本文档中的 Item Pipeline
class SaveToTxtPipeline(object):
    file_name = "hot.txt"                    #文件名称
    file = None                              #文件对象
    #Spider 开启时，执行打开文件操作
    def open_spider(self,spider):
        #以追加形式打开文件
        self.file = open(self.file_name,"a",encoding="utf-8")
```

```
#数据处理
def process_item(self, item, spider):
    #获取 item 中的各个字段,将其连接成一个字符串
    # 字段之间用分号隔开
    # 字符串末尾要有换行符\n
    novel_str = item['name']+";"+\
                item["author"]+";"+\
                item["type"]+";"+\
                item["form"]+"\n"
    #将字符串写入文件中
    self.file.write(novel_str)
    return item

#Spider 关闭时,执行关闭文件操作
def close_spider(self,spider):
    #关闭文件
    self.file.close()
```

类 SaveToTxtPipeline 中多了几个方法,下面一起来了解一下。

Item Pipeline 中,除了必须实现的 process_item()方法外,还有 3 个比较常用的方法,可根据需求选择实现。

- open_spider(self,spider)方法:当 Spider 开启时(爬取数据之前),该方法被调用,参数 spider 为被开启的 Spider。该方法通常用于在数据处理之前完成某些初始化工作,如打开文件和连接数据库等。
- close_spider(self,spider)方法:当 Spider 被关闭时(所有数据被爬取完毕),该方法被调用,参数 spider 为被关闭的 Spider。该方法通常用于在数据处理完后,完成某些清理工作,如关闭文件和关闭数据库等。
- from_crawler(cls,crawler)方法:该方法被调用时,会创建一个新的 Item Pipeline 对象,参数 crawler 为使用当前管道的项目。该方法通常用于提供对 Scrapy 核心组件的访问,如访问项目设置文件 settings.py。

下面再来看一下 SaveToTxtPipeline 实现的思路。

(1)属性 file_name 定义文件名称,属性 file 定义文件对象,便于操作文件。

(2)open_spider()方法实现文件的打开操作,在数据处理前执行一次。

(3)close_spider()方法实现文件的关闭操作。在数据处理后执行一次。

(4)process_item()方法实现数据的写入操作。首先,获取 item 中的所有字段,将它们连成字符串,字段之间用分号间隔,而且字符串末尾要加上换行符(\n),实现一行显示一条数据;然后,使用 Python 的 write()函数将数据写入文件中。

在配置文件 settings.py 中启用 SaveToTxtPipeline:

```
# Configure item pipelines
# See https://doc.scrapy.org/en/latest/topics/item-pipeline.html
ITEM_PIPELINES = {
   'qidian_hot.pipelines.DuplicatesPipeline': 100,
   'qidian_hot.pipelines.QidianHotPipeline': 300,
```

```
    'qidian_hot.pipelines.SaveToTxtPipeline': 400,
}
```

运行爬虫程序，查看 hot.txt 文件中的内容，如图 4-8 所示。

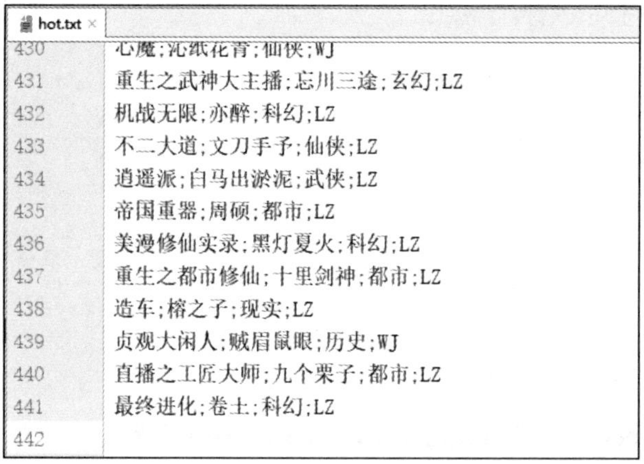

```
hot.txt
心魔;沁纸花青;仙侠;WJ
重生之武神大主播;忘川三途;玄幻;LZ
机战无限;亦醉;科幻;LZ
不二大道;文刀手予;仙侠;LZ
逍遥派;白马出淤泥;武侠;LZ
帝国重器;周硕;都市;LZ
美漫修仙实录;黑灯夏火;科幻;LZ
重生之都市修仙;十里剑神;都市;LZ
造车;榕之子;现实;LZ
贞观大闲人;贼眉鼠眼;历史;WJ
直播之工匠大师;九个栗子;都市;LZ
最终进化;卷土;科幻;LZ
```

图 4-8　生成的文本文档

为了便于管理，Scrapy 中将各种配置信息放在了配置文件 settings.py 中。上面的文件名也可以转移到 settings.py 中配置，下面来看一下修改方法。

（1）在 settings.py 中设置文件名称。

```
FILE_NAME = "hot.txt"
```

（2）在 SaveToTxtPipeline 中获取配置信息。

```
#将数据保存于文本文档中的 Item Pipeline 中
class SaveToTxtPipeline(object):
    file = None                 #文件对象
    @classmethod
    def from_crawler(cls,crawler):
        #获取配置文件中的 FILE_NAME 的值
        #如果获取失败，就使用默认值"hot2.txt"
        cls.file_name = crawler.settings.get("FILE_NAME","hot2.txt")
        return cls()
......
```

SaveToTxtPipeline 增加了方法 from_crawler()，用于获取配置文件中的文件名。注意，该方法是一个类方法（@classmethod），Scrapy 会调用该方法来创建 SaveToTxtPipeline 对象，它有两个参数：

- cls：SaveToTxtPipeline 对象。
- crawler：Scrapy 中的核心对象，通过它可以访问配置文件（settings.py）。

from_crawler()方法必须返回一个新生成的 SaveToTxtPipeline 对象（return cls()）。

4.4　项目案例：爬取链家网二手房信息

为了统计某地区的二手房交易情况，需要获取大量二手房交易数据。链家网是一个专业的房地产 O2O 交易平台，主营二手房、新房、租房、房价查询等业务。链家网展示的房源众多、房屋信息详实并且页面设计工整。

4.4.1　项目需求

使用 Scrapy 爬取链家网中苏州市二手房交易数据并保存于 CSV 文件中。如图 4-9 所示为苏州市二手房信息的主页面，地址为 https://su.lianjia.com/ershoufang/。爬取的房屋数据有：

- 房屋名称；
- 房屋户型；
- 建筑面积；
- 房屋朝向；
- 装修情况；
- 有无电梯；
- 房屋总价；
- 房屋单价；
- 房屋产权。

图 4-9　链家网中苏州市二手房信息展示主页面

单击图 4-9 中的某个房屋标题链接，进入房屋详情页，如图 4-10 所示。

图 4-10　房屋信息详情页

具体要求有：

（1）房屋面积、总价和单价只需要具体的数字，不需要单位名称。

（2）删除字段不全的房屋数据，如有的房屋朝向会显示"暂无数据"，应该剔除。

（3）保存到 CSV 文件中的数据，字段要按照这样的顺序排列：房屋名称，房屋户型，建筑面积，房屋朝向，装修情况，有无电梯，房屋总价，房屋单价，房屋产权。

4.4.2　技术分析

1. 使用Spider提取数据

通过页面分析发现，爬取的二手房交易数据分布在两个页面中，每个页面包含一部分数据。房屋名称、房屋户型、建筑面积、房屋朝向、装修情况、有无电梯、总价、单价的数据可以在房屋信息主页面中（图 4-9）获取，但是产权数据需要进入房屋详情页面中（图 4-10）获取。因此，要想获取一条完整的房屋交易数据，就需要解析两个页面，再将两个页面的数据合并发送给引擎保存到 CSV 文件中。如图 4-11 所示为项目实现的流程。

首先在 start_requests()方法中生成访问初始页的 Request 对象。页面下载后，主页面解析函数提取页面中的部分房屋信息（不含产权信息），同时获取详情页的 URL。将详情页的 URL 和已提取的房屋信息作为参数生成详情页的 Request 对象提交给引擎。详情页下载后，详情页解析函数提取房屋产权信息，并与主解析函数中得到的部分房屋数据合并，形成一条完整的房屋数据，最后将数据提交给 Pipeline 处理。

2. 使用Item封装数据

数据提取后，使用 Item 封装数据。

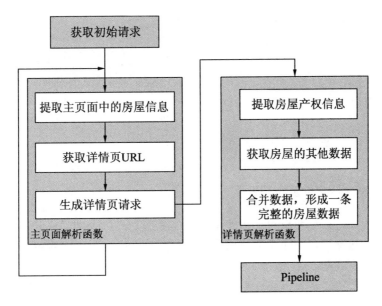

图 4-11　链家二手房数据爬取功能流程图

3．使用Pipeline处理数据

数据处理主要分为以下两大部分：

（1）过滤、清理数据（FilterPipeline）。

从爬取到的房屋面积、单价和产权文本中提取出数字，并且过滤掉字段不全的房屋。

（2）将数据保存于 CSV 文件（CSVPipeline）中。

因为使用命令生成的 CSV 文件中，字段的排列是随机的，而本项目要求字段固定排列，因此需要通过 Pipeline 将数据保存于 CSV 文件中。

本项目建立了两个 Pipeline 类分别对应上述两种数据处理功能，体现了模块化的设计思想。

4.4.3　代码实现及解析

1．创建项目

创建一个名为 lianjia_home 的 Scrapy 项目。

```
>scrapy startproject lianjia_home
```

2．使用Item封装数据

打开项目 lianjia_home 中的 items.py 源文件，添加二手房信息字段。实现代码如下：

```
class LianjiaHomeItem(scrapy.Item):
    name = scrapy.Field()                    #名称
    type = scrapy.Field()                    #户型
    area = scrapy.Field()                    #面积
    direction = scrapy.Field()               #朝向
    fitment = scrapy.Field()                 #装修情况
    elevator = scrapy.Field()                #有无电梯
    total_price = scrapy.Field()             #总价
    unit_price = scrapy.Field()              #单价
    property = scrapy.Field()                #产权信息
```

3. 创建Spider源文件及Spider类

到目前为止，我们创建 Spider 文件及 Spider 类都是通过手动完成的。实际上，通过命令也可以完成这些操作。下面来尝试通过命令创建 Spider 文件及 Spider 类。

（1）首先定位到 lianjia_home 项目目录下。

```
>cd D:\scrapyProject\lianjia_home
```

（2）输入命令：scrapy genspider home https://su.lianjia.com/ershoufang/，其中，home 为爬虫名称，https://su.lianjia.com/ershoufang/为初始访问 URL。运行后，显示如下成功信息：

```
>scrapy genspider home https://su.lianjia.com/ershoufang/
Created spider 'home' using template 'basic' in module:
  lianjia_home.spiders.home
```

在 lianjia_home 项目中的 spiders 目录下，自动生成 home.py 源文件，实现代码如下：

```
1 # -*- coding: utf-8 -*-
2 import scrapy
3 class HomeSpider(scrapy.Spider):
4     name = 'home'
5     allowed_domains = ['https://su.lianjia.com/ershoufang/']
6     start_urls = ['http://https://su.lianjia.com/ershoufang//']
7
8     def parse(self, response):
9         pass
```

下面根据项目实际需求，优化 HomeSpider 类。

（1）重写导入模块。导入 scrapy 的 Request 和 Spider 模块。

（2）导入 LianjiaHomeItem 类，用于数据的封装。

（3）删除第 5 行代码。allowed_domains 设置了允许爬取的域名，默认不启用。

（4）删除第 6 行代码，重写 start_requests()方法，手动生成 Request()方法。

优化后的代码如下（加粗部分为代码修改部分）：

```
# -*- coding: utf-8 -*-
from scrapy import Request
from scrapy.spiders import Spider                        #导入 Spider 类
from lianjia_home.items import LianjiaHomeItem           #导入 Item 类
class HomeSpider(Spider):
```

```
    name = 'home'
    def start_requests(self):                                    #获取初始请求
        pass

    def parse(self, response):                                   #主页面解析函数
        pass
```

4. 获取初始请求（start_requests()）

由于用户代理默认设置在 settings.py 中（参考 4.1.5 节中的实用技巧），start_requests() 方法的实现就比较简单了，实现代码如下：

```
def start_requests(self):                                        #获取初始请求
    url = "https://su.lianjia.com/ershoufang/"
    #生成请求对象
    yield Request(url)
```

5. 实现主页面解析函数（parse()）

以下为主页面解析函数实现代码：

```
def parse(self, response):                                       #主页面解析函数
    # 1.提取主页中的房屋信息
    #使用 xpath 定位到二手房信息的 div 元素，保存到列表中
    list_selecotr = response.xpath("//li/div[@class='info clear']")
    #依次遍历每个选择器，获取二手房的名称、户型、面积、朝向等数据
    for one_selecotr in list_selecotr:
        try:
            #获取房屋名称
            name = one_selecotr.xpath("div[@class='address']/"
                                "div[@class='houseInfo']"
                                "/a/text()").extract_first()
            #获取其他信息
            other = one_selecotr.xpath("div[@class='address']/"
                                "div[@class='houseInfo']"
                                "/text()").extract_first()
            #以|作为间隔，转换为列表
            other_list = other.split("|")
            type = other_list[1].strip(" ")                      #户型
            area = other_list[2].strip(" ")                      #面积
            direction = other_list[3].strip(" ")                 #朝向
            fitment = other_list[4].strip(" ")                   #是否装修
            elevator = other_list[5].strip(" ")                  #有无电梯
            #获取总价和单价，存入列表中
            price_list = one_selecotr.xpath("div[@class='priceInfo']//span/
            text()")
            #总价
            total_price = price_list[0].extract()
            #单价
            unit_price = price_list[1].extract()
            item = LianjiaHomeItem()                             #生成 LianjiaHomeItem 对象
```

```
        #将已经获取的字段保存于 item 对象中
        item["name"] = name.strip(" ")              #名称
        item["type"] = type                          #户型
        item["area"] = area                          #面积
        item["direction"] = direction               #朝向
        item["fitment"] = fitment                    #是否装修
        item["elevator"] = elevator                  #有无电梯
        item["total_price"] = total_price            #总价
        item["unit_price"] = unit_price              #单价
        # 2.获取详细页 URL
        url = one_selecotr.xpath("div[@class='title']/a/@href").extract_
        first()
        #3.生成详情页的请求对象，参数 meta 保存房屋部分数据
        yield Request(url,
                    meta={"item":item},
                    callback=self.property_parse)
    except:
        pass
#4.获取下一页 URL，并生成 Request 请求
# （1）获取下一页 URL。仅在解析第一页时获取总页数的值
if self.current_page == 1:
    #属性 page-data 的值中包含总页数和当前页
    self.total_page = response.xpath("//div[@class='page-box house-lst-
    page-box']"
                            "//@page-data").re("\d+")
    #获取总页数
    self.total_page = int(self.total_page[0])
self.current_page+=1                                #下一页的值
if self.current_page<=self.total_page:              #判断页数是否已越界
    next_url = "https://su.lianjia.com/ershoufang/pg%d"%(self.current_
    page)
    # （2）根据 URL 生成 Request，使用 yield 提交给引擎
    yield Request(next_url)
```

主页面解析函数的功能分解为以下 4 步：

（1）提取主页面中房屋信息的各个字段，并保存于字典中。

【功能实现】参考注释为 "＃1.提取主页中的房屋信息" 后的代码。

使用 Chrome 浏览器的 "开发者工具"，分析链家网苏州市二手房主页面结构，确定获取房屋信息的 XPath 路径表达式。

首先获取包含所有房屋信息的 div 元素的选择器列表（1 页有 30 条房屋数据）。

```
list_selecotr = response.xpath("//li/div[@class='info clear']")
```

再使用 for 循环遍历每个选择器，提取房屋数据。不排除有些房屋数据残缺不全，因此要使用 try…except 排除不合格的房屋信息。

定义一个 LianjiaHomeItem 类的对象 item，用于保存一条二手房信息。需要注意的是，item 一定要在 for 循环中定义。

（2）获取详情页 URL。

【功能实现】参考注释为"# 2.获取详情页 URL"后的代码。

房屋产权信息显示在房屋的详情页面，因此需要提取详情页的 URL。详情页的 URL
可以从房屋标题的链接中提取。

```
url = one_selecotr.xpath("div[@class='title']/a/@href").extract_first()
```

（3）生成详情页请求。

【功能实现】参考注释为"#3.生成详情页的请求对象"后的代码。

生成的详情页请求需要传入 3 个参数：

- url：房屋详情页的 URL。
- meta：字典型。存储已提取到的部分房屋数据（用于跟房屋产权数据合并）。
- callback：请求的回调函数，这里设置 callback=self.property_parse。property_parse
  函数用于解析详情页面，提取房屋产权信息。

（4）获取下一页的 URL，生成下一页的请求。

【功能实现】参考注释为"#4.获取下一页 URL，并生成 Request 请求"后的代码。

当前页的数据提取完后，就需要获取下一页的 URL 地址，以便继续爬取下一页的数据。

通过观察发现，每一页的 URL 是有规律的，即 https://su.lianjia.com/ershoufang/pgN，
这里的 N 代表页数。那么一共有多少页呢（页数可能是动态变化的）？通过分析发现，总
页数存储于一个 class 为 page-box house-lst-page-box 的 div 中。代码中的 self.current_page
属性默认值为 1，用于记录当前的页数，而 self.total_page 则用于记录总页数。这两个属性
都是在构造函数中定义的。

6. 实现详情页解析函数

详情页解析函数实现代码如下：

```
#详情页解析函数
def property_parse(self,response):
    #1.获取产权信息
    property = response.xpath("//div[@class='base']/div[@class='content']
    /ul/li[12]/text()").extract_first()
    #2.获取主页面中的房屋信息
    item = response.meta["item"]
    #3.将产权信息添加到 item 中，返回给引擎
    item["property"] = property
    yield item
```

详情页解析函数用于提取房屋产权信息。详情页解析函数功能分解为以下 3 步。

（1）提取房屋产权信息。

使用 Chrome 浏览器的"开发者工具"分析页面，得到房屋产权的位置为//div[@class=
'base']/div[@class='content']/ul/li[last()]/text()。

（2）获取主页面中的房屋信息。

使用 response 中的 meta 获取请求发送的参数，得到在主页面中获取的房屋信息。

（3）合并数据，并返回给引擎。

将房屋产权信息添加到已保存有其他房屋信息的 item 中，作为一条完整数据返回给引擎。

7．使用Pipeline实现数据的处理

数据统一在 pipelines.py 文件中处理。打开 pipelines.py 文件。

（1）定义 FilterPipeline 类，实现数据的过滤和清理，实现代码如下：

```python
import re#正则表达式模块
from scrapy.exceptions import DropItem
class FilterPipeline(object):
    def process_item(self, item, spider):
        #总面积，提取数字
        item["area"] = re.findall(r"\d+\.?\d*",item["area"])[0]
        #单价，提取数字
        item["unit_price"]=re.findall(r"\d+\.?\d*",item["unit_price"])[0]
        #产权，提取数字
        item["property"]=re.findall(r"\d+\.?\d*",item["property"])[0]
        #如果字段房屋朝向缺少数据，则抛弃该条数据
        if item["direction"] == "暂无数据":
            #抛弃缺少数据的 Item 项
            raise DropItem("房屋朝向无数据，抛弃此项目：%s"%item)
        return item
```

首先导入两个模块，一个是 re 正则表达式模块，用于提取数字；另一个是 DropItem 模块，用于抛弃无用的数据 Item 项。

在 process_item()方法中，通过 re 正则表达式的 findall()方法，将总面积、单价和产权字符串中的数字提取出来。然后判断房屋朝向字段如果为"暂无数据"，则使用 raise DropItem()抛出一个异常，并将该条 Item 抛弃。

（2）定义 CSVPipeline 类，实现将数据保存于 CSV 文件中，实现代码如下：

```python
class CSVPipeline(object):
    index = 0                                #记录起始位置
    file = None                              #文件对象
    #Spider 开启时，执行打开文件操作
    def open_spider(self,spider):
        #以追加形式打开文件
        self.file = open("home.csv","a",encoding="utf-8")

    #数据处理
    def process_item(self, item, spider):
        #第一行写入列名
        if self.index == 0:
            column_name = "name,type,area,direction,fitment,elevator,total_
            price,unit_price,property\n"
            #将字符串写入文件中
            self.file.write(column_name)
            self.index = 1
```

```
#获取 item 中的各个字段，将其连接成一个字符串
#字段之间用逗号隔开
#反斜杠用于连接下一行的字符串
#字符串末尾要有换行符\n
home_str = item['name']+","+\
           item["type"]+","+\
           item["area"]+","+ \
           item["direction"] + "," + \
           item["fitment"] + "," + \
           item["elevator"] + "," + \
           item["total_price"] + "," + \
           item["unit_price"] + "," + \
           item["property"]+"\n"
#将字符串写入文件中
self.file.write(home_str)
return item

#Spider 关闭时，执行关闭文件操作
def close_spider(self,spider):
    #关闭文件
    self.file.close()
```

CSVPipeline 类中定义两个属性，一个是 index，判断是否是初次写入文件，用于写入列名；另一个是 file，是 CSV 文件对象。

open_spider()方法在开始爬取数据之前被调用，在该方法中打开 CSV 文件。

process_item()方法处理爬取到的每一项数据，首次执行时，先将列名写入 CSV 文件中，再将 item 中的各个字段连接成一个字符串，字段之间用逗号隔开，写入文件中。

close_spider()在爬取全部数据后被调用，在该方法中关闭 CSV 文件。

8. 启用Pipeline

在 settings.py 文件中，启用 FilterPipeline 和 CSVPipeline，注意它们执行的先后顺序。代码如下：

```
ITEM_PIPELINES = {
   'lianjia_home.pipelines.FilterPipeline': 100,
   'lianjia_home.pipelines.CSVPipeline': 200,
}
```

9. 运行爬虫程序

至此，本项目所有的功能已全部实现。下面运行爬虫程序：

```
>scrapy crawl home
```

出现如下错误信息：

```
[scrapy.core.engine] INFO: Spider opened
[scrapy.extensions.logstats] INFO: Crawled 0 pages (at 0 pages/min), scraped
0 items (at 0 items/min)
[scrapy.extensions.telnet] DEBUG: Telnet console listening on 127.0.0.
1:6023
```

```
[scrapy.core.engine] DEBUG: Crawled (200) <GET https://su.lianjia.com/
robots.txt> (referer: None)
[scrapy.downloadermiddlewares.robotstxt] DEBUG: Forbidden by robots.txt:
<GET https://su.lianjia.com/ershoufang/>
[scrapy.core.engine] INFO: Closing spider (finished)
```

原因：在网站根目录下有一个叫做 robots.txt 的文件，用来告诉爬虫或搜索引擎哪些页面可以抓取，哪些不可以抓取。Scrapy 在默认设置下，会根据 robots.txt 文件中定义的爬取范围来爬取。很显然，我们爬取的页面是不被允许的。

解决方案：更改 Scrapy 的默认设置，绕过 robots 规则，直接爬取页面。

实现方法：打开 settings.py 文件，将 ROBOTSTXT_OBEY 设置为 False。

```
# Obey robots.txt rules
ROBOTSTXT_OBEY = False
```

再次运行爬虫程序。

10. 查看结果

生成的 home.csv 文件中共 2683 条数据（第一行为标题栏），如图 4-12 所示。

	A	B	C	D	E	F	G	H	I
1	name	type	area	direction	fitment	elevator	total_price	unit_price	property
2	吴越尚院	3室2厅	149.54	南 北	精装	有电梯	276	18457	70
3	石湖华城	2室2厅	100.77	南	毛坯	有电梯	174	17268	70
4	香滨水岸	3室2厅	102.28	南	精装	无电梯	289	28256	70
5	蝴蝶湾	2室2厅	108	南	精装	有电梯	312	28889	70
6	小石城5区紫竹园	4室2厅	204.9	南	毛坯	有电梯	409	19961	70
7	中海湖滨一号	4室2厅	162	南	精装	有电梯	870	53704	70
8	新城金郡北区	2室1厅	55	南	精装	有电梯	77	14000	40
9	伊顿花园	5室3厅	272	南	精装	无电梯	830	30515	70
10	海尚壹品	4室2厅	130.87	南	精装	有电梯	665	50814	70
11	世茂石湖湾	4室2厅	138.21	南	其他	无电梯	329	23805	70
12	三元一村	2室2厅	52	南	精装	有电梯	80	15385	70
13	路劲凤凰城	3室2厅	131.19	南	精装	有电梯	350	26679	70
14	今日家园	4室2厅	158.08	南	精装	有电梯	430	27202	70
15	路劲主场	2室2厅	77.88	南	精装	有电梯	220	28249	70
16	鼎尚花园	3室2厅	105.12	南	精装	有电梯	235	22356	70

图 4-12　保存到 home.csv 的二手房数据

☞【实用技巧】

运行爬虫程序时，每次都要打开命令行输入爬虫运行的命令，这样是不是很麻烦？Scrapy 提供了一个 cmdline 库，可以非常方便地运行爬虫程序。首先在项目的根目录下，新建一个名为 start.py 的 Python 源文件（名称可自定义），在 start.py 中，输入如下代码：

```
from scrapy import cmdline
cmdline.execute("scrapy crawl home".split())
```

首先导入 Scrapy 的 cmdline 库，再使用 cmdline 的 execute() 方法执行爬虫命令。执行源文件 start.py，发现爬虫程序进行开始运行并生成了 home.csv 的文件。

4.5 本 章 小 结

　　本章我们学习了 Scrapy 的很多内容，学会了使用 Spider 提取数据，使用 Item 封装数据，使用 Pipeline 处理数据。然后通过一个综合项目，提高了使用 Scrapy 解决实际问题的实践能力。对于一般网站的爬取，相信大家应该是毫无压力了。

　　Pipeline 处理数据的能力还远不止本章介绍的这些，例如可以将爬取到的数据保存于数据库中，下一章，就来学习数据库的存储内容。

第 2 篇
进阶篇

第 5 章　数据库存储

前面章节中，我们将爬虫数据保存于 CSV 文件或其他格式的文件中，既简单又方便。但是如果需要存储的数据量大，又要频繁访问这些数据时，就应该考虑将数据保存到数据库中了。目前主流的数据库有关系型数据库 MySQL，以及非关系型数据库 MongoDB 和 Redis 等。本章将学习使用 Scrapy 的 Item Pipeline 将数据存储于这 3 类数据库中。

5.1　MySQL 数据库

MySQL 是一个中小型关系型数据库，应用极其广泛。它开源、免费、高效、可移植性好，像阿里巴巴、去哪儿、腾讯等知名互联网公司都有在使用 MySQL 数据库。

5.1.1　关系型数据库概述

关系型数据库，是建立在关系模型基础上的数据库。简单地讲，它由多张能互相联结的二维表格组成，每一行是一条记录，每一列是一个字段，而表就是某个实体的集合，它展现的形式类似于 EXCEL 中常见的表格。

像 SQLite、MySQL、Oracle、SQL Server、DB2 等都属于关系型数据库。本节我们主要介绍 MySQL 数据库的用法。

5.1.2　下载和安装 MySQL 数据库

下面来看一下 MySQL 数据库的下载和安装过程。

1. 下载MySQL数据库

（1）进入 MySQL 数据库官方下载网站 https://dev.mysql.com/downloads/windows/installer/，选择 MSI 格式的安装文件下载，如图 5-1 所示。MSI 自带安装界面，只需经过简单的设置就能成功安装。另外一种 ZIP 格式的安装文件，需要自己配置环境，比较复杂，极易出错，不推荐使用。

图 5-1　MySQL 数据库官方网站

（2）单击 Download 按钮进入下载页面，如图 5-2 所示。

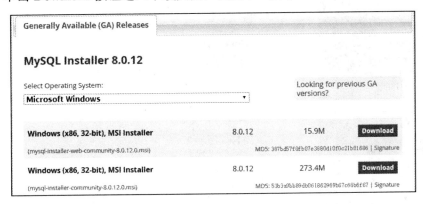

图 5-2　选择 MySQL 的 MSI 文件

（3）单击图 5-3 中的"No thanks, just start my download"链接，就可立即下载。

图 5-3　MySQL 下载页面

2．安装MySQL数据库

安装包下载完后，就可以双击安装包，安装 MySQL 数据库了。MySQL 数据库的安装比较简单，绝大部分配置设为默认值即可，但需要注意以下 3 项设置内容。

（1）安装开始时，会让用户选择安装模式，根据需要可以选择 Developer Default（开发者模式）、Server only（服务器模式）、Client only（客户端模式）、Full（完整模式）以及 Custom（自定义模式）。这里选择第二项 Server only（服务器模式），如图 5-4 所示。

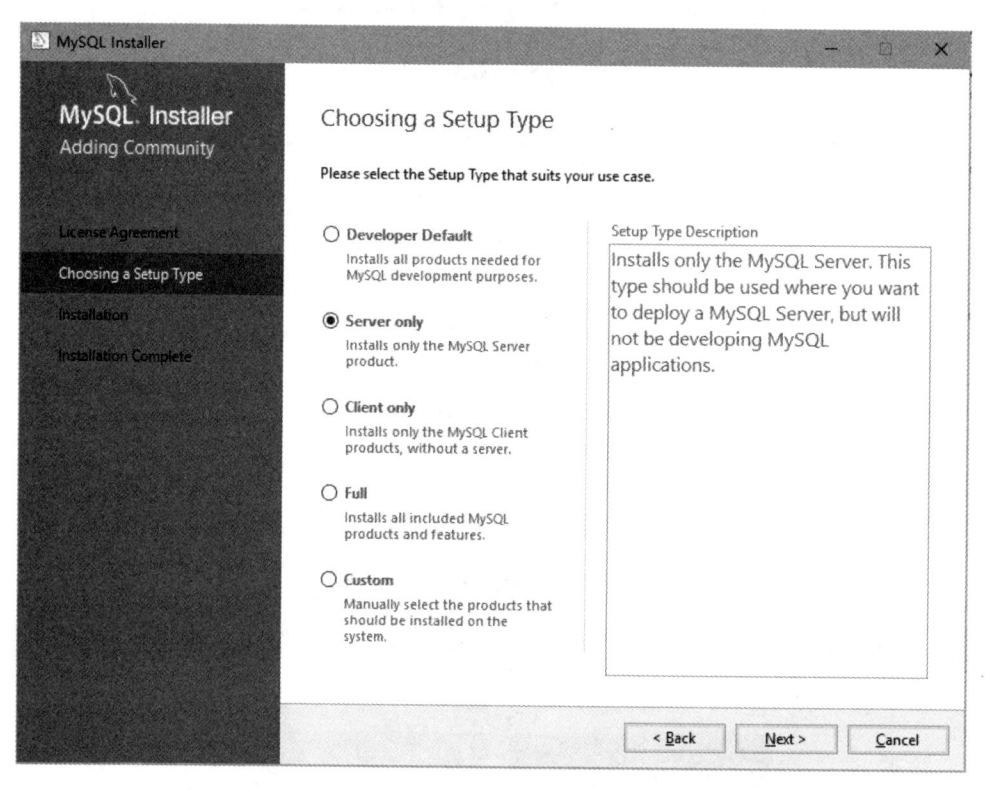

图 5-4　选择 MySQL 的安装类型

（2）身份验证方式有两种选择，强密码加密授权和传统加密授权，如图 5-5 所示。按理说应该毫不犹豫地选择强密码加密授权，但是此处我们选择传统加密授权，因为一些应用程序还不支持前一种方法，如后面使用到的 MySQL 数据库管理工具 Navicat。

（3）MySQL 的管理员用户名为 root，需要为其设定密码，如图 5-6 所示。

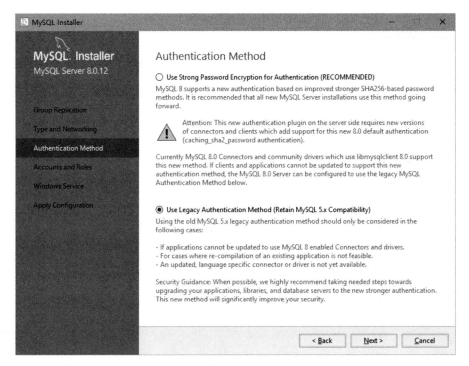

图 5-5　设置身份验证方式

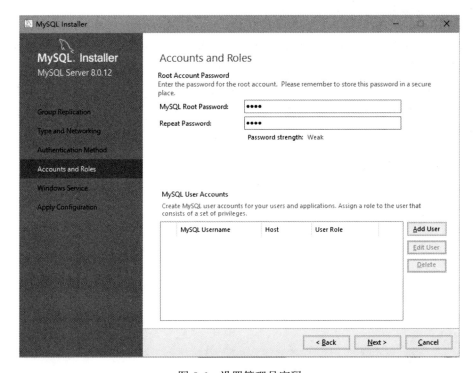

图 5-6　设置管理员密码

3．开启MySQL服务

MySQL 数据库服务器安装成功后，可以到"计算机管理"→"服务和应用程序"→"服务"中确认 MySQL 服务是否处于运行状态。如果还未启动，可以选择 MySQL80 右击，在弹出的快捷菜单中选择"启动"命令来启动 MySQL 服务，如图 5-7 所示。

图 5-7　开启 MySQL 服务

5.1.3　数据库管理工具 Navicat

MySQL 安装好后，下面就可以建立保存爬虫数据的数据库了。如果你对 MySQL 数据库不是特别精通，甚至连 SQL 语句都不怎么会写，那么 Navicat 绝对是你的救星。Navicat 是一个强大的数据库管理和设计工具，支持 Windows、Mac OS 和 Linux 系统。通过直观的 GUI（图形用户界面），可以让用户方便地管理 MySQL、MongoDB、SQL Server 和 Oracle 等数据库。

1．Navicat的下载和安装

进入 Navicat 官方网站下载 Navicat for MySQL，下载地址为 https://www.navicat.com.cn/products，如图 5-8 所示。

图 5-8　Navicat for MySQL 官方下载页面

2．连接MySQL数据库服务器

Navicat 安装成功后，运行 Navicat。首先完成与 MySQL 数据库服务器的连接。单击"连接"按钮，在弹出的"新建连接"对话框中输入 MySQL 配置信息，如连接名为 mysql（名称自定义），密码为 1234（安装 MySQL 时设置的密码），其余按照默认设置，单击"连接测试"按钮，确保连接成功，最后单击"确定"按钮，完成与 MySQL 服务器的连接，如图 5-9 所示。

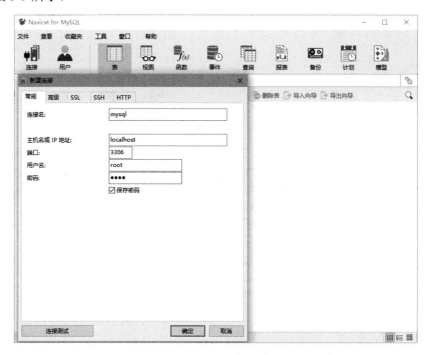

图 5-9　Navicat 连接 MySQL 数据库服务器

3．新建数据库

与 MySQL 数据库服务器建立连接后，就可以操作 MySQL 数据库了。新建一个数据库，用于存储起点中文网中小说的信息。右击连接名 mysql，在弹出的快捷菜单中，选择"新建数据库"命令，在弹出的"新建数据库"对话框中，输入数据库名、设置字符集和排序规则，单击"确定"按钮，如图 5-10 所示。

4．新建表

在新建的数据库 qidian 中新建一个用于存储小说排行榜的表 hot，字段有 id、name、author、type 和 form。其中，id 的设置为 int 型、主键、不是 null、自动递增，其余字段均为 varchar 型。具体设置如图 5-11 所示。

图 5-10　新建起点中文网的数据库

名	类型	长度	小数点	不是 null	
id	int			☑	🔑1
name	varchar	50		☐	
author	varchar	20		☐	
type	varchar	10		☐	
▶ form	varchar	10		☐	

图 5-11　新建小说排行榜 hot 表

5.1.4　Python 访问 MySQL 数据库

Python 要想访问 MySQL 数据库，事先需要安装访问 MySQL 所使用的第三方库。根据 Python 版本的不同，所使用的第三方库也不一样：

- Python 2：MySQLdb；
- Python 3：mysqlclient。

mysqlclient 是 MySQLdb 的优化版，增加了对 Python 3 的支持和错误修复。这两个库的接口几乎一样，因此在不同版本的 Python 环境中，可以使用相同的代码实现 MySQL 的访问。这里推荐大家使用 Python 3+mysqlclient 来访问 MySQL 数据库。

使用 pip 命令安装 mysqlclient。

```
>pip install mysqlclient
```

如果使用 pip 安装出错，可以转而使用 conda install mysqlclient 命令安装，或者下载

mysqlclient 库，在定位到 mysqlclient 库所在目录后，重新使用 pip 命令安装即可。mysqlclient
库的下载地址为 https://www.lfd.uci.edu/~gohlke/pythonlibs/#mysql-python。

在 Python 中，有了 mysqlclient 库，操作 MySQL 数据库就变得非常简单了。数据库
操作的一般流程如图 5-12 所示。

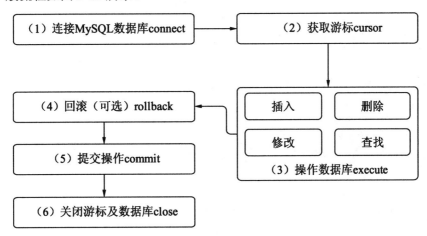

图 5-12　MySQL 数据库操作流程

下面来看一下流程中各个功能的实现方法。

1．连接MySQL数据库服务器

调用方法 MySQLdb.connect(db,host,user,password,charset)。对应的参数有：
- db：数据库名；
- host：主机；
- user：用户名；
- password：密码；
- charset：编码格式。
以下代码实现了连接 MySQL 的名为 qidian 的数据库。

```
import MySQLdb                        #导入 MySQLdb 模块
db_conn = MySQLdb.connect(db="qidian",host="localhost",user="root",
password="1234",charset="utf8")
```

db_conn 是返回的 Connection 对象。

2．获取操作游标

调用 Connection 对象的 cursor()方法，获取操作游标，实现代码如下：
```
db_cursor = db_conn.cursor()
```
db_cursor 是返回的 Cursor 对象，用于执行 SQL 语句。

3.执行SQL语句

调用 Cursor 对象的 execute()方法，执行 SQL 语句，实现对数据库的增、删、改、查操作，代码如下：

```
#新增数据
sql='insert into hot(name,author,type,form)values("道君","未知","仙侠","连载")'
db_cursor.execute(sql)

#修改数据
sql='update hot set author = "跃千愁" where name="道君"'
db_cursor.execute(sql)

#查询表 hot 中 type 为仙侠的数据
sql='select * from hot where type="仙侠"'
db_cursor.execute(sql)

#删除表中 type 为仙侠的数据
sql='delete from hot where type="仙侠"'
db_cursor.execute(sql)
```

关于 SQL 语句，详细教程可以参考 w3school，网址为 http://www.w3school.com.cn/sql/index.asp。

4.回滚

在对数据库执行更新操作（update、insert 和 delete）的过程中，如果遇到错误，可以使用 rollback()方法将数据恢复到更新前的状态。这就是所谓的原子性，即要么完整地被执行，要么完全不执行，实现代码如下：

```
db_conn.rollback()                        #回滚操作
```

需要注意的是，回滚操作一定要在 commit()方法之前执行，否则就无法恢复了。

5.提交数据

调用 Connection 对象的 commit()方法实现数据的提交。前面虽然通过 execute()方法执行 SQL 语句完成了对数据库的更新操作，但是并未真正更新到数据库中，需要通过 commit()方法实现对数据库的永久修改，实现代码如下：

```
db_conn.commit()
```

6.关闭游标及数据库

当执行完对数据库的所有操作后，不要忘了关闭游标和数据库对象，实现代码如下：

```
db_cursor.close()                         #关闭游标
db_conn.close()                           #关闭数据库
```

5.1.5　项目案例

下面以起点中文网小说热销榜项目 qidian_hot 为例，将爬取到的小说信息存储于 MySQL 中。功能实现主要分为以下几步。

（1）配置 MySQL 数据库信息。

在项目 qidian_hot 中的配置文件 settings.py 中，设置 MySQL 数据库相关信息，如数据库名称、主机地址、用户名和密码。

```
MYSQL_DB_NAME = "qidian"          #数据库名称
MYSQL_HOST = "localhost"          #数据库服务器主机地址
MYSQL_USER = "root"               #用户名
MYSQL_PASSWORD = "1234"           #密码
```

（2）新建 MySQLPipeline 类。

在项目管道文件 pipelines.py 中，定义 MySQLPipeline 类，用于实现对 MySQL 数据库的操作，如连接数据库服务器、将数据存入数据库的表中及关闭数据库服务器。

MySQLPipeline 类的代码框架如下：

```
#导入 MySQL 库
import MySQLdb
#将数据保存于 MySQL 的 Item Pipeline
class MySQLPipeline(object):
    #Spider 开启时，获取数据库配置信息，连接 MySQL 数据库服务器
    def open_spider(self,spider):
        #获取配置文件中的 MySQL 配置信息
        #连接 MySQL 数据库服务器

    #将数据保存于 MySQL 数据库
    def process_item(self, item, spider):
        #获取 item 中的各个字段，保存于元组中
        #设计插入操作的 SQL 语句
        #执行 SQL 语句，实现插入功能
        return item

    #Spider 关闭时，执行数据库关闭工作
    def close_spider(self,spider):
        #提交数据
        #关闭游标
        #关闭数据库
```

首先导入 MySQLdb 模块。

在 MySQLPipeline 类中，定义了以下 3 个方法，说明如下：

- open_spider()：在 Spider 爬取数据前调用，实现 MySQL 数据库服务器的连接。
- process_item()：处理爬取到的每一项数据，实现将数据存储于 MySQL 数据库中。
- close_spider()：在 Spider 爬取全部数据后调用，实现数据库的关闭。

下面分别实现 MySQLPipeline 类中定义的 3 个方法。

（3）连接 MySQL 数据库服务器。

在 open_spider()方法中，实现 MySQL 数据库服务器连接的功能，代码如下：

```
#Spider 开启时，获取数据库配置信息，连接 MySQL 数据库服务器
def open_spider(self,spider):
    #获取配置文件中 MySQL 配置信息
    db_name = spider.settings.get("MYSQL_DB_NAME","qidian") #数据库名称
    host = spider.settings.get("MYSQL_HOST","localhost")     #主机地址
    user = spider.settings.get("MYSQL_USER","root")          #用户名
    pwd = spider.settings.get("MYSQL_PASSWORD","1234")       #密码
    #连接 MySQL 数据库服务器
    self.db_conn = MySQLdb.connect(db=db_name,
                                   host=host,
                                   user=user,
                                   password=pwd,
                                   charset="utf8")

    #使用 cursor()方法获取操作游标
    self.db_cursor = self.db_conn.cursor()
```

首先，使用 spiders.settings.get()方法从配置文件（settings.py）中获取 MySQL 的配置信息，包括数据库名称、服务器地址、用户名和密码。

然后，使用 MySQLdb.connect()方法连接 MySQL 数据库服务器，得到 Connection 对象 db_conn。参数为从配置文件中获取的数据库配置信息。

最后，使用 Connection 对象 db_conn 的 cursor()方法获取操作游标，用于执行数据库的各种操作。

（4）将数据存储于 MySQL 数据库中。

在 process_item()方法中，实现将数据存储于 MySQL 数据库的功能，代码如下：

```
#将数据存储于 MySQL 数据库中
def process_item(self, item, spider):
    #获取 item 中的各个字段，并保存于元组中
    values = (item['name'],
              item["author"],
              item["type"],
              item["form"])
    #设计插入操作的 SQL 语句
    sql = 'insert into hot(name,author,type,form)values(%s,%s,%s,%s)'
    #执行 SQL 语句，实现插入功能
    self.db_cursor.execute(sql,values)
    return item
```

首先，从 item 中获取小说的各个字段，并保存于元组 values 中。

然后，定义一个插入数据的 SQL 语句。注意在 values 后的括号中，使用了 4 个%s 来代替具体的值。在执行 SQL 语句的 execute()方法中，第一个参数为 SQL 语句，第二个参数为存有各个字段的元组，元组中的字段会依次替代各个%s。

（5）执行数据库关闭工作。

在将所有数据处理完后，需要对数据库进行一些扫尾工作，如提交数据、关闭游标和关闭数据库。这些功能都是在 close_spider( ) 方法中实现的，实现代码如下：

```
#Spider 关闭时，执行数据库关闭工作
def close_spider(self,spider):
    self.db_conn.commit()                          #提交数据
    self.db_cursor.close()                         #关闭游标
    self.db_conn.close()                           #关闭数据库
```

首先执行 Connection 对象的 commit() 方法将数据写入数据库中；然后关闭游标对象和数据库对象。

（6）启用 MySQLPipeline。

在 settings.py 文件中，启用 MySQLPipeline。

```
ITEM_PIPELINES = {
    'qidian_hot.pipelines.MySQLPipeline': 400,     #MySQL 数据库项目管道
}
```

（7）运行爬虫程序。

使用以下命令运行爬虫程序。

```
>scrapy crawl hot
```

（8）查看结果。

在 Navicat 中查看表 hot 中的数据，发现小说信息成功保存于表中，如图 5-13 所示。

id	name	author	type	form
1	大王饶命	会说话的肘子	都市	LZ
2	明朝败家子	上山打老虎额	历史	LZ
3	牧神记	宅猪	玄幻	LZ
4	全球高武	老鹰吃小鸡	都市	LZ
5	深夜书屋	纯洁滴小龙	灵异	LZ
6	圣墟	辰东	玄幻	LZ
7	斗破苍穹	天蚕土豆	玄幻	WJ
8	凡人修仙之仙界篇	忘语	仙侠	LZ
9	修真聊天群	圣骑士的传说	都市	LZ
10	大医凌然	志鸟村	都市	LZ
11	诡秘之主	爱潜水的乌贼	玄幻	LZ
12	汉乡	孑与2	历史	LZ
13	太初	高楼大厦	玄幻	LZ
14	道君	跃千愁	仙侠	LZ
15	超神机械师	齐佩甲	游戏	LZ

图 5-13　hot 表中的小说热销榜数据

5.2　MongoDB 数据库

随着人工智能和大数据的发展，关系型数据库已然难以满足处理海量数据的需求。这就需要一种结构更加简单、并发量更高并且支持分布式系统的数据库。在这样的背景下，非关系型数据库就应运而生了。MongoDB 就是其中一个非常流行的、面向文档存储的非关系型数据库。

5.2.1　NoSQL 概述

NoSQL（Not Only SQL），意即"不仅仅是 SQL"，泛指非关系型数据库。传统的关系型数据库使用的是固定模式，并将数据分割到各个表中。然而，对大数据集来说，数据量太大使其难以存放在单一服务器中，此时就需要扩展到多个服务器中。不过，关系型数据库对这种扩展的支持并不够好，因为在查询多个表时，数据可能在不同的服务器中。再者，从网络中爬取的数据，不可避免地会存在数据缺失、结构变化的情况。而具有固定模式的关系型数据库很难适应这种情况。相反，NoSQL 具有高性能、高可用性和高伸缩性的特点，可用于超大规模数据的存储，而且无须固定的模式，无须多余操作就可以横向扩展。在 NoSQL 中，有多种方式可以实现非固定模式和横向发展的功能，它们分别是：

- 列数据存储：如 Hbase 数据库。
- 面向文档存储：如 MongoDB 数据库。
- 键值对存储：如 Redis 数据库。
- 图形存储：如 Neo4j 数据库。

5.2.2　MongoDB 介绍

MongoDB 是一个面向文档存储的非关系型数据库，是用 C++编写的。MongoDB 将数据存储为一个文档，数据结构由"键/值"对（key=>value）组成，字段值可以包含其他文档、数组及文档数组，类似于 JSON 对象。如保存一本书的信息，格式如下：

```
{
    "name":"Scrapy 网络爬虫",
    "description":"做一个 Scrapy 爬虫达人",
    "author":["张三","李四"],
    "price":59
}
```

MongoDB 中的术语与 SQL 的表述有一些不同。如表 5-1 中列出了一些 SQL 与 MongoDB 对应的术语。

表 5-1　SQL与MongoDB中的术语

SQL		MongoDB	
术　　语	英 文 术 语	术　　语	英 文 术 语
数据库	database	数据库	database
表	table	集合	collection
行	row	文档	document
列	column	域	field
索引	index	索引	index
主键	primary key	主键	primary key

5.2.3　MongoDB 的下载和安装

下面先一起来看一下 MongoDB 数据库的下载和安装过程。

1．下载MongoDB数据库

MongoDB 分企业版（Enterprise）和社区版（Community），这里选择使用社区版。因为社区版较轻量而且免费，对开发者来说完全够用。进入 MongoDB 数据库官方下载网站 https://www.mongodb.com/download-center/community，如图 5-14 所示。根据自己的操作系统及系统类型（32/64 位），下载最新版本的 MongoDB。当然，这里选择的也是 MSI 格式的安装文件。

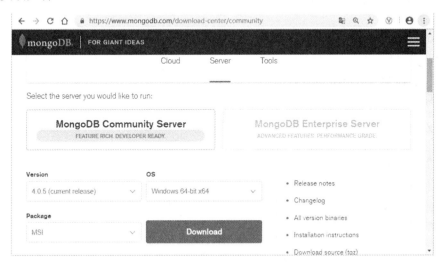

图 5-14　MongoDB 官方网站

2．安装MongoDB数据库

安装过程比较简单，配置项全部使用默认值即可，这里不再赘述。

3.启动MongoDB服务

MongoDB 数据库服务器安装成功后,可以到"计算机管理"→"服务和应用程序"→"服务"中确认 MongoDB 服务是否处于运行状态,如图 5-15 所示。如果未启动,请手动启动该服务。

图 5-15　开启 MongoDB 服务

5.2.4　Python 访问 MongoDB 数据库

Python 要想访问 MongoDB 数据库,事先需要安装访问 MongoDB 所使用的第三方库 pymongo。

使用 pip 命令安装 pymongo。

```
pip install pymongo
```

在 Python 中,有了 pymongo 库,操作 MongoDB 数据库就变得非常简单了。操作数据库的一般流程如图 5-16 所示。

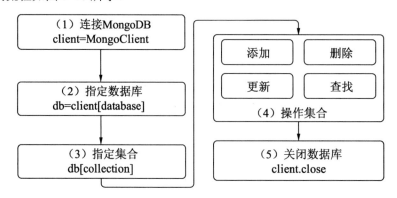

图 5-16　MongoDB 数据库操作流程

1．连接MongoDB数据库服务器

调用方法 pymongo.MongoClient()连接 MongoDB 数据库服务器。连接的地址默认为 localhost:27017，也可以手动设置 host 和 port 参数。连接 MongoDB 的代码如下：

```
import pymongo                        #导入 pymongo 库
#方式一：使用默认的 host 和 port
db_client = pymongo.MongoClient()

#方式二：自定义 host 和 port 参数
db_client = pymongo.MongoClient(host="localhost",port=27017)

#方式三：使用标准的 URI 连接语法
db_client = pymongo.MongoClient('mongodb://localhost:27017/')
```

这里使用了 3 种方式实现了连接 MongoDB 数据库服务器的功能，使用的都是 pymongo 的 MongoClient()方法。参数 host 和 port 可以自定义主机地址和端口号，也可以使用标准的 URI 连接语法（主机地址:端口的形式）自定义 host 和 port 参数。

2．指定数据库

MongoDB 可以建立多个数据库，因此需要指定要操作的数据库。以下代码指定了名称为 qidian 的数据库：

```
db = db_client["qidian"]
```

db_client 是上一步中得到的客户端（Client）对象，db 是返回的数据库对象。当然还可以这样指定数据库：

```
db = db_client.qidian
```

这两种方式是等价的。注意，如果指定的数据库不存在，会自动创建一个该名称的数据库，这是 MongoDB 相对于关系型数据库更加灵活的地方。

3．指定集合（相当于关系型数据库中的表）。

MongoDB 中的一个数据库可以包含多个集合，这跟关系型数据库中一个数据库有多个表是同一个道理。MongoDB 也需要指定要操作的集合。以下代码指定了要操作的集合为 hot：

```
db_collection = db["hot"]
```

db 是上一步中得到的数据库对象，db_collection 是返回的一个集合（Collection）对象。对集合的各种操作，都是通过这个 Collection 对象来完成的。注意，如果指定的集合不存在，在操作集合时会自动创建一个集合。

下面进入数据库操作最重要的环节中，即对集合的操作。主要有添加文档、删除文档、更新文档和查找文档。这里所说的文档其实是一个字典，相当于关系型数据库中表的行，即一条数据。

4．插入文档

（1）插入与条件匹配的单个文档。

如果想添加一个小说文档到集合 hot 中，可以先将数据存储于字典中，代码如下：

```
novel={'name': '太初',                                    #名称
       'author': '高楼大厦',                              #作者
       'form': '连载',                                    #形式
       'type': '玄幻'                                     #类型
       }
```

然后调用 db_collection 的 insert_one()方法将新文档插入集合 hot 中，实现代码如下：

```
result = db_collection.insert_one(novel)
print(result)
print(result.inserted_id)
```

在添加文档时，如果没有显式指明，该方法会为每个文档添加一个 ObjectId 类型的_id 字段，作为文档的唯一识别号。可以使用 result 的 inserted_id 属性来获取_id 的值。

运行结果如下：

```
<pymongo.results.InsertOneResult object at 0x0000018C11DA0448>
5c34c3739a281e2ef82f2a97
```

由运行结果可知，result 是一个 InsertOneResult 类型的对象，添加的文档的_id 值为5c34c3739a281e2ef82f2a97。

（2）插入与条件匹配的所有文档。

还可以使用 insert_many()方法，一次插入多个文档，实现代码如下：

```
novel1={'name': '丰碑杨门',                               #名称
        'author': '圣诞稻草人',                           #作者
        'form': '连载',                                   #形式
        'type': '历史'                                    #类型
        }
novel2={'name': '帝国的崛起',                             #名称
        'author': '终极侧位',                             #作者
        'form': '连载',                                   #形式
        'type': '都市'                                    #类型
        }
result = db_collection.insert_many([novel1,novel2])
print(result)
```

将所有文档存储于一个列表中，作为 insert_many()的参数。

运行结果如下：

```
<pymongo.results.InsertManyResult object at 0x000001FC1E390448>
```

方法 insert_many()返回一个 InsertManyResult 对象。可以调用该对象的 inserted_ids 属性获取插入的所有文档的_id 列表。

还有一个方法 insert()也可实现对单个或多个文档的添加。不过，在 pymongo 3.x 版本

中，官方已经不推荐使用，后续应该会逐步舍弃。如果你还在使用低版本的 pymoongo，可以使用 insert()方法实现文档的添加。

（3）注意事项。

● 创建集合：如果当前的集合不存在，插入操作会自动创建集合。

● _id 字段：在 MongoDB 中，存储在集合中的每个文档都需要一个唯一的 _id 字段作为主键。如果插入的文档省略了该_id 字段，MongoDB 驱动程序会自动为该字段生成 ObjectId 类型的_id。

● 原子性：MongoDB 中的所有写入操作都是单个文档级别的原子操作。

5．查询文档

可以使用 find_one()或 find()方法查询集合中的文档记录。find_one()方法返回单个文档记录，而 find()方法则返回一个游标对象，用于查询多个文档记录。下面来看一下查询文档的各种用法。

（1）查询与条件匹配的单个文档。

要查询集合 hot 中，name 为"帝国的崛起"的文档记录，可以将查询条件存储于字典中，并作为参数传递给 find_one()方法，实现代码如下：

```
result = db_collection.find_one({"name":"帝国的崛起"})
print(result)
```

该操作对应于以下 SQL 语句：

```
SELECT * FROM hot WHERE name = "帝国的崛起" LIMIT 0,1
```

运行结果如下：

```
{'_id': ObjectId('5c35ebb59a281e5f901e3d2a'), 'name': '帝国的崛起', 'author':
'终极侧位', 'form': '连载', 'type': '都市'}
```

输出的结果是一个字典，即一条文档记录。其中，_id 是 MongoDB 在添加文档过程中自动添加的。另外，find_one()方法仅返回符合条件的第一个文档，如果没有符合的文档，则返回 None。

（2）查询所有文档。

如果要查询集合中所有的文档，可将空字典作为参数传递给 find()方法，代码如下：

```
cursor = db_collection.find({})
```

该操作对应于以下 SQL 语句：

```
SELECT * FROM hot
```

（3）查询与条件匹配的所有文档。

下面来查询一下集合 hot 中，所有 type 为"历史"的文档记录，实现代码如下：

```
cursor = db_collection.find({"type":"历史"})
print(cursor)
for one in cursor:                    #遍历所有文档
    print(one)
```

find()方法返回一个 Cursor 类型的对象 cursor，它可以通过 for 循环遍历所有取得的结果。该操作对应于以下 SQL 语句：

```
SELECT * FROM hot WHERE tpye = "历史"
```

运行结果如下：

```
<pymongo.cursor.Cursor object at 0x00000259FCD8CF28>
{'_id': ObjectId('5c35ebb59a281e5f901e3d29'), 'name': '丰碑杨门', 'author':
'圣诞稻草人', 'form': '连载', 'type': '历史'}
```

第一行输出 cursor 的值是一个 Cursor 的对象，后面输出的是集合 hot 中所有 tpye 为"历史"的文档内容。

6．更新文档

可以使用集合的 update_one()和 update_many()方法实现文档的更新。前者仅更新一个文档；后者可以批量更新多个文档。更新文档的格式如下：

```
{
  < operator>: { <field1>: <value1>, ... },
  < operator>: { <field2>: <value2>, ... },
  ...
}
```

文档中的 operator 是 MongoDB 提供的更新操作符，用于指明更新的方式。例如，$set 表示修改字段值；$unset 表示删除指定字段；$rename 表示重命名字段。

（1）更新与条件匹配的单个文档。

将集合 hot 中 name 为"帝国的崛起"文档中的 type 改为"历史"。如果使用 SQL 语句，可以写成：

```
update hot set type="历史" where name="帝国的崛起"
```

使用 update_one()方法实现文档的更新，需要传递两个参数，一个是设置查询条件的字典，另一个是更新语句的字典，实现代码如下：

```
#查询条件
filter={"name":"帝国的崛起"}
#更新语句
update={"$set":{"type":"历史"}}
#使用 update_one()方法更新文档
result = db_collection.update_one(filter,update)
print(result)
print(result.raw_result)
```

方法 update_one()中的 filter 是一个查询条件的字典，update 是一个更新语句的字典，key 为操作符$set，value 为想要更新的字段，也是一个字典。运行结果如下：

```
<pymongo.results.UpdateResult object at 0x000001C1DAAA0448>
{'n': 1, 'nModified': 1, 'ok': 1.0, 'updatedExisting': True}
```

由输出结果可知，update_one()方法执行后返回一个 UpdateResult 类型的对象。可以使用它的 raw_result 属性查看更新后的结果。n 代表匹配的个数；nModified 代表更新的个数；ok 代表更新的状态；updatedExisting 代表是否有存在更新，其中，True 代表存在，False 代表不存在。

（2）更新与条件匹配的所有文档。

使用集合的 update_many()方法可以批量更新多个文档，使用方法跟 update_one()一样。将集合 hot 中 type 为"历史"的文档中的 form 类型改为"完本"，实现代码如下：

```
#查询条件
filter={"type":"历史"}
#更新语句
update={"$set":{"form":"完本"}}
#使用 update_one 更新文档
result = db_collection.update_many(filter,update)
print(result)
print(result.raw_result)
```

运行结果如下：

```
<pymongo.results.UpdateResult object at 0x000001C62D380448>
{'n': 2, 'nModified': 2, 'ok': 1.0, 'updatedExisting': True}
```

7．删除文档

可以使用集合的 delete_one()和 delete_many()方法实现文档的删除。前者仅删除一个文档；后者可以批量删除多个文档。

（1）删除与条件匹配的单个文档。

删除集合 hot 中 name 为"太初"的单个文档，实现代码如下：

```
result = db_collection.delete_one({"name":"太初"})
print(result)
print(result.raw_result)
```

运行结果如下：

```
<pymongo.results.DeleteResult object at 0x000001B1F2420448>
{'n': 1, 'ok': 1.0}
```

（2）删除与条件匹配的所有文档。

删除集合 hot 中 type 为"历史"的所有文档，实现代码如下：

```
result = db_collection.delete_many({"type":"历史"})
print(result)
print(result.raw_result)
```

运行结果如下：

```
<pymongo.results.DeleteResult object at 0x000001B1F2420388>
{'n': 2, 'ok': 1.0}
```

8．关闭数据库

当执行完对数据库的所有操作后，不要忘了关闭数据库，实现代码如下：

```
db_client.close()
```

更多关于 pymongo 操作 MongoDB 的用法，请参考官方文档 http://api.mongodb.com/
python/current/。

5.2.5　项目案例

以起点中文网小说热销榜项目 qidian_hot 为例，将爬取到的小说信息存储于 MongoDB
中。功能实现主要分为以下几步。

（1）配置 MongoDB 数据库信息。

在项目 qidian_hot 中的配置文件 settings.py 中，配置 MongoDB 数据库相关信息，包
括主机地址、端口、数据库名称和集合名称。

```
MONGODB_HOST = "localhost"              #主机地址
MONGODB_PORT = 27017                    #端口
MONGODB_NAME = "qidian"                 #数据库名称
MONGODB_COLLECTION = "hot"              #集合名称
```

（2）新建 MongoDBPipeline 类。

在项目管道文件 pipelines.py 中，新建 MongoDBPipeline 类，用于实现对 MongoDB
数据库的操作。例如，连接数据库服务器、将数据存入数据库，以及关闭数据库服务器。

MongoDBPipeline 类的代码框架如下：

```
import pymongo                          #导入 pymongo 库
#将数据保存于 MongoDB 的 Item Pipeline
class MongoDBPipeline(object):
    #Spider 开启时，获取数据库配置信息，连接 MongoDB 数据库服务器
    def open_spider(self,spider):
        #获取配置文件中 MongoDB 的配置信息
        #连接 MongoDB，得到一个客户端对象
        #指定数据库，得到一个数据库对象
        #指定集合，得到一个集合对象

    #将数据存储于 MongoDB 数据库中
    def process_item(self, item, spider):
        #将 item 转换为字典类型
        #将数据插入集合中
        return item

    #Spider 关闭时，执行数据库关闭工作
    def close_spider(self,spider):
        #关闭数据库连接
```

（3）连接 MongoDB 数据库服务器。

在 open_spider()方法中，实现 MongoDB 数据库服务器连接的功能，代码如下：

```
#Spider 开启时，获取数据库配置信息，连接 MongoDB 数据库服务器
def open_spider(self,spider):
```

```
#获取配置文件中 MongoDB 的配置信息
host = spider.settings.get("MONGODB_HOST","localhost")  #主机地址
port = spider.settings.get("MONGODB_PORT",27017)        #端口
db_name = spider.settings.get("MONGODB_NAME","qidian")  #数据库名称
collection_name = spider.settings.get("MONGODB_COLLECTION","hot")
                                                        #集合名称
#连接 MongoDB，得到一个客户端对象
self.db_client = pymongo.MongoClient(host=host, port=port)
#指定数据库，得到一个数据库对象
self.db = self.db_client[db_name]
#指定集合，得到一个集合对象
self.db_collection = self.db[collection_name]
```

首先，使用 spiders.settings.get()方法从配置文件 settings.py 中获取 MongoDB 的配置信息，包括主机地址、端口、数据库名称和集合名称。

接着，使用 pymongo 的 MongoClient()方法连接 MongoDB 数据库服务器，得到一个客户端对象，参数为从配置文件中获取的主机地址和端口。当然，可以使用简写形式连接数据库：self.db_client = pymongo.MongoClient('mongodb://localhost:27017/')。

最后，使用类似访问字典的形式，获取访问的数据库和集合，用于确定后续数据插入的对象。

（4）将数据存储于 MongoDB 数据库中。

在 process_item()方法中，实现将数据存储于 MongoDB 数据库中的功能，代码如下：

```
#将数据存储于 MongoDB 数据库中
def process_item(self, item, spider):
    #将 item 转换为字典类型
    item_dict = dict(item)
    #将数据插入到集合中
    self.db_collection.insert_one(item_dict)
    return item
```

显然，MongoDB 的操作比 MySQL 更简单。首先，使用 dict()方法将存有一条数据的 item 对象转换为字典类型，因为 MongoDB 要求数据的格式为字典型；然后，调用 insert_one() 方法将文档插入到集合中。如果要插入多个文档，可以使用 insert_many()方法实现。

（5）执行数据库关闭工作。

与其他数据库操作一样，在收尾阶段，需要关闭数据库。实现代码如下：

```
#Spider 关闭时，执行数据库关闭工作
def close_spider(self,spider):
    #关闭数据库连接
    self.db_client.close()
```

（6）启用 MongoDBPipeline。

在配置文件 settings.py 中，启用 MongoDBPipeline。

```
ITEM_PIPELINES = {
    'qidian_hot.pipelines.MongoDBPipeline': 400, #开启 MongoDB 数据库项目管道
}
```

（7）运行爬虫程序。

使用命令运行爬虫程序：

```
scrapy crawl hot
```

（8）查看 MongoDB 中的数据。

可以通过在控制台中输入命令来操作 MongoDB 数据库，但这种方式比较烦琐，数据展示也不够直观。

MongoDB 提供了一个操作数据库的可视化工具 MongoDB Compass。在安装 MongoDB 时默认会一并安装。不过会有安装不成功的情况，这时可到 MongoDB 官方网站上下载安装。下载地址为 https://www.mongodb.com/download-center/compass，如图 5-17 所示。

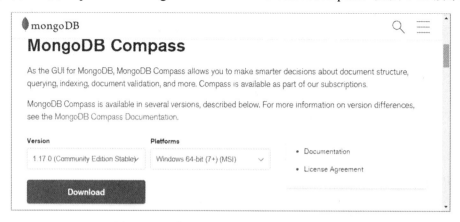

图 5-17　下载 MongoDB Compass 可视化工具

下载安装完 MongoDB Compass 可视化工具后，打开 MongoDB Compass，如图 5-18 所示。在数据库 qidian 下的 hot 集合中，找到了 439 条从起点中文网爬取到的小说数据。

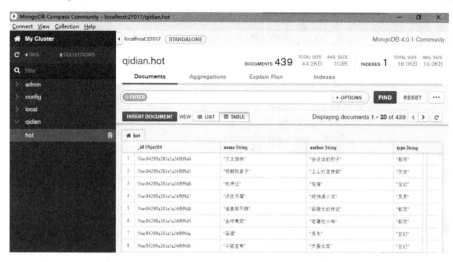

图 5-18　爬取到的小说信息成功保存于 MongoDB 中

查看数据发现，集合中自动增加了名为_id 的列，类型为 ObjecetId。因为没有显式地指明该属性，MongoDB 自动生成并将其设置为主键。

聪明的读者肯定也注意到了，我们自始至终没有新建 qidian 数据库和 hot 集合。如果换成 MySQL，早就报错了，而 MongoDB 在发现数据库或集合不存在时，会自动生成，很是方便。

5.3　Redis 数据库

Redis（**Remote Dictionary Server**）是一个开源、免费、性能极高的 Key-Value 非关系型数据库。Redis 将数据保存于内存中，因此存取速度极快，效率极高。当然也可以将内存中的数据持久化到硬盘中，使用起来也非常方便。

传统的键值对形式（key-value）是将字符串键与字符串值相关联。而 Redis 支持的 Value 类型不仅支持简单的字符串，还支持其他类型的值。以下是 Redis 支持的重要数据类型：

- 字符串：String；
- 列表：List；
- 无序集合：Set；
- 有序集合：Sorted set；
- 散列表：Hash。

5.3.1　Redis 的下载和安装

下面一起来看一下 Redis 数据库的下载和安装过程。

1. 下载Redis数据库

Windows 版本的 Redis 可以到 GitHub 中下载，下载地址为 https://github.com/MSOpen Tech/redis/releases，如图 5-19 所示。推荐下载后缀为 msi 的安装包。

图 5-19　Windows 版 Redis 下载页面

Redis 的安装十分简单，只需按照提示执行即可。安装完后，Redis 服务会自动启动，如未启动，可到系统服务页面中手动启动，如图 5-20 所示。

图 5-20　启动 Redis 服务

Linux 版本可以到 Redis 官方网站下载，地址为 http://redis.io/download。

2．配置Redis数据库

安装完后，可以修改 Redis 的配置文件以符合我们的实际需求。例如 Redis 数据库默认只允许本机访问，如果要配置分布式爬虫，就需要允许其他主机远程连接 Redis。另外，Redis 数据库默认是没有密码的，这增加了 Redis 被攻击的风险。

在 Redis 安装目录中，找到并打开配置文件 redis.windows-service.conf。来看一下几个重要的配置项。

（1）配置可访问的主机（bind）。

在配置文件中，找到如下内容：

```
bind 127.0.0.1
```

bind 用于配置可访问的主机地址，默认是 127.0.0.1，指的是本机地址。如果想配置多个 IP，或者接受任何网络，可以做如下更改：

```
bind 127.0.0.1 192.168.64.100          #配置多个 IP，IP 之间用空格分开
bind 0.0.0.0                           #接受任何网络的连接
```

（2）配置监听端口（port）。

Redis 默认的监听端口为 6379，可以配置自定义的端口号。

```
port 6379
```

（3）配置密码（requirepass）。

密码配置默认不启用。启用时只要将前面的注释符#去掉即可。需要注意的是，因为 Redis 执行速率极快，每秒可以认证 15w 次密码，简单的密码很容易被攻破，所以最好使

用一个复杂的密码。

```
requirepass foobared
```

（4）配置超时时间（timeout）。

如果客户端空闲超时，Redis 服务器就会断开连接。默认为 0，即服务器不会主动断开连接。

```
timeout 0
```

（5）配置 Redis 最大内存容量（maxmemory）。

配置 Redis 最大的内存容量，注意单位是字节。

```
maxmemory <bytes>
```

当内存容量超过最大值时，则需要配合 maxmemory-policy 策略进行处理。maxmemory-policy 的值可以选择以下几种方式：

- volatile-lru：利用 LRU 算法移除设置过期时间的 key。
- volatile-random：随机移除设置过期时间的 key。
- volatile-ttl：移除即将过期的 key，根据最近过期时间来删除（辅以 TTL）。
- allkeys-lru：利用 LRU 算法移除任何 key。
- allkeys-random：随机移除任何 key。
- noeviction：不移除任何 key，只是返回一个写错误。

（6）配置数据库的数量（databases）。

配置数据库的数量，默认的数据库数量是 16 个，数据库的名称为 db0~db15。

```
databases 16
```

在每次连接时，可以通过 select <dbid>命令选择一个不同的数据库。如果未指定，默认使用数据库 db0。

需要注意的是，当配置文件被更改后，需要重启 Redis 服务才会生效。

更多配置信息，请阅读配置文件 redis.windows-service.conf 中的注释，注释中都有详细的说明。

5.3.2　Python 访问 Redis

Python 想要访问 Redis 数据库，必须要安装访问 Redis 数据库所需要的第三方库 redis-py。可以使用 pip 命令安装 Redis 库。

```
>pip install -U redis==2.10.6
```

1．连接Redis数据库服务器

redis-py 库提供了两个类 Redis 和 StrictRedis 来实现 Redis 的命令操作。StrictRedis 实现了大部分官方的语法和命令，而 Redis 是 StrictRedis 的子类，用于向后兼容旧版本的

redis-py。这里使用官方推荐的 StrictRedis 类实现相关操作。

已知 Redis 服务器已安装在本地，端口是 6379，密码为 foobared。使用 StrictRedis 类连接 Redis 数据库的实现代码如下：

```
import redis                              #导入 redis 模块
#host 是 redis 主机，端口是 6379，数据库索引为 0，密码为 foobared
r = redis.StrictRedis(host='localhost', port=6379,db=0,password="foobared")
#将键值对存入 redis 缓存，key 是"name"，value 是"cathy"
r.set('name', "cathy")
#取出键 name 对应的值
print(r['name'])
print(r.get('name'))
```

首先，导入 redis 模块，再通过 redis.StrictRedis 方法生成一个 StrictRedis 对象，传递的参数有：

- host：Redis 服务器地址。
- port：端口，默认为 6379。
- db：数据库索引，默认为 0。
- password：密码。

然后，调用 set()方法设置一个键值对数据。最后，使用[key]或者 get 方法获取数据。

运行后的结果如下：

```
b'cathy'
b'cathy'
```

在 Python 3 中，通过 get()方法获取的值是一个字节类型。如果想设置为字符串类型，可在初始化 StrictRedis 对象时，设置参数 decode_responses=True（默认为 False，即 Bytes 型）。

还可以使用连接池（connection pool）来连接 Redis 数据库。连接池用来管理对 Redis 服务器的所有连接，避免每次建立、释放连接的开销。下面是使用连接池连接 Redis 数据库的代码：

```
import redis                              #导入 redis 模块
pool = redis.ConnectionPool(host='localhost',port=6379,password="foobared",
decode_responses=True)
r = redis.Redis(connection_pool=pool)
r.set('name', 'cathy')
print(r.get('name'))
```

运行后的结果如下：

```
cathy
```

2．字符串（String）操作

字符串是 Redis 中最基本的键值对存储形式。它在 Redis 中是二进制安全的，这意味着它可以接受任何格式的数据，如 JPEG 图像数据或 JSON 信息等。在 Redis 中，字符串最大可容纳的数据长度为 512MB。下面使用字符串来存储 cathy 的个人信息，实现代码如下：

```
import redis                                          #导入 redis 模块
#生成 StrictRedis 对象
r = redis.StrictRedis(host='localhost',              #主机
                      port=6379,                      #端口
                      db=0,                           #数据库索引
                      password="foobared",            #密码
                      decode_responses=True)          #设置解码
r.set('name', "cathy")                       #将值为"cathy"的字符串赋给键 name
r.set("age",10)                                 #将 10 赋给 age 键
r.setnx("height",1.50)                   #如果键 height 不存在，则赋给值 1.50
r.mset({"score1":100,"score2":98})                    #批量设置
r.get("name")                                #获取键为 name 的值
r.mget(["name","age"])                       #批量获取键为 name 和 age 的值
r.append("name","good")                      #向键为 name 的值后追加 good
print(r.mget(["name","age","height","score1","score2"]))
```

运行结果如下：

```
['cathygood', '10', '1.5', '100', '98']
```

对键的赋值不仅限于字符串，也可以是整型、浮点型等其他类型的数据，最后都会转换为字符串形式。

3. 列表（List）操作

Redis 中的列表是一个双向链表，可以在链表左右分别操作，即支持双向存储。有时也把列表看成一个队列，实现先进先出的功能，所以很多时候将 Redis 用作消息队列。后面章节介绍的分布式爬虫框架，默认就是使用 Redis 的列表存储爬虫数据的。下面使用列表来存储 cathy 的个人信息，实现代码如下：

```
import redis                                          #导入 redis 模块
#生成 StrictRedis 对象
r = redis.StrictRedis(host='localhost',              #主机
                      port=6379,                      #端口
                      db=0,                           #数据库索引
                      password="foobared",            #密码
                      decode_responses=True)          #解析形式：字符串
r.lpush("student","cathy",10)      #向键为 student 的列表头部添加值"cathy"和 10
r.rpush("student",1.50, "女")      #向键为 student 的列表尾部添加值身高和性别
print(r.lrange("student",0,3))     #获取列表 student 中索引范围是 0~3 的列表
r.lset("student",1,9)              #向键为 student 中索引为 1 的位置赋值 9
r.lpop("student")                  #返回并删除列表 student 中的首元素
r.rpop("student")                  #返回并删除列表 student 中的尾元素
r.llen("student")                  #获取 student 列表长度
print(r.lrange("student",0,-1))             #获取列表 student 中的所有数据
```

在使用上述方法向列表中添加数据时，如果列表不存在，则会创建一个空列表。添加的数据类型可以是 bytes、string 和 number。运行结果如下：

```
['10', 'cathy', '1.5', '女']
['9', '1.5']
```

4. 无序集合（Set）操作

Redis 的 Set 是由非重复的字符串元素组成的无序集合。后面章节介绍的分布式爬虫框架，默认就是使用 Redis 的无序集合存储网站请求的指纹（经过加密形成的唯一识别码），实现爬虫的去重功能。下面使用集合来存储 cathy 的个人信息，实现代码如下：

```
import redis #导入redis模块
#生成StrictRedis对象
r = redis.StrictRedis(host='localhost',        #主机
                    port=6379,                 #端口
                    db=0,                      #数据库索引
                    password="foobared",       #密码
                    decode_responses=True)     #解析形式：字符串
#将"cathy", "tom", "terry", "lili", "tom"5个元素添加到键为names的集合中
r.sadd("names","cathy","tom","terry","lili","tom")
r.scard("names")                    #获取键为names的集合中的元素个数，结果为4
r.srem("names","tom")               #从键为names的集合中删除"tom"
r.spop("names")                     #从键为names的集合中随机删除并返回该元素
#将"terry"从键为names的集合中转移到键为names1的集合中
r.smove("names","names1","terry")
r.sismember("names","cathy")        #判断"cathy"是否是键为names的集合中的元
                                    素，结果为True
r.srandmember("names")              #随机获取键为names的集合中的一个元素
print(r.smembers("names"))          #获取键为names的集合中的所有元素
```

首先使用 sadd()方法添加了 5 个元素到键为 names 的集合中，但是通过 scard()方法发现集合中元素的个数只有 4 个，这是因为添加的 5 个元素中，有两个是重复的，而集合是不允许有重复元素的。运行结果如下：

```
{'lili', 'cathy'}
```

如果运行多次，会发现显示的结果可能会不一样，这是因为 spop()方法会随机删除元素，再加上集合的无序性，每次显示的顺序也未必相同。

5. 散列表（Hash）操作

Redis 的散列表可以看成是具有 key-value 键值对的 map 容器。Redis 的 key-value 结构中，value 也可以存储散列表，而 key 可以理解为散列表的表名。散列表特别适合存储对象信息。例如，使用散列表存储同学 cathy 的个人信息，存储框架如图 5-21 所示。

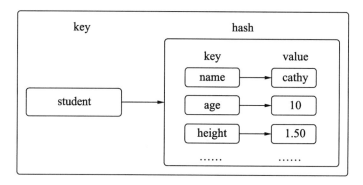

图 5-21　散列表存储个人信息的框架

实现代码如下：

```
import redis                                    #导入 redis 模块
#生成 StrictRedis 对象
r = redis.StrictRedis(host='localhost',         #主机
                port=6379,                      #端口
                db=0,                           #数据库索引
                password="foobared",            #密码
                decode_responses=True)          #解析形式：字符串
#将 key 为 name，value 为 cathy 的键值对添加到键为 stu 散列表中
r.hset("stu","name","cathy")
r.hmset("stu",{"age":10,"height":1.50})         #批量添加键值对
r.hsetnx("stu","score",100)                     #如果 score=100 的键值对不存在，则添加
r.hget("stu","name")                            #获取散列表中 key 为 name 的值
r.hmget("stu",["name","age"])                   #获取散列表中多个 key 对应的值
r.hexists("stu","name")                         #判断 key 为 name 的值是否存在，此处为 True
r.hdel("stu","score")                           #删除 key 为 score 的键值对
r.hlen("stu")                                   #获取散列表中键值对个数
r.hkeys("stu")                                  #获取散列表中所有的 key
```

6. 有序集合（Sorted Set）操作

与无序集合（Set）一样，有序集合也是由非重复的字符串元素组成的。为了实现对集合中元素的排序，有序集合中每个元素都有一个与其关联的浮点值，称为"分数"。有序集合中的元素按照以下规则进行排序。

（1）如果元素 A 和元素 B 的"分数"不同，则按"分数"的大小排序。

（2）如果元素 A 和元素 B 的"分数"相同，则按元素 A 和元素 B 在字典中的排序排列。

下面来看一个例子，将一些黑客名字添加到有序集合中，出生年份为其"分数"。

```
import redis                                    #导入 redis 模块
#生成 StrictRedis 对象
r = redis.StrictRedis(host='localhost',         #主机
                port=6379,                      #端口
                db=0,                           #数据库索引
```

```
                        password="foobared",      #密码
                        decode_responses=True)    #解析形式：字符串
#将"Alan Kay"（分数为 1940）添加到键为 hackers 的有序集合中
r.zadd("hackers",{"Alan Kay":1940})
r.zadd("hackers",{"Sophie Wilson":1957,"Richard Stallman":1953}) #批量添加
r.zadd("hackers",{"Anita Borg":1953})
r.zadd("hackers",{"Hedy Lamarr":1914})
print(r.zrank("hackers","Alan Kay"))        #获取"Alan Kay"在有序集合中的位
                                            置（从 0 开始）
print(r.zcard("hackers"))                   #获取有序集合中元素个数
print(r.zrange("hackers",0,-1))             #获取有序集合中所有元素，默认
                                            按 score 从小到大排序
print(r.zrevrange("hackers",0,-1))          #按 score 从大到小顺序获取所有元素
print(r.zrangebyscore("hackers",1900,1950)) #获取 score 为 1900~1950 之间的所
                                            有元素
```

在 redis-py3.0 之前，添加有序元素的方法是 zadd(REDIS_KEY, score, value)，而在 3.0 之后，添加有序元素的方法就变为了 zadd(REDIS_KEY,{value:score})。

运行结果如下：

```
1
5
['Hedy Lamarr', 'Alan Kay', 'Anita Borg', 'Richard Stallman', 'Sophie
Wilson']
['Sophie Wilson', 'Richard Stallman', 'Anita Borg', 'Alan Kay', 'Hedy
Lamarr']
['Hedy Lamarr', 'Alan Kay']
```

结果中第 1 行的 1 表示 Alan Kay 在有序集合中的位置，即第 2 位；第 2 行的 5 表示有序集合 hackers 中元素的个数为 5；第 3 行按年龄由大到小显示所有黑客姓名，如果年龄相同，姓名则按字典顺序排列（Anita Borg 排在 Richard Stallman 前面）；第 4 行按年龄由小到大显示所有黑客姓名；第 5 行显示年龄在 1900~1950 年之间的黑客姓名。

5.3.3 项目案例

Python 访问 Redis 数据库的实现方法跟 MongoDB 相似。下面还是以起点中文网小说热销榜项目 qidian_hot 为例，将爬取到的小说信息存储于 Redis 数据库中。

（1）在配置文件 settings.py 中添加 Redis 的配置信息。

```
REDIS_HOST = "localhost"          #主机地址
REDIS_PORT = 6379                 #端口
REDIS_DB_INDEX = 0                #索引
REDIS_PASSWORD = "foobared"       #密码
```

（2）在 pipelines.py 中新增 RedisPipeline 类，实现代码如下：

```
import redis                                #导入 Redis 库
#将数据保存于 Redis 的 Item Pipeline
```

```
class RedisPipeline(object):
    #Spider 开启时，获取数据库配置信息，连接 Redis 数据库服务器
    def open_spider(self,spider):
        #获取配置文件中 Redis 配置信息
        host = spider.settings.get("REDIS_HOST")          #主机地址
        port = spider.settings.get("REDIS_PORT")          #端口
        db_index = spider.settings.get("REDIS_DB_INDEX")  #索引
        db_psd = spider.settings.get("REDIS_PASSWORD")    #密码
        #连接 Redis，得到一个连接对象
        self.db_conn = redis.StrictRedis(host=host,port=port,db=db_index ,
        password=db_psd)

        #将数据存储于 Redis 数据库中
    def process_item(self, item, spider):
        #将 item 转换为字典类型
        item_dict = dict(item)
        #将 item_dict 保存于 key 为 novel 的列表中
        self.db_conn.rpush("novel",item_dict)
        return item
    #Spider 关闭时，执行数据库关闭工作
    def close_spider(self,spider):
        #关闭数据库连接
        self.db_conn.connection_pool.disconnect()
```

在 open_spider()方法中，使用 Redis 的 StrictRedis()方法连接 Redis 数据库服务器，参数有 host、port 和 db。db 用于选择数据存储的数据库，设置的范围为 0~15，默认为 0。

在 process_item()方法中，首先使用 dict()方法将 Item 对象转换为字典类型，再使用 rpush()方法将数据保存到 key 为 novel 的列表末尾。

在 close_spider()方法中，使用 connection_pool.disconnect()方法关闭与 Redis 的连接。当使用 Redis 或 StrictRedis 创建连接时，连接其实并未真正创建，而是由连接池提供的。这个连接由连接池管理，所以我们无须关注连接是否需要主动释放的问题。也就是说，这里关闭 Redis 连接的代码完全没有必要。另外，连接池有自己的关闭连接的接口，一旦调用该接口，所有连接都将被关闭。

（3）启用 MongoDBPipeline。

在配置文件 settings.py 中，启用 MongoDBPipeline。

```
ITEM_PIPELINES = {
    'qidian_hot.pipelines.RedisPipeline': 400,     #开启 Redis 数据库项目管道
}
```

（4）运行爬虫。

使用以下命令运行爬虫：

```
>scrapy crawl hot
```

（5）使用 Redis 可视化工具查看结果。

Redis Desktop Manager 是一款简单快速、跨平台的 Redis 可视化工具，可以通过它

很方便地查看存储于 Redis 数据库中的数据。该工具下载和安装都比较简单，大家可自行完成。

安装完后，运行 Redis Desktop Manager，单击 Connect to Redis Server 按钮，在弹出的对话框中输入连接名、主机地址、端口（默认为 6379）和密码（Auth），连接 Redis 数据库服务器，如图 5-22 所示。

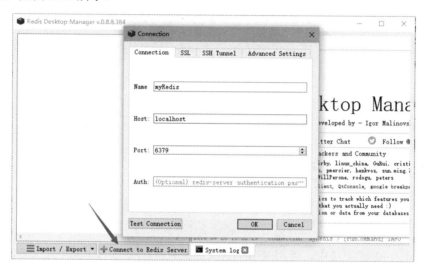

图 5-22　连接 Redis 数据库服务器

成功连接 Redis 数据库服务器后，就可以查看 Redis 数据库中的数据了，如图 5-23 所示。我们看到，起点中文小说信息保存于数据库 db0（配置文件中 REDIS_DB_INDEX = 0）中 key 为 novel 的列表中。

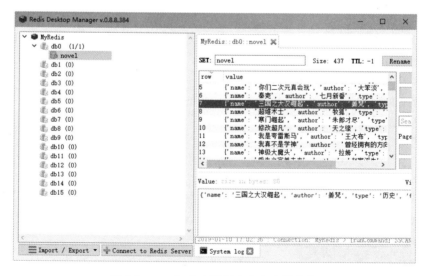

图 5-23　Redis 中存储起点中文小说信息

5.4　本 章 小 结

本章实现了将爬虫数据分别保存于 MySQL、MongoDB 和 Redis 数据库中的功能。

MySQL 是一个关系型数据库，数据存储于硬盘中。它免费，可移植性好，拥有一套成熟的体系；缺点是在处理海量数据时效率会显著降低。

MongoDB 是一个非关系型数据库，数据以文档形式存储，查询功能强大，性能优越；缺点是占用空间大，容易产生碎片。

Redis 也是一个非关系型数据库，数据存储于内存中，性能极高，支持的数据结构丰富；缺点是对内存要求较高。

第 6 章　JavaScript 与 AJAX 数据爬取

前几章，我们使用 Scrapy 成功爬取了一些网站的信息。但很快你会发现，在爬取诸如 QQ 音乐、今日头条、知乎和美团网时，即使浏览器中能完美展现页面，代码也毫无漏洞，但是怎么都获取不到想要的数据。这是因为我们获取的仅仅是原始的 HTML 文档，而文档中的一些数据，是通过 JavaScript 统一加载后呈现出来的，这种页面就叫做动态页面。本章将会学习动态页面的爬取方法。

6.1　JavaScript 简介

当我们发现要爬取的数据不在 HTML 文档中时，就应该考虑到数据可能会通过 JavaScript 加载。先来了解一下什么是 JavaScript。

JavaScript 是互联网上最流行的客户端脚本语言。它运行于用户的浏览器中，被广泛用于 Web 应用开发。它嵌入于 HTML 中，常用来为 HTML 网页添加各种动态功能，为用户提供更流畅美观的浏览效果。

JavaScript 能够动态加载文本，并将文本嵌入到 HTML 文档中。而爬虫只关注 JavaScript 动态加载的文本，因此对于 JavaScript 的运行机制及语法结构，仅需了解即可。

下面通过一个综合案例，详细讲解使用 Scrapy 爬取通过 JavaScript 加载的数据过程。

6.2　项目案例：爬取 QQ 音乐榜单歌曲

6.2.1　项目需求

QQ 音乐是腾讯公司推出的一款网络音乐服务产品，提供海量音乐在线试听、歌词翻译、手机铃声下载、高品质无损音乐试听和音乐下载等服务。如图 6-1 所示为 QQ 音乐中流行指数排行榜的页面，网址为 https://y.qq.com/n/yqq/toplist/4.html。现要将榜单中的歌曲信息爬取下来，字段有歌曲名称、唱片、歌手和时长。

图 6-1 QQ 音乐流行指数榜单页面

6.2.2 技术分析

按照一般的思路，使用 Chrome 浏览器的"开发者工具"查看下载的 HTML 文档，如图 6-2 所示。发现 HTML 文档仅仅展示了一些固定的菜单项，并未显示榜单歌曲的信息。

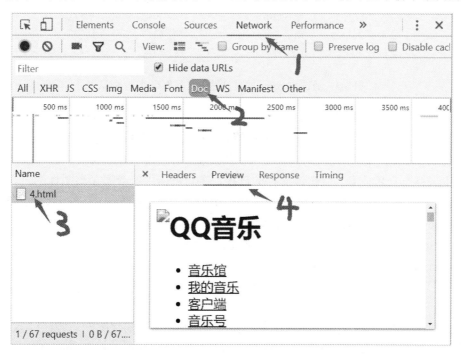

图 6-2 通过 Chrome 的"开发者工具"查看 HTML 文档

考虑到榜单数据会通过 JavaScript 加载，再次通过 Chrome 浏览器的"开发者工具"查看返回的 JS 信息，按照图 6-3 所示的顺序执行。首先选择 NetWork 选项，再选择 JS 选项（专门记录 JS 的 HTTP 请求），在 Name 栏中就会展示 HTML 文档需要用到的 JS 文件及存有数据的 fcg 文件的列表。

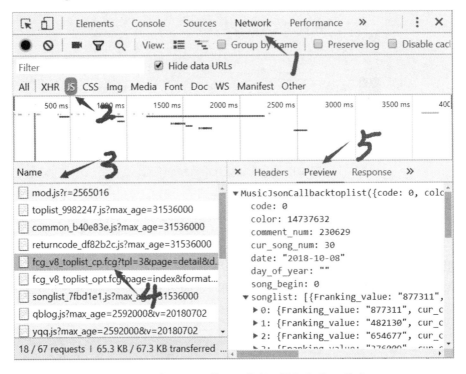

图 6-3　通过 Chrome 的"开发者工具"查看 JS 信息

在 Name 栏中的列表项看着较多，其实大部分都是 JS 文件（后缀为.js 的文件），而数据不会保存于 JS 文件中，因此可以忽略不管。单击剩下的 fcg 文件（图 6-3 的步骤 4），在右侧的 Preview 栏中查看文件内容（图 6-3 的步骤 5），发现 Name 为 fcg_v8_toplist_cp.fcg 的文件中保存有音乐信息。双击该文件的链接，在新页面中就会展示该文件的内容，如图 6-4 所示。地址栏内的 URL 正是访问该文件的地址，即 https://c.y.qq.com/v8/fcg-bin/fcg_v8_toplist_cp.fcg?tpl=3&page=detail&date=2018-10-08&topid=4&type=top&song_begin=0&song_num=30&g_tk=5381&jsonpCallback=MusicJsonCallbacktoplist&loginUin=0&hostUin=0&format=jsonp&inCharset=utf8&outCharset=utf-8&notice=0&platform=yqq&needNewCode=0。得到了文件的 URL 地址，就可以像爬取普通页面一样，使用 Scrapy 将榜单数据爬取下来了。

还有一个问题，我们获取的 URL 实在太长了，能否将其简化呢？笔者经过多次试验，发现大部分参数都是可以删除的。最终 URL 可以简化为 https://c.y.qq.com/v8/fcg-bin/fcg_

v8_toplist_cp.fcg?&topid=4。简化后的 URL 能将所有页的歌曲信息全部获取到，大大提高了爬取效率，如图 6-5 所示。

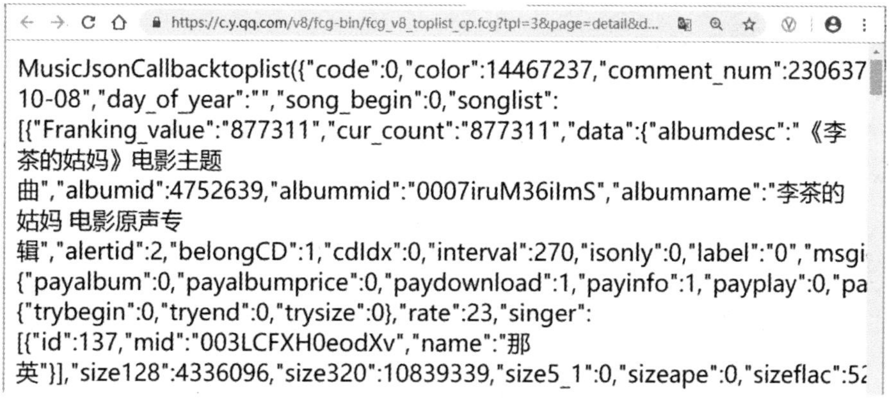

图 6-4　在浏览器中显示加载的数据

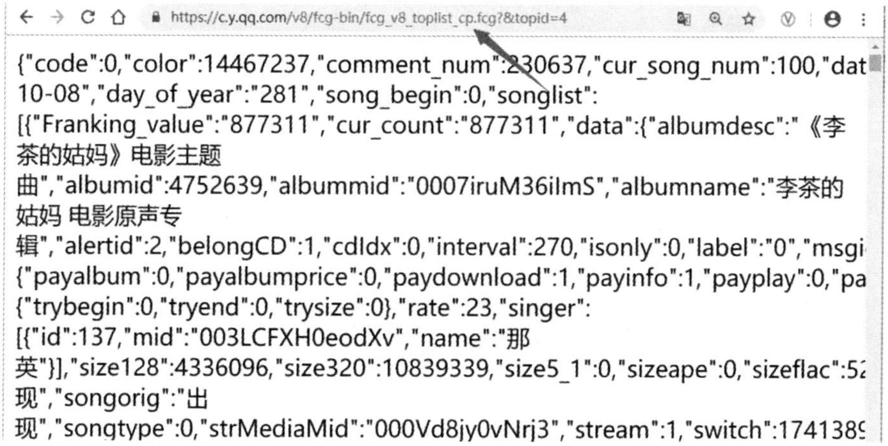

图 6-5　简化后的 URL 展示的数据

由图 6-5 可知，存储音乐的数据看上去像是 Python 列表和字典的混合结构，这其实是一种 JSON 格式的数据。来看一下什么是 JSON。

JSON（JavaScript Object Notation，JavaScript 对象表示法）是一种轻量级的文本数据交换格式，传递速率快于 XML，是现阶段作为数据传递的主要格式。JSON 不是一种编程语言，它只是制定了一系列的规则，用于规范数据的格式。

JSON 语法规则非常简单，可以概括为以下 4 句话：

● 数据在名称/值对中；
● 数据由逗号分隔；
● 花括号保存对象；

● 方括号保存数组。

Python 中内置了 JSON 库,可以将 JSON 格式的数据转换为 Python 的数据类型,如字典、列表等。

现在大部分网站在传递数据时,使用的都是 JSON 格式。因此在爬虫中,大家会经常跟 JSON 格式的数据打交道。

为了能够更清晰地分析 JSON 数据,可以通过在线校验、格式化工具(网址为 http://www.bejson.com/)将其格式化。如图 6-6 所示为格式化的结果。

```
1  {
2      "code": 0,
3      "color": 14737632,
4      "comment_num": 224516,
5      "cur_song_num": 100,
6      "date": "2018-10-11",
7      "day_of_year": "284",
8      "song_begin": 0,
9      "songlist": [{
10         "Franking_value": "386807",
11         "cur_count": "386807",
12         "data": {
13             "albumdesc": "",
14             "albumid": 4740890,
15             "albummid": "003w7XZC3viRYU",
16             "albumname": "Give Me A Chance",
```

图 6-6 使用 JSON 校验、格式化工具

6.2.3 代码实现及解析

当得到通过 JavaScript 加载的数据的 URL 后,就可以通过 Scrapy 获取榜单歌曲的数据了。

1. 创建项目

首先创建一个项目,项目名为 QQMusic。

```
>scrapy startproject QQMusic
```

2. 使用 Item 封装数据

打开项目 QQMusic 中的 items.py 源文件。添加榜单歌曲字段,实现代码如下:

```
import scrapy
class QqmusicItem(scrapy.Item):
    song_name = scrapy.Field()        #歌曲
    album_name = scrapy.Field()       #唱片
    singer_name = scrapy.Field()      #歌手
    interval = scrapy.Field()         #时长
```

3. 创建Spider文件及Spider类

在 spiders 文件夹中新建 music.py 文件。在 music.py 中定义 MusicSpider 类，实现爬虫功能，代码如下：

```
# -*- coding: utf-8 -*-
from scrapy import Request
from scrapy.spiders import Spider                    #导入 Spider 类
from QQMusic.items import QqmusicItem                 #导入 Item 类
import json                                           #导入 JSON 库
class MusicSpider(Spider):
    name = 'music'
    #定义 headers 属性，设置用户代理（浏览器类型）
    headers = {"User-Agent":"Mozilla/"
                    "5.0 (Windows NT 10.0; "
                    "Win64; x64) AppleWebKit/"
                    "537.36 (KHTML, like Gecko) Chrome/"
                    "68.0.3440.106 Safari/"
                    "537.36"}
    def start_requests(self):                         #获取初始请求
        url = "https://c.y.qq.com/v8/fcg-bin/fcg_v8_toplist_cp.fcg?&topid=4"
        #生成请求对象
        yield Request(url,headers=self.headers)

    def parse(self, response):                        #数据解析
        item = QqmusicItem()                          #生成 QqmusicItem 对象
        #获取到 json 格式的数据
        json_text = response.text
        #使用 json.loads 解码 json 数据，返回 Python 的数据类型
        #这里的 music_dict 是一个字典类型
        music_dict = json.loads(json_text)
        #for 循环遍历每首歌曲
        for one_music in music_dict["songlist"]:
            #获取歌曲
            item["song_name"] = one_music["data"]["songname"]
            #获取唱片
            item["album_name"] = one_music["data"]["albumname"]
            #获取歌手
            item["singer_name"] = one_music["data"]["singer"][0]["name"]
            #获取时长
            item["interval"] = one_music["data"]["interval"]

            yield item
```

首先要导入 JSON 库，用于解析 JSON 格式数据。

在 start_requests()方法中，url 为访问服务器中 fcg_v8_toplist_cp.fcg 文件的地址。

在 parse()方法中，首先生成 QqmusicItem 对象，用于保存结构化数据；然后使用 JSON 库中的 loads()方法解码获取到的 JSON 格式数据，返回 Python 的数据类型（这里是字典型）；最后使用 for 循环遍历每首歌曲，将其保存于 Item 中。

4. 运行爬虫

至此，本项目所有的功能全部实现，运行爬虫程序。

```
>scrapy crawl music -o music.csv
```

5. 查看结果

生成的 music.csv 文件中共 100 条数据（第一行为标题栏），如图 6-7 所示。

	A	B	C	D
1	album_name	interval	singer_name	song_name
2	李荼的姑妈 电影原声专辑	270	那英	出现
3	Give Me A Chance	223	张艺兴	Give Me A Chance
4	中国新说唱 第12期	169	王以太	目不转睛 (Live)
5	那年错过的爱情	299	白小白	那年错过的爱情
6	请先说你好	289	贺一航	请先说你好
7	NEW KIDS : THE FINAL	239	iKON (아이콘)	GOODBYE ROAD (이별길)
8	不在	256	韩安旭	不在
9	U know me	236	YKEY	独行侠
10	倒霉鬼	269	刘明军	倒霉鬼
11	光年之外	235	G.E.M. 邓紫棋	光年之外
12	Frontier (Extended Mix)	206	Vinai	Frontier (Extended Mix)

图 6-7　保存到 music.csv 的榜单数据

6.2.4　更常见的动态网页

上面我们实现了爬取一般动态网页的方法，实际上更常见的动态网页类似于图 6-8 所示的京东商城。我们访问京东首页时，内容不是一下子全部加载进来的。当光标往下滑动时，就会出现一个奔跑的吉祥物的图标，这表示正在加载更多内容。不一会下方就会显示新的内容了。如果光标继续下滑，就会不断加载新内容。

图 6-8　京东首页

再来看图 6-9 所示的大麦网分类页面，其展示了全国所有的演出信息。可以通过筛选栏根据城市、分类和时间进行条件筛选。我们发现，在选择不同条件时，页面并未全部刷新，仅仅在显示演出内容的区域更新了演出内容。

图 6-9　大麦网分类页

上述两种网站都使用了一种叫做 AJAX 的技术，实现了页面的动态交互功能。下面，一起来了解一下 AJAX 技术及爬取 AJAX 数据的方法。

6.3　AJAX 简介

传统的网页，如果需要更新内容，必须重载整个页面。有了 AJAX，便可以在不重新加载整个网页的情况下，对网页的某部分进行更新。

AJAX（**A**synchronous **J**avaScript **a**nd **X**ML，异步的 JavaScript 和 XML）不是新的编程语言，而是利用 JavaScript 在不重新加载整个页面的情况下，与服务器交换数据并更新部分网页内容的技术。

AJAX 无刷新更新数据的技术，为其赢得了很多的优势：

- 用户体验更好；
- 节约了流量；
- 减轻了服务器负担。

AJAX 的应用案例非常多，如新浪微博、谷歌地图、淘宝、京东商城及大麦网等。

如何获取使用 AJAX 技术加载的数据呢？下面还是通过一个综合案例，详细讲解使用 Scrapy 爬取 AJAX 加载的数据的过程。

6.4　项目案例：爬取豆瓣电影信息

6.4.1　项目需求

豆瓣网是国内知名的社区网站，提供关于书籍、电影和音乐等作品信息，用户可以进行书评、影评和乐评。如图 6-10 为豆瓣电影的分类页面，网址为 https://movie.douban.com/tag/#/，其中展示了全国所有城市的影视信息。现要实现将中国大陆的电影信息爬取下来，字段有：电影名称、导演、演员和评分。

图 6-10　豆瓣电影影视信息页面

6.4.2　技术分析

要想获取中国大陆的电影信息，可以在筛选栏的"全部形式"项选择"电影"，"全部地区"项选择"中国大陆"，这时电影内容区域就会做出更新，而页面并未全部刷新。由此可以得出结论：电影信息的数据是通过 AJAX 异步加载的。AJAX 向服务器发送 HTTP 请求时，将选择的影视形式、地区作为参数一并传递给服务器。服务器响应后返回影视数据。AJAX 根据获取的数据局部更新影视内容。

下面还是使用 Chrome 浏览器的"开发者工具"，来看一下 AJAX 发送的 HTTP 请求及服务器返回的数据。

1. 查看HTML文档

在 Chrome 浏览器中输入网址"https://movie.douban.com/tag/#/?sort=U&range=0,10&tags=电影,中国大陆"，回车。在"开发者工具"中，查看返回的 HTML 文档，如图 6-11 所示。通过 Preview 的页面预览，发现 HTML 文档仅仅展示了一些固定的菜单项，中国大陆电影信息并未获取到。这进一步印证了数据是通过 AJAX 加载的"猜想"。

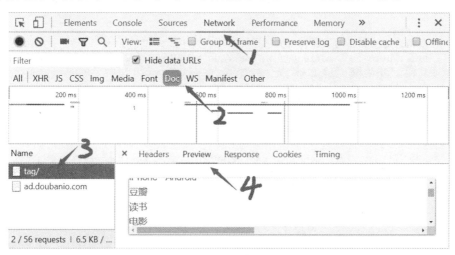

图 6-11　通过 Chrome 的"开发者工具"查看 HTML 文档

2. 查看AJAX请求信息

在"开发者工具"中，Network 下的 XHR（XMLHttpRequest 的简写）选项卡用于记录 AJAX 的 HTTP 请求及响应信息。按照图 6-12 所示的顺序查看，成功找到了中国大陆电影的信息。

AJAX 通过 HTTP 请求后，从服务器端获取数据，再更新页面内容。那么，如何得到从服务器端获取数据的接口地址呢？双击图 6-12 中第 3 步的链接，新页面中将显示中国大陆的电影信息，浏览器中的 URL 正是获取该数据的接口地址，即 https://movie.douban.com/j/new_search_subjects?sort=U&range=0,10&tags=电影&start=0&countries=中国大陆，如图 6-13 所示。

图 6-12　XHR 中记录 AJAX 的请求和响应信息

```
{"data":[{"directors":["张栾"],"rate":"6.7","cover_x":1000,"star":"35","title":"老
师·好","url":"https:\/\/movie.douban.com\/subject\/27663742\/","casts":["于谦","汤
梦佳","王广源","秦鸣悦","徐子
力"],"cover":"https://img1.doubanio.com\/view\/photo\/s_ratio_poster\/public\/p2551
352209.webp","id":"27663742","cover_y":1400},{"directors":["娄
烨"],"rate":"7.3","cover_x":1372,"star":"35","title":"风中有朵雨做的
云","url":"https:\/\/movie.douban.com\/subject\/26728669\/","casts":["井柏然","宋
佳","马思纯","秦昊","陈妍
希"],"cover":"https://img3.doubanio.com\/view\/photo\/s_ratio_poster\/public\/p2552
522615.webp","id":"26728669","cover_y":1920},{"directors":["郭
帆"],"rate":"7.9","cover_x":1786,"star":"40","title":"流浪地
```

图 6-13　中国大陆电影信息的页面

　　笔者经过多次试验，发现 URL 中有些参数的值就是默认值，可以忽略，如 sort（排序）和 range（评分范围）。精简后的 URL 为 https://movie.douban.com/j/new_search_subjects?tags=电影&start=0&countries=中国大陆。

3. 最后的问题

　　还有一个问题，页面中默认只显示 20 条电影信息，如果想查看更多的电影信息，需要单击页面最下方的"加载更多"链接，这样会再加载 20 条电影信息。显然"加载更多"，使用的也是 AJAX 技术，因为页面也是局部刷新的。每单击一次"加载更多"链接，XHR 中就会多一条返回项，对应于加载的电影内容，如图 6-14 所示。通过比对发现，URL 中，只有参数 start 会变，而且 start 的值是有规律的，即 0、20、40、60……。

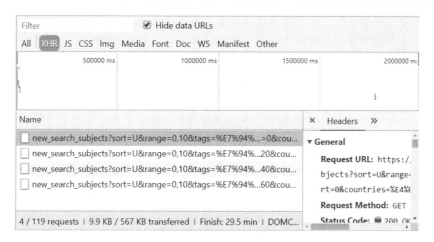

图 6-14　XHR 中显示的所有响应信息

6.4.3　代码实现及解析

当分析得到通过 AJAX 异步加载数据的 URL 后，就可以通过 Scrapy 获取中国大陆电影的数据了。

1. 创建项目

首先创建一个项目，项目名为 douban。

```
>scrapy startproject douban
```

2. 使用Item封装数据

打开项目 douban 中的 items.py 源文件，添加电影字段，实现代码如下：

```
import scrapy
class DoubanItem(scrapy.Item):
    title = scrapy.Field()              #电影名称
    directors = scrapy.Field()          #导演
    casts = scrapy.Field()              #演员
    rate = scrapy.Field()               #评分
```

3. 创建Spider文件及Spider类

在 Spiders 文件夹中新建 movies.py 文件。在 movies.py 文件中定义爬虫类 MoviesSpider，实现爬虫功能，代码如下：

```
# -*- coding: utf-8 -*-
from scrapy import Request
from scrapy.spiders import Spider        #导入 Spider 类
from douban.items import DoubanItem      #导入 Item 类
```

```python
import json
class MoviesSpider(Spider):
    name = 'movies'
    currentPage = 1                                    #当前页，默认为1
    #定义 headers 属性，设置用户代理（浏览器类型）
    headers = {"User-Agent":"Mozilla/"
                          "5.0 (Windows NT 10.0; "
                          "Win64; x64) AppleWebKit/"
                          "537.36 (KHTML, like Gecko) Chrome/"
                          "68.0.3440.106 Safari/"
                          "537.36"}
    def start_requests(self):                          #获取初始请求
        url = "https://movie.douban.com/j/new_search_subjects?tags=电影
        &start= 0&countries=中国大陆"
        #生成请求对象
        yield Request(url,headers=self.headers)

    def parse(self, response):                         #数据解析
        item = DoubanItem()                            #生成 DoubanItem 对象
        #获取到 JSON 格式的数据
        json_text = response.text
        #使用 json.loads 解码 JSON 数据，返回 Python 的数据类型
        #这里的 movie_dict 是一个字典类型
        movie_dict = json.loads(json_text)
        if len(movie_dict["data"]) == 0:               #如果没有数据，退出爬虫
            return
        #for 循环遍历每部电影
        for one_movie in movie_dict["data"]:
            #获取电影名称
            item["title"] = one_movie["title"]
            #获取导演
            item["directors"] = one_movie["directors"]
            #获取演员
            item["casts"] = one_movie["casts"]
            #获取评分
            item["rate"] = one_movie["rate"]

            yield item
        #爬取更多数据
        url_next = 'https://movie.douban.com/j/new_search_subjects?tags=
        电影&start=%d&countries=中国大陆'%(self.currentPage*20)
        self.currentPage+=1
        yield Request(url_next, headers=self.headers)
```

4．运行爬虫

至此，本项目所有的功能已全部实现，运行爬虫。

```
>scrapy crawl movies -o movies.csv
```

如果出现如下错误：

```
DEBUG: Crawled (403) <GET https://movie.douban.com/robots.txt> (referer:
None)
```

将 settings.py 中的 ROBOTSTXT_OBEY 设置为 False 即可。

5．查看结果

生成的 movies.csv 文件中共 6486 条数据（第一行为标题栏），如图 6-15 所示。

	casts	directors	rate	title
1	casts	directors	rate	title
2	徐峥,王传君,周一围,谭卓,章宇	文牧野	9	我不是药神
3	周润发,郭富城,张静初,冯文娟,廖启智	庄文强	8.1	无双
4	沈腾,宋芸桦,张一鸣,张晨光,常远	闫非,彭大魔	6.7	西虹市首富
5	黄才伦,艾伦,宋阳,卢靖姗,沈腾	吴昱翰	5.1	李茶的姑妈
6	雷佳音,佟丽娅,张衣,于和伟,王正佳	苏伦	6.9	超时空同居
7	赵英博,任敏,辛云来,章若楠,朱丹妮	落落	5.7	悲伤逆流成河
8	姚晨,马伊琍,袁文康,吴昊宸,王梓尘	吕乐	7.4	找到你
9	邓超,孙俪,郑恺,王千源,王景春	张艺谋	7.4	影
10	赵涛,廖凡,徐峥,梁嘉艳,刁亦男	贾樟柯	7.7	江湖儿女
11	黄渤,舒淇,王宝强,张艺兴,于和伟	黄渤	7.2	一出好戏
12	文章,包贝尔,郭京飞,李成敏,辣目洋子	包贝尔	3.7	胖子行动队
13	郑伊健,陈小春,谢天华,钱嘉乐,林晓峰	钱嘉乐	5.2	黄金兄弟

图 6-15　保存到 movies.csv 中的中国大陆电影数据

6.5　本章小结

有些页面，如果浏览器能正常展示，但是查看 HTML 文档却找不到相应的内容，这时就要考虑数据是通过 JavaScript 或者 AJAX 动态加载的。通过 JavaScript 动态加载的数据，可以在"开发者工具"的 JS 栏中找到；而通过 AJAX 动态加载的数据，可以在 XHR 中找到。当通过分析获取到数据的接口地址后，再使用 Scrapy 实现数据的爬取就非常简单了。

第7章 动态渲染页面的爬取

在上一章中，我们掌握了 JavaScript 和 AJAX 页面的分析和抓取方法。但是很快发现，很多接口地址既冗长又复杂，有的还经过加密甚至还有时效性。例如，今日头条的新闻信息的接口地址为 https://www.toutiao.com/api/pc/feed/?category=news_hot&utm_source=toutiao&widen=1&max_behot_time=0&max_behot_time_tmp=0&tadrequire=true&as=A195D BDC06ADC25&cp=5BC65DAC62854E1&_signature=ZtN.cQAAPRnM.D.xF5yhvGbTf2，从中很难找出规律，也就无法爬取更多的新闻信息。网站之所以这么做，无非是想避免爬虫等工具的侵扰，进一步加大爬虫的难度。

要解决这个问题，可以使用模拟浏览器运行的方式。它可以做到在浏览器中看到的是什么样，抓取的源码就是什么样，即可见即可爬。这样，就无须关心页面是使用了 JavaScrapt 还是 AJAX，也无须关心接口的复杂度（其实连接口是什么都不用管）。

Python 中提供了许多模拟浏览器运行的库，本章重点给大家介绍最流行的两个库 Selenium 和 Splash。

7.1 Selenium 实现动态页面爬取

Selenium 是一个用于测试 Web 应用程序的工具，它直接运行在浏览器中，就像真正的用户在操作一样。

7.1.1 Selenium 安装

Selenium 就像一个机器人，能模仿人使用浏览器对页面进行一系列操作，如打开浏览器、输入数据、按下按钮、下拉页面及前进后退等。支持的浏览器包括 IE、Mozilla FireFox、Safari、Google Chrome 和 Opera 等。

下面来看一下 Selenium 库和浏览器驱动程序的安装方法。

1. 安装Python支持的Selenium库

使用 pip 命令安装 Selenium。

```
>pip install selenium
```

2. 安装浏览器驱动程序

需要下载一个 Selenium 调用浏览器的驱动文件。我们以 Chrome 浏览器为例，看一下下载 Chrome 浏览器驱动文件的步骤。

（1）查看 Chrome 浏览器的版本。

首先要查看当前安装的 Chrome 浏览器的版本，以便下载与浏览器版本对应的驱动文件。

打开 Chrome 浏览器，单击菜单中的"帮助"→"关于 Google Chrome"，查看 Chrome 的版本号，如图 7-1 所示。

图 7-1　查看 Chrome 浏览器版本号

（2）下载 Chromedriver。

Chromedriver 的下载地址如下：

● 官方下载地址为 https://chromedriver.storage.googleapis.com/index.html。

● 其他下载地址为 http://npm.taobao.org/mirrors/chromedriver/。

如果官方下载地址无法访问，可以选择第二个下载地址。笔者安装的是 ChromeDriver v2.43，它支持 Chrome 浏览器的 v68-v71 范围的版本。

（3）配置环境变量。

最后，需要将驱动文件配置到环境变量中。在 Windows 下，将下载的 chromedriver.exe 文件放到 Anaconda3 的 Scripts 目录下就可以了，笔者是放在 C:\Anaconda3\Scripts 下。

7.1.2　Selenium 简单实现

下面来看一个简单的例子。使用 Selenium 实现在苏宁易购首页的搜索栏中输入关键字 iphone，实现查询功能。苏宁易购首页地址为 https://www.suning.com/。

实现代码如下：

```
from selenium.webdriver.common.keys import Keys
from selenium.webdriver.common.by import By
from selenium.webdriver.support import expected_conditions as EC
from selenium.webdriver.support.wait import WebDriverWait
```

```
from selenium import webdriver
driver = webdriver.Chrome()                              #声明 Chrome 浏览器对象

driver.get("https://www.suning.com/")                    #请求页面
input = driver.find_element_by_id("searchKeywords")      #查找节点
input.clear()                                            #清除输入框中默认文字
input.send_keys("iphone")                                #输入框中输入 iphone
input.send_keys(Keys.RETURN)                             #回车功能
wait = WebDriverWait(driver, 10)                         #设置显式等待时间为 10 秒
#最多等待 10 秒，直到某个 ID 的标签被加载
wait.until(EC.presence_of_element_located((By.CLASS_NAME, 'root990')))
#获取源代码
print(driver.page_source)
```

代码运行后，Chrome 浏览器被自动打开，并显示苏宁易购首页；然后在搜索栏中输入 iphone，并跳转到搜索结果页面。整个过程都是自动完成，没有任何人为干预，如图 7-2 所示。

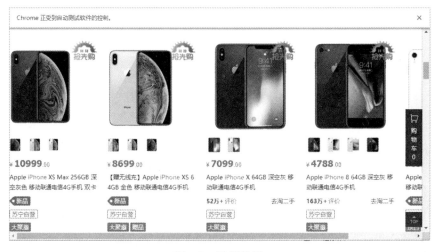

图 7-2　运行结果

通过控制台打印出的 HTML 代码可知，代码的内容正是浏览器中显示的内容。得到 HTML 代码，就可以从中提取出有用的信息了。

因此，我们可以使用 Selenium 来驱动浏览器加载网页，获取 JavaScrapt 渲染后的页面 HTML 代码，无须考虑网页的加载形式、接口是否加密等一系列复杂的问题。

下面结合爬虫的实际需求，一起来看一下 Selenium 的语法。

7.1.3　Selenium 语法

1．声明浏览器对象

Selenium 支持很多浏览器，如 Chrome、FireFox、IE、Opera 和 Safari 等；也支持 Android

和 BlackBerry 等手机端的浏览器；还支持无界面浏览器 PhantomJS。selenium.webdriver 模块提供了所有浏览器的驱动（WebDriver），可以生成不同浏览器的对象。

以下是实现声明不同浏览器对象的代码：

```
from selenium import webdriver
driver = webdriver.Chrome()           #声明 Chrome 浏览器对象
driver = webdriver.ie()               #声明 IE 浏览器对象
driver = webdriver.firefox()          #声明 FireFox 浏览器对象
driver = webdriver.phantomjs()        #声明 Phantomjs 浏览器对象
driver = webdriver.safari()           #声明 Safari 浏览器对象
```

定义了浏览器对象 driver 后，就可以使用 driver 来执行浏览器的各种操作了。

2．访问页面

首先想到的就是使用 driver 在浏览器中打开一个链接，可以使用 get()方法实现：

```
driver.get("https://www.suning.com/")          #请求页面
```

程序运行后，会自动打开对应的浏览器，显示苏宁易购首页。get()方法会一直等待，直到所有页面全部加载完（包括同步、异步加载）。

3．获取页面代码

访问页面后，就可以使用 driver 的 page_source 属性获取页面的 HMTL 代码了：

```
#获取代码
HTML=driver.page_source
```

是不是非常简单？获取了 HTML 代码后，下面就可以从页面中提取数据了。

4．定位元素

当获取到 HTML 代码后，就需要定位到 HTML 的各个元素，以便提取数据或者对该元素执行诸如输入、单击等操作。WebDriver 提供了大量的方法查询页面中的节点，这些方法形如：find_element_by_*。

以下为 Selenium 查找单个节点的方法。

- find_element_by_id：通过 ID 查找；
- find_element_by_name：通过 NAME 查找；
- find_element_by_xpath：通过 XPath 选择器查找；
- find_selenium_by_link_text：通过链接的文本查找（完全匹配）；
- find_element_by_partial_link_text：通过链接的文本查找（部分匹配）；
- find_element_by_tag_name：通过标签名查找；
- find_element_by_class_name：通过 CLASS 查找；
- find_element_by_css_selector：通过 CSS 选择器查找。

例如，要想获取苏宁易购页面中的搜索框，通过 Chrome 浏览器的"开发者工具"观察到其对应的 HTML 代码，如图 7-3 所示。

图 7-3　苏宁易购搜索框及代码

搜索框对应的 HTML 代码如下：

```
<input tabindex="0" id="searchKeywords" type="text" class="search-keyword"
name="index1_none_search_ss2" value="" autocomplete="off">
```

这是一个 input 标签，包含 id、class 和 name 等属性。以下代码实现了使用 Selenium 提供的 5 种不同方法获取 input 标签的功能：

```
from selenium import webdriver
driver = webdriver.Chrome()                         #声明 Chrome 浏览器对象
driver.get("https://www.suning.com/")               #请求页面
#通过 id 查找节点
input_id = driver.find_element_by_id("searchKeywords")
#通过 name 查找节点
input_name = driver.find_element_by_name("index1_none_search_ss2")
#通过 class 查找节点
input_class = driver.find_element_by_class_name("search-keyword")
#通过 xpath 查找节点
input_xpath = driver.find_element_by_xpath("//input[@id='searchKeywords']")
#通过 css 查找节点
input_css = driver.find_element_by_css_selector('#searchKeywords')
print(input_id,input_name,input_class,input_xpath,input_css)
```

运行结果如下：

```
<selenium.webdriver.remote.webelement.WebElement
(session="33076ca1c6e65e575672f4f5020b27b9", element="0.13486085203930953-1")>
<selenium.webdriver.remote.webelement.WebElement
(session="33076ca1c6e65e575 672f4f5020b27b9",element="0.13486085203930953-1")>
<selenium.webdriver.remote.webelement.WebElement
(session="33076ca1c6e65 e575672f4f5020b27b9",element="0.13486085203930953-1")>
<selenium.webdriver.remote.webelement.WebElement
(session="33076ca1c6e65e5756 72f4f5020b27b9",element="0.13486085203930953-1")>
<selenium.webdriver.remote.webelement.WebElement
(session="33076ca1c6e65e 575672f4f5020b27b9", element="0.13486085203930953-1")>
```

由结果可知，通过 5 种不同方法返回的结果完全一致，返回的都是 WebElement 类型。

Selenium 还可以一次查找多个元素，返回一个 list 列表。方法名是在上面方法名的基础上，将 element 改为 elements。由于查找节点的方法较多，难以记住，Selenium 还提供了两个通用方法，通过参数指定查找方式。这两个方法为 find_element()和 find_elements()，分别用于查找单个节点和多个节点。

将上面获取苏宁易购搜索框的代码改写如下：

```
from selenium import webdriver
from selenium.webdriver.common.by import By              #导入 By 类
driver = webdriver.Chrome()                              #声明 Chrome 浏览器对象
driver.get("https://www.suning.com/")                    #请求页面
input_id=driver.find_element(By.ID,"searchKeywords")
input_name=driver.find_element(By.NAME,"index1_none_search_ss2")
input_class=driver.find_element(By.CLASS_NAME,"search-keyword")
input_xpath=driver.find_element(By.XPATH,"//input[@id='searchKeywords']")
input_css=driver.find_element(By.CSS_SELECTOR,"#searchKeywords")
print(input_id,input_name,input_class,input_xpath,input_css)
```

以上代码中，首先导入 By 类，用于设定查找方式；然后通过 find_element()方法查找节点。find_element()方法有两个参数，第一个参数设定查找的方式（By 类的属性），第二个参数是该方式对应的值。

5. 页面交互

Selenium 可以模拟用户对页面执行一系列操作，如输入数据、清除数据和单击按钮等。再来回顾一下 Selenium 是如何实现自动访问苏宁易购，在搜索栏中输入文字，回车后显示搜索结果的。

```
from selenium import webdriver
from selenium.webdriver.common.keys import Keys          #导入 Keys 类
driver = webdriver.Chrome()                              #声明 Chrome 浏览器对象
driver.get("https://www.suning.com/")                    #请求页面
input = driver.find_element_by_id("searchKeywords")      #查找节点
input.clear()                                            #清除输入框中的默认文字
input.send_keys("iphone")                                #输入框中输入 iphone
input.send_keys(Keys.RETURN)                             #回车功能
```

首先导入 Keys 类，Keys 类提供键盘按键的支持，比如 RETURN、F1 和 ALT 等。代码中使用 clear()方法实现输入框数据的清除；使用 send_keys()方法实现文字的输入，Keys.RETURN 为回车键，实现回车功能。如果想实现按钮单击功能，可以使用 click()方法。

6. 执行JavaScript

Selenium 并未提供所有的页面交互操作方法，例如爬虫中用得最多的下拉页面（用于加载更多内容）。不过 Selenium 提供了 execute_script()方法，用于执行 JS，这样我们就可以通过 JS 代码实现这些操作了。

以下代码实现了将苏宁易购的页面向下滚动到底部的功能：

```
from selenium import webdriver
import time
driver = webdriver.Chrome()                    #声明 Chrome 浏览器对象
driver.get("https://www.suning.com/")          #请求页面
time.sleep(5)                                   #等待 5 秒钟
#将进度条下拉到页面底部
driver.execute_script('window.scrollTo(0, document.body.scrollHeight)')
```

首先，导入 time 模块，调用 time.sleep(5)方法等待 5 秒钟，等待 AJAX 请求的数据加载完；然后，调用 driver 的 execute_script()方法执行一段 JS 代码。JS 代码的功能是向下滚动到页面底部。window.scrollTo()实现将页面滚动到任意位置，其两个参数分别设置页面在 x 轴和 y 轴坐标的位置，document.body.scrollHeight 获取整个页面的高度。关于 JS 的详细语法，请参考 http://www.runoob.com/js/js-tutorial.html。

运行程序后，Chrome 浏览器被自动打开，显示苏宁易购页面。几秒钟后页面自动滚动到底部，这时页面就会加载更多的内容，如图 7-4 所示。

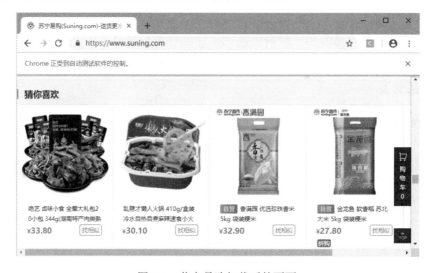

图 7-4　苏宁易购加载后的页面

对爬虫来说，这种自动滚动，加载更多内容的功能具有重要意义。因为我们可以重复执行这个功能，这样就能爬取到更多信息了。

7．等待页面加载完成

现在大多数的 Web 应用使用的是 AJAX 技术。当一个页面被加载到浏览器中时，该页面内的元素可以在不同的时间点被加载，这使得定位元素变得困难。在使用 Selenium 定位元素时，如果元素还未加载，则会抛出 ElementNotVisibleException 异常。这时候，就需要等待一段时间，直到元素加载完成。

Selenium 中跟超时和等待有关的方法主要有以下 3 个：

（1）等待超时。

有些时候，由于网络环境或网站自身的原因，使用 get()方法加载页面时非常耗时，这时程序就会一直等待，严重影响了程序执行效率。

driver 的 set_page_load_timeout()方法用于设置页面完全加载的超时时间。如果加载时长超过这个时间，则会继续往下执行（一般会提示出错）。

```
from selenium import webdriver                    #导入浏览器驱动模块
from selenium.common.exceptions import TimeoutException     #导入异常模块
driver = webdriver.Chrome()                       #声明 Chrome 浏览器对象
driver.set_page_load_timeout(5)                   #设置页面加载的超时时间
try:
    driver.get("https://www.suning.com/")         #请求页面
    #将进度条下拉到页面底部
    driver.execute_script('window.scrollTo(0, document.body.scrollHeight)')
    print(driver.page_source)
except TimeoutException:
    print("time out")
driver.quit()                                     #退出当前驱动并关闭所有关联窗口
```

首先，导入浏览器驱动模块和异常模块；然后，通过 driver 的 set_page_load_timeout() 方法设置超时时间为 5 秒，如果 5 秒后页面还未完全加载，使用 try…except 抛出 Timeout Exception 异常，打印 time out 信息；最后，调用 driver 的 quit()方法退出当前驱动并关闭所有关联窗口。

除了设置超时，Selenium 还提供了两种等待方法，分别为隐式等待和显式等待。

（2）隐式等待。

隐式等待的方法为 implicitly_wait()，用于设定一个数据加载的最长等待时间。

```
from selenium import webdriver
driver = webdriver.Chrome()                       #声明 Chrome 浏览器对象
driver.implicitly_wait(15)                        #隐性等待，最长等 15 秒
driver.get("https://www.suning.com/")             #请求页面
print(driver.page_source)
```

代码中使用 driver.implicitly_wait(15)设定最长等待时间为 15 秒，如果在规定时间内网页全部加载完成（包括所有 JavaScript 和 AJAX 请求数据）就立即执行下一步。隐式等待在整个 driver 周期都起作用，所以只要设置一次即可。

这种方式虽好，但是效率还有待提升。因为页面想要的元素如果早就加载完，但因为个别 JS 之类的执行特别慢，仍然需要等到页面全部完成才能执行下一步。

（3）显式等待。

Selenium 提供的显式等待就解决了隐式等待的问题。显式等待也设定一个最长等待时间，但它关心某个元素是否已加载，如果加载则立即往下执行，如果超时则报错。显性等待使用 Selenium 的 WebDriverWait 类，配合该类的 until()方法，就能够根据判断条件而进行灵活地等待了。

```
from selenium import webdriver                          #导入浏览器驱动模块
from selenium.webdriver.common.by import By             #导入定位方式模块
from selenium.webdriver.support.ui import WebDriverWait   #导入等待模块
from selenium.webdriver.support import expected_conditions as EC
                                                        #导入预期条件模块
from selenium.common.exceptions import TimeoutException   #导入异常模块
driver = webdriver.Chrome()                             #声明 Chrome 浏览器对象
driver.get("https://www.suning.com/")                   #请求页面
try:
    #生成 WebDriverWait 对象，指定最长时间
    input= WebDriverWait(driver, 10).until(
        #设定预期条件
        EC.presence_of_element_located((By.ID, "searchKeywords"))
    )
    print(input)
except TimeoutException:                                #因超时抛出异常
    print("time out!")
finally:
    driver.quit()                                       #退出
```

首先，导入了 5 个模块，WebDriverWait 为等待类，用于设置显式等待；expected_conditions 为预期条件类，用于设置显式等待的条件；TimeoutException 为超时异常类，用于异常时的处理。

然后，生成了 WebDriverWait 对象，指定最长等待时间为 10 秒。再调用它的 until() 方法，传入一个等待预期的条件类 expected_conditions（别名为 EC），这里传入了条件 presence_of_element_located，表示节点出现，其参数是节点的定位元组，即 ID 为 search Keywords 的搜索框。这样做的效果是，程序会每隔 500 毫秒检测一下条件，如果条件成立了（搜索框被加载进来了，即使页面未全部加载完），则返回该节点，执行下一步，否则继续等待，直到超过设置的最长时间 10 秒，然后抛出 TimeoutException 异常。

运行代码，如果网络环境佳就能正常运行，得到的结果为：

```
<selenium.webdriver.remote.webelement.WebElement (session="74a868da6009a
285ae6fb4516d74e159", element="0.6035406847228839-1")>
```

关于等待条件，是通过条件类 expected_conditions 来实现的。可以调用相应的方法实现条件的判断，如节点是否可见、节点是否包含某些文字等。更多等待条件的参数及用法，可以参考官方文档 http://selenium-python.readthedocs.io/api.html#module-selenium.webdriver. support.expected_conditions。

更多的 Selenium 相关内容，请参考如下网站：

● 官方网站：http://www.seleniumhq.org；
● GitHub：https://github.com/SeleniumHQ/selenium/tree/master/py；
● PyPI：https://pypi.python.org/pypi/selenium；
● 官方文档：http://selenium-python.readthedocs.io；
● 中文文档：http://selenium-python-zh.readthedocs.io。

7.2　项目案例：爬取今日头条热点新闻

今日头条是一款基于数据挖掘的推荐引擎产品，根据用户的习惯和喜好，为用户推荐最感兴趣的信息。本项目实现爬取今日头条中的热点新闻信息。

7.2.1　项目需求

今日头条热点新闻的页面如图 7-5 所示，网址为 https://www.toutiao.com/ch/news_hot/。页面默认显示 20 条热点新闻信息，将页面拉到最底端，会再加载 20 条信息。因此，如果想要查看更多热点新闻，就必须不断下拉页面。本项目希望使用网络爬虫技术，将尽量多的热点新闻爬取下来保存于 CSV 文件中。爬取的字段有：新闻标题、新闻来源和评论数。

图 7-5　今日头条热点新闻页面

7.2.2　技术分析

结合页面的特点，再通过 Chrome 浏览器的"开发者工具"，不难看出，热点新闻的内容是通过 AJAX 来加载的。每加载一批新闻内容，就会调用一次接口，接口地址类似于 https://www.toutiao.com/api/pc/feed/?category=news_hot&utm_source=toutiao&widen=1&max_behot_time=1540020941&max_behot_time_tmp=1540020941&tadrequire=true&as=A1053BECEA3E129&cp=5BCABE1102291E1&_signature=GisfRwAAQeWwBF.HT-X9tRorH1。这个地址看着太复杂了，毫无规律可言，应该做过加密，而且还加入了时间戳，具有时效性，

地址很快会失效。因此使用 Selenium 应该是最佳选择。

在使用 Selenium 的过程中，我们驱动的都是 Chrome、FireFox 等有界面的浏览器，效率较低。对爬虫来说，只要能高效地获取数据，有无界面根本无关紧要，因此本项目选择使用无界面的浏览器 PhantomJS。PhantomJS 是一个基于 Webkit 的无界面（headless）浏览器，它除了没有界面，其他功能跟普通浏览器是一样的。也正因为没有界面，运行效率比普通浏览器要高。

关于爬虫框架，肯定是选择 Scrapy 了。我们都知道，正常情况下，Scrapy 是通过 Request 向目标网站发送 HTTP 请求，而 Selenium 有自己的一套请求方式（driver 的 get() 方法）。因此，Scrapy 就需要中途拦截 Request 请求，阻止下载器下载页面，转而使用 Selenium 请求并下载页面。具体如何操作呢？再来回顾一下 Scrapy 通过 HTTP 请求下载网页的过程，如图 7-6 所示。

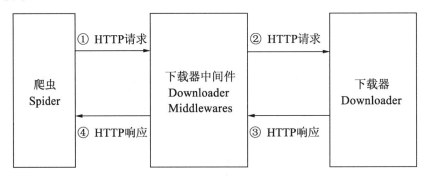

图 7-6　HTTP 请求下载网页流程

简单来说，爬虫生成 HTTP 请求后，通过下载器中间件（Downloader Middlewares）将请求发送给下载器，下载器下载页面后，再将 HTTP 的响应通过下载器中间件发送给爬虫。可见，下载器中间件对请求和响应起到了传递的作用。因此，拦截 HTTP 请求，以及使用 Selenium 实现页面下载的功能就可以在下载器中间件中实现了，如图 7-7 所示。

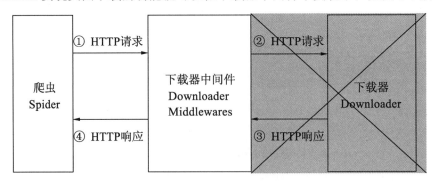

图 7-7　本项目执行流程

综上所述，本项目使用 Scrapy+Selenium+PhantomJS 来实现今日头条热点新闻信息的爬取。

7.2.3　代码实现及解析

1. 准备工作

项目开始前，要保证必要的环境已经成功搭建。主要有 Selenium 和 PhantomJS。

（1）使用 pip 安装 Selenium。

```
>pip install selenium
```

（2）下载 PhantomJS 驱动并配置环境。

进入 PhantomJS 官方网站（http://phantomjs.org/download.html），下载与操作系统相匹配的驱动。解压下载的压缩包，将文件夹 bin 里的 phantomjs.exe 文件放到 Anaconda3 的 Scripts 目录下，这样环境就配置好了。笔者是放在 C:\Anaconda3\Scripts 下。

2. 创建Scrapy项目

创建一个名为 toutiao 的 Scrapy 项目。

```
>scrapy startproject toutiao
```

3. 使用Item封装数据

打开项目 toutiao 中的 items.py 源文件，添加新闻字段，实现代码如下：

```
import scrapy
class ToutiaoItem(scrapy.Item):
    title = scrapy.Field()                      #标题
    source = scrapy.Field()                     #来源
    comment = scrapy.Field()                    #评论数
```

4. 创建Spider源文件及Spider类

在 Spiders 文件夹中新建 toutiao_spider.py 文件。在 toutiao_spider.py 中创建爬虫类 ToutiaoSpider，实现代码如下：

```
from scrapy import Request
from scrapy.spiders import Spider
from toutiao.items import ToutiaoItem          #导入 Item 模块
from selenium import webdriver                 #导入浏览器引擎模块
class ToutiaoSpider(Spider):
    #定义爬虫名称
    name = 'toutiao'
    #构造函数
    def __init__(self):
        #生成 PhantomJS 的对象 driver
        self.driver = webdriver.PhantomJS()
```

```
                                                          #获取初始 Request
def start_requests(self):
    url = "https://www.toutiao.com/ch/news_hot/"
    #生成请求对象，设置 url
    yield Request(url)
# 数据解析方法
def parse(self, response):
    pass
```

首先，导入必要的模块；接着，定义 ToutiaoSpider 类，类中定义了 3 个方法：

（1）__init__()：构造函数中生成了 PhantomJS 的对象 driver。

（2）start_requests()：生成初始 Request 对象，虽然会被拦截，还是需要这一步。

（3）parse()：数据解析功能暂不实现。

5．实现下载器中间件

在新建项目时，自动生成了一个 middlewares.py 的源文件，叫做中间件。中间件包含爬虫中间件和下载器中间件，分别对应源文件中的 ToutiaoSpiderMiddleware 类和 ToutiaoDownloaderMiddleware 类。下面就在 ToutiaoDownloaderMiddleware 类中实现使用 Selenium 请求和下载页面。

以下为 ToutiaoDownloaderMiddleware 类实现的代码：

```
import time                                              #时间模块
from scrapy.http import HtmlResponse                     #html 响应模块
from selenium.webdriver.common.by import By              #By 模块
from selenium.webdriver.support.wait import WebDriverWait #等待模块
from selenium.webdriver.support import expected_conditions as EC
                                                         #预期条件模块
#异常模块
from selenium.common.exceptions import TimeoutException, NoSuchElement
Exception class ToutiaoDownloaderMiddleware(object):
    def process_request(self, request, spider):
        #判断 name 是 toutiao 的爬虫
        if spider.name == "toutiao":
            #打开 URL 对应的页面
            spider.driver.get(request.url)
            try:
                #设置显式等待，最长等待 5 秒
                wait = WebDriverWait(spider.driver, 5)
                #等待新闻列表容器加载完成
                wait.until(EC.presence_of_element_located(
                    (By.XPATH,"//div[@class='wcommonFeed']")))
                # 使用 JS 的 scrollTo 方法实现将页面向下滚动到中间
                spider.driver.execute_script('window.scrollTo(0, document.
                body.scrollHeight/2)')
                for i in range(10):
                    time.sleep(5)
                    # 使用 JS 的 scrollTo 方法将页面滚动到最底端
                    spider.driver.execute_script('window.scrollTo(0, document.
```

```
                    body.scrollHeight)')
            #获取加载完成的页面源代码
            origin_code = spider.driver.page_source
            # 将源代码构造成为一个 Response 对象并返回
            res = HtmlResponse(url=request.url, encoding='utf8', body=
            origin_code, request=request)
            return res
        except TimeoutException:                       #超时
            print("time out")
        except NoSuchElementException:                 #无此元素
            print("no such element")
    return None
```

首先导入必要的模块，有时间模块、响应模块、By 模块、等待模块、预期条件模块和异常模块。

ToutiaoDownloaderMiddleware 类中的 process_request(self, request, spider)方法专门用于处理从爬虫发送过来的 HTTP 请求，共有两个参数：参数 request 传递 HTTP 请求对象；参数 spider 传递爬虫对象（一个项目可以有多个爬虫）。所有的功能都是在该方法中实现。

在方法 process_request()中，首先，通过 spider.name== toutiao 来确定要处理的请求是从名为 toutiao 的爬虫处传递的；然后，通过 driver 的 get()方法实现使用 Selenium 获取指定的 URL 页面，并通过 WebDriverWait()方法设置最长等待时间，等待新闻列表的 div 容器加载完成；接着，使用 driver 的 execute_script()方法执行 JS 命令，将页面滚动到中间（经过尝试，发现第一次如果滚动到底部，无法加载更多内容）；再每隔 5 秒钟，将页面滚动到最底部（重复 10 次），这样页面就会不断加载更多新闻内容；最后，通过 driver.page_source()方法获取加载完整的页面文档构造一个 Response 对象，返回给爬虫。

6．开启下载器中间件

下载器中间件默认关闭，需要手动开启。在 settings.py 中将对应的注释放开即可，代码如下：

```
# Enable or disable downloader middlewares
# See https://doc.scrapy.org/en/latest/topics/downloader-middleware.html
DOWNLOADER_MIDDLEWARES = {
    'toutiao.middlewares.ToutiaoDownloaderMiddleware': 543,
}
```

7．解析数据

下载器中间件构造一个 Response 对象后，将其发送给 ToutiaoSpider 爬虫类的 parse()方法，实现数据的解析。再回到 ToutiaoSpider 类，完成 parse()方法。parse()方法的实现代码如下：

```
# 数据解析方法
def parse(self, response):
    item = ToutiaoItem()
```

```
list_selector = response.xpath("//div[@class='wcommonFeed']/ul/li")
for li in list_selector:
    try:
        #标题
        title = li.xpath(".//a[@class='link title']/text()").extract()
        #去除空格
        title = title[0].strip(" ")
        #来源
        source = li.xpath(".//a[@class='lbtn source']/text()").extract()
        #去除点号和全角空格
        source = source[0].strip("·").strip(" ")
        #评论数
        comment = li.xpath(".//a[@class='lbtn comment']/text()")
        #去除文字及空格
        comment = comment.re("(.*?)评论")[0]
        comment = "".join(comment.split())        #去除空格:  
        item["title"] = title                      #标题
        item["source"] = source                    #来源
        item["comment"] = comment                  #评论数
        yield item
    except:
        continue
```

在 Chrome 浏览器的"开发者工具"中的 Elements 选项卡中，显示的就是加载完全的 HTML 代码（包括 AJAX 加载的数据），如图 7-8 所示。通过对 HTML 代码的分析，就能很容易地实现数据解析了。

图 7-8　Chrome 浏览器中的"开发者工具"

8．运行爬虫

通过命令运行爬虫，将数据保存于 toutiao.csv 文件中。

```
>scrapy crawl toutiao -o toutiao.csv
```

打开文件，显示获取到了 111 条数据，如图 7-9 所示。

	A	B	C
1	comment	source	title
2	10	海外网	个税专项附加扣除办法征求意见 月入2万可减税超7成
3	2722	界面新闻	天猫公布双十一玩法：10月20日预售开始，今年玩法更简单
4	650	人民网	哈尔滨警方撤销"的哥过失致人死亡案"立案
5	23	经济日报	什么芯片，让李克强摘下眼镜端详了这么久？
6	293	中国经济网	现场惨烈！印度火车冲进人群 已致至少59人死亡
7	154	环球网	日媒终于认清现实：日本所助力的印度高铁梦与现实存落差
8	2590	南方周末	芳华已逝：空政、海政等各军兵种文工团正式退役
9	32	中国经济网	特朗普中期选举后将被弹劾？这事可能真要实现了
10	85	澎湃新闻	吉利声明否认"黑"长城，车市寒冬中自主车企齐呼遇"网黑"

图 7-9　生成的 toutiao.csv 文件

9. 注意事项

（1）settings.py 中，将 ROBOTSTXT_OBEY 设置为 False。

（2）受网络环境等多种因素的影响，可能会导致爬虫失败。可以修改等待时间，再次尝试。

7.3　Splash 实现动态页面爬取

Selenium 极大地方便了动态页面的数据提取，但是它需要操作浏览器，无法实现异步和大规模页面的爬取需求。使用 Splash 就可以解决上述问题。

7.3.1　Splash 介绍

Splash 是一个 Scrapy 官方推荐的 JavaScript 渲染服务，是一个带有 HTTP API 的轻量级浏览器，同时它对接了 Python 中的 Twisted 和 QT 库。利用它，我们同样可以实现动态渲染页面的抓取。

Splash 支持以下功能：

- 异步方式并行处理多个网页的渲染过程。
- 获取渲染后的 HTML 源代码或屏幕截图。
- 通过关闭图片渲染或者使用 Adblock 规则来加快页面渲染速度。
- 可执行特定的 JavaScript 脚本。
- 可通过 Lua 脚本来控制页面的渲染过程。
- 获取渲染的详细过程并通过 HAR（HTTP Archive）格式呈现。

在使用 Splash 前，需要安装以下 3 个工具或模块。

- Splash：一个 JavaScript 的渲染服务，带有 HTTP API 的轻量级 Web 浏览器。
- Docker：一种容器引擎，Splash 需要在 Docker 中安装和运行。
- Scrapy-Splash：实现 Scrapy 中使用 Splash 的模块。

7.3.2　Splash 环境搭建

由于 Splash 需要在 Docker 中安装和运行，所以要先安装 Docker，再在 Docker 中安装 Splash。先来简单了解一下什么是 Docker。

1．Docker介绍

Docker 是一个开源的容器引擎。它可以将应用、依赖包和环境打包，移植到 Docker 容器中，然后发布到任何支持 Docker 环境的系统中。这极大地方便了应用程序的构建和部署。

2．下载和安装Docker

以 Windows 下安装 Docker 为例。不同的 Windows 版本，Docker 的安装包不一样，主要分为两种：

（1）Windows 10 专业版及企业版 64 位：下载 Docker for Windows。官方下载地址为 https://store.docker.com/editions/community/docker-ce-desktop-windows。

（2）其他 Windows 版本：下载 Docker toolbox。这是一个 Docker 工具集。官方下载地址为 https://docs.docker.com/toolbox/overview/#ready-to-get-started。国内可以使用阿里云的镜像来下载，下载地址为 http://mirrors.aliyun.com/docker-toolbox/windows/docker-toolbox/。

关于 Linux 和 Mac OS 下的 Docker 安装及使用，官方网站都有详细的教程，地址为 https://docs.docker.com/，读者也可以参考菜鸟网络，地址为 http://www.runoob.com/docker/windows-docker-install.html，本书不再详述。

3．运行Docker

Docker 安装完后，运行 Docker。如图 7-10 是 Windows 下 Docker toolbox 的启动界面，第一次因为要做一些基本设置，因此启动时间相对较长。

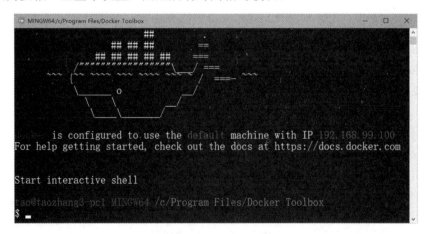

图 7-10　Docker 运行界面

由图 7-10 可知，Docker 默认分配的 IP 地址为 192.168.99.100。

如果安装的是 Docker for Windows，第一次启动时，显示如图 7-11 左图所示的登录界面。输入用户名和密码，登录 Docker 后，如果出现如图 7-11 右图所示的提示，说明 Docker 正在运行。

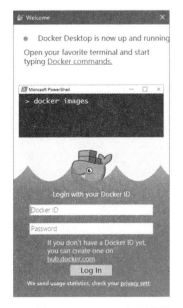

图 7-11　Docker 登录界面（左图）及已启动标志（右图）

4．拉取和开启Splash

在图 7-10 中输入如下命令，就可以拉取 Splash 镜像了：

```
>docker pull scrapinghub/splash
```

下载完成后，得到如图 7-12 所示的页面。

```
MINGW64:/c/Program Files/Docker Toolbox                    —    □    ×
$ docker pull scrapinghub/splash
Using default tag: latest
latest: Pulling from scrapinghub/splash
1be7f2b886e8: Pull complete
6fbc4a21b806: Pull complete
c71a6f8e1378: Pull complete
4be3072e5a37: Pull complete
06c6d2f59700: Pull complete
16259f7c35ad: Pull complete
efb2fb9620cf: Pull complete
31e4491cc70e: Pull complete
Digest: sha256:f768f56cc261d1087072ed4ae4c30dc52672d1244ffe179ba43a
db6c5e9c430b: Extracting      283MB/393.1MB
Status: Downloaded newer image for scrapinghub/splash:latest

tao@taozhang3-pc1 MINGW64 /c/Program Files/Docker Toolbox
$
```

图 7-12　在 Docker 中下载 Splash

再输入如下命令，在本机的 8050 端口开启 Splash 服务：

```
>docker run -p 8050:8050 scrapinghub/splash
```

Splash 成功开启后，得到如下结果：

```
$ docker run -p 8050:8050 scrapinghub/splash
[-] Log opened.
[-] Splash version: 3.2
[-] Qt 5.9.1, PyQt 5.9, WebKit 602.1, sip 4.19.3, Twisted 16.1.1, Lua 5.2
[-] Python 3.5.2 (default, Nov 23 2017, 16:37:01) [GCC 5.4.0 20160609]
[-] Open files limit: 1048576
[-] Can't bump open files limit
[-] Xvfb is started: ['Xvfb', ':1205334319', '-screen', '0', '1024x768x24',
'-nolisten', 'tcp']
QStandardPaths: XDG_RUNTIME_DIR not set, defaulting to '/tmp/runtime-root'
[-] proxy profiles support is enabled, proxy profiles path: /etc/splash/
proxy-profiles
[-] verbosity=1
[-] slots=50
[-] argument_cache_max_entries=500
[-] Web UI: enabled, Lua: enabled (sandbox: enabled)
[-] Server listening on 0.0.0.0:8050
[-] Site starting on 8050
[-] Starting factory <twisted.web.server.Site object at 0x7fd6324957f0>
```

如果安装的是 Docker for Windows，拉取和开启 Splash 镜像都是在控制台中完成的。拉取和开启 Splash 镜像命令和上面一致，而默认分配的 IP 地址为 127.0.0.1。

5. 查看Splash服务启动情况

服务启动后，打开浏览器，输入 http://192.168.199.100:8050（Docker for Windows 是 http://localhost:8050），回车，查看服务启动情况，如图 7-13 所示。

图 7-13　在浏览器中查看服务启动情况

在图 7-13 右图的输入框中输入 www.baidu.com，单击 Render me! 按钮。通过 Splash 的渲染后，得到如图 7-14 和图 7-15 所示的渲染结果。

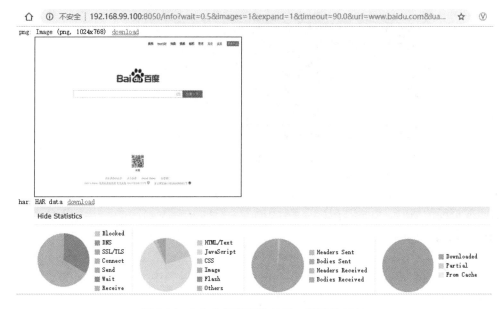

图 7-14　Splash 渲染后的结果—截图及 HAR

图 7-15　Splash 渲染后的结果—网页源代码

由图 7-14 和图 7-15 可知，渲染后得到的结果有渲染截图、HAR 加载统计数据及网页的源代码。

通过 HAR 的结果可以看到，Splash 执行了整个网页的渲染过程，包括 CSS、JavaScript 的加载等过程，呈现的页面和我们在浏览器中得到的结果完全一致。

对爬虫来说，最感兴趣的应该是渲染后的网页源代码了（图 7-15 所示部分）。那么这个过程是如何实现的呢？回到页面顶端，发现有一段脚本，如图 7-16 所示。Splash 就是执行这段脚本实现页面渲染的功能。

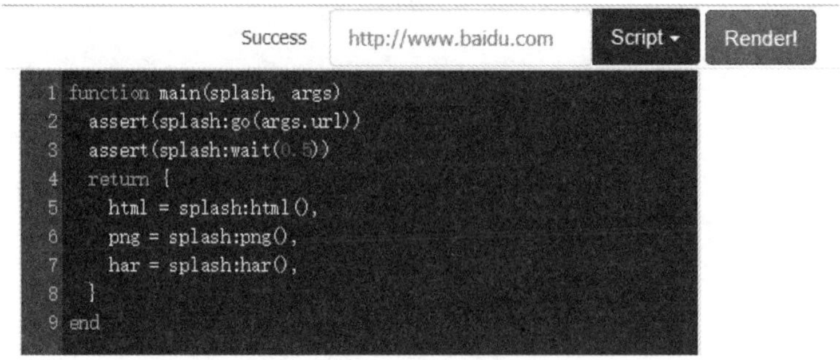

图 7-16　渲染页面的脚本

这是一个用 Lua 语言编写的脚本。Splash 正是通过 Lua 脚本来执行一系列的渲染操作，从而实现页面的抓取。Lua 是用标准的 C 语言编写的，它跟 C 语言一样，入口函数也是 main()函数。在 main()函数中，第一个参数是 splash，它类似于 Selenium 的 WebDriver 对象，通过调用此对象的一些属性和方法就可以控制浏览器；第二个参数是 args，通过它可以获取加载时的配置参数，比如 URL。另外，在 main()函数中，使用 return 来返回一个字典或者字符串，最后会转化为 Splash 的 HTTP Response 对象。

在图 7-16 展示的 Lua 脚本中，首先，使用 splash 的 go()方法加载页面（assert()是错误处理函数）；然后，使用 splash 的 wait()方法等待了 0.5 秒；接着，使用 splash 的 html()方法和 png()方法返回页面源码和页面截图；最后，使用 splash 的 har()方法返回 HAR 信息。splash 对象的属性和方法还有很多，下一节会重点讲解。

6．Scrapy-Splash的安装

Splash 成功安装后，最后就要安装 Splash 对应的 Python 库了，命令如下：

```
>pip install scrapy-splash
```

7.3.3　Splash 模块介绍

通过调用 Splash 模块的属性和方法，可以获取相关数据，控制爬虫执行的过程。下面按照功能划分，来了解一下 Splash 模块的属性和方法。

1．导航（Navigation）

（1）splash:go()方法

splash:go()方法用于请求某个连接，类似于 Scrapy 的 Request 请求。用法如下：

```
ok, reason = splash:go{url, baseurl=nil, headers=nil, http_method="GET",
body=nil, formdata=nil}
```

参数说明如下：

- url：请求的 URL。
- baseurl：基本 URL，可选项，默认为空。该参数设定时，浏览器的地址栏中只会显示基本 URL 地址。
- headers：请求头，可选项，默认为空。
- http_method：请求方法，默认为 GET，也支持 POST 方法。
- body：请求体，用于 POST 请求，可选项，默认为空。
- formdata：表单数据，可选项，默认为空。在 headers 中要将 content-type 设置为 application/x-www-form-urlencoded。

splash:go()方法返回两个值 ok 和 reason。如果 ok 为空，说明页面加载错误，错误原因存储于 reason 中。

（2）splash:set_user_agent()方法

splash:set_user_agent()方法用于设置请求头中的 User-Agent。

（3）splash:init_cookies()、splash:add_cookie()、splash:get_cookies()、splash:clear_cookies()和 splash:delete_cookies()这几种方法，都是用于对 Cookie 的操作。分别对 Cookie 执行初始化、新增、获取、清除和删除操作。

2．延迟（Delays）

（1）splash:wait()方法

splash:wait()方法用于设置页面的等待时间。使用方法如下：

```
ok, reason = splash:wait{time, cancel_on_redirect=false, cancel_on_
error=true}
```

参数说明如下：

- time：等待时间，单位为秒。
- cancel_on_redirect：可选项，默认为 false。true 表示如果发生重定向就停止等待，并返回 nil 和 redirect。
- cancel_on_error：可选项，默认为 true，表示如果发生错误就停止等待，并返回 nil 和错误内容。

下面的例子实现了在页面加载后，等待 0.5 秒，再获取 HTML 源码：

```
function main(splash)
    splash:go("http://example.com")
    splash:wait(0.5)
    return {html=splash:html()}
end
```

（2）splash:call_later ()方法

splash:call_later ()方法会在给定的延迟时间后调用回调函数。使用方法如下：

```
timer = splash:call_later(callback, delay)
```

参数说明如下：

● callback：回调函数。

● delay：延迟时间，单位为秒。

下面的例子实现了在京东页面加载后的 1 秒和 3 秒时，各获取一次页面截图：

```
function main(splash, args)
  local snapshots = {}
  local timer = splash:call_later(function()
    snapshots["a"] = splash:jpeg()
    splash:wait(2.0)
    snapshots["b"] = splash:jpeg()
  end, 1.0)
  assert(splash:go("https://www.jd.com/"))
  splash:wait(3.0)

  return snapshots
end
```

得到的结果如图 7-17 所示：

图 7-17　加载 1 秒和 3 秒时的截图

3. 从页面中提取信息（Extracting information from a page）

（1）splash:html()方法

splash:html()方法用于获取 HTML 页面源码，示例代码如下：

```
function main(splash,args)
  assert(splash:go("http://example.com"))
```

```
    return splash:html()
end
```

（2）splash:url()方法

splash:url()方法用于获取当前正在访问的 URL，示例代码如下：

```
function main(splash,args)
    assert(splash:go("http://example.com"))
    return splash:url()
end
```

运行得到的结果为：

```
Splash Response: "http://example.com/"
```

（3）splash:evaljs()方法

splash:evaljs()方法用于执行 JavaScript 代码并返回最后一条 JS 语句返回的结果。下面的代码实现了页面标题的获取：

```
local title = splash:evaljs("document.title")
```

（4）splash:select()和 splash:select_all()方法

splash:select()和 splash:select_all()方法用于选中与指定的 CSS 匹配的 HTML 元素。不同的是，select()方法只得到第一个匹配的元素；而 select_all()方法得到了所有匹配的元素，存放于列表中。

4．截图（Screenshots）

（1）splash:png()方法

splash:png()方法用于获取 PNG 格式的网页截图。用法如下：

```
png = splash:png{width=nil, height=nil, render_all=false, scale_method=
'raster', region=nil}
```

参数说明如下：

- width：可选，截取的页面宽度（以像素为单位）。
- height：可选，截取的页面高度（以像素为单位）。
- render_all：可选，如果为 true，则渲染整个网页。
- scale_method：可选，调整图像大小时使用的方法，'raster' 或'vector'。
- region：可选的裁剪矩形坐标。可以设 left、top、right 和 bottom。

如果不设任何参数，splash:png()方法会获取整个页面的截图，实现代码如下：

```
function main(splash,args)
    assert(splash:go("http://example.com"))
    return splash:png()
end
```

（2）splash:jpeg()方法

splash:jpeg()方法用于获取 JPEG 格式的网页截图，用法如下：

```
jpeg = splash:jpeg(width=nil, height=nil, render_all=false, scale_method=
'raster', quality=75, region=nil)
```

splash:jpeg()方法仅比 png()方法多了一个参数 quality，表示 JPEG 图像的质量，范围为 0 到整数 100，值越大质量越高。

5．网络相关

splash:har()方法：用来获取页面加载过程描述。示例代码如下：

```
function main(splash)
    assert(splash:go("https://www.baidu.com"))
    return {har=splash:har()}
end
```

6．页面交互（Interacting with a page）

（1）splash:runjs()方法

splash:runjs()方法与 evaljs()方法类似，也用于在页面中执行 JavaScript 代码。不过 runjs()方法更多地用于执行某些动作或声明某些方法。下面的代码实现将文档的标题设置为 hello：

```
assert(splash:runjs("document.title = 'hello';"))
```

（2）splash:mouse_click()方法

splash:mouse_click()方法实现在网页中触发鼠标单击事件，示例代码如下：

```
local button = splash:select('button')
button:mouse_click()
```

另外，跟鼠标相关的触发事件还有以下几种方法：

- splash:mouse_hover()：鼠标悬停事件；
- splash:mouse_press()：鼠标按下事件；
- splash:mouse_release()：鼠标释放事件。

（3）splash:send_keys()和 splash:send_text()方法

send_keys()方法实现在网页中触发键盘事件，传递的参数为键盘发送的键的字符串；send_text()方法实现将文字输入到输入框等控件中。以下代码实现表单的填写及提交功能：

```
function main(splash)
    assert(splash:go(splash.args.url))
    assert(splash:wait(0.5))
    splash:send_keys("<Tab>")
    splash:send_text("zero cool")
    splash:send_keys("<Tab>")
    splash:send_text("hunter2")
    splash:send_keys("<Return>")
end
```

7．HTTP请求（Making HTTP requests）

（1）splash:http_get()方法

splash:http_get()方法实现发送 HTTP GET 请求并返回响应，用法如下：

```
response = splash:http_get{url, headers=nil, follow_redirects=true}
```

参数说明如下：

- url：请求的 URL。
- headers：可选项，默认为空，请求头。
- follow_redirects：可选项，表示是否支持自动重定向，默认为 True（支持）。

（2）splash:http_post()方法

splash:http_post()方法实现发送 HTTP POST 请求并返回响应，用法如下：

```
response = splash:http_post{url, headers=nil, follow_redirects=true,
body=nil}
```

参数说明如下：

- url：请求的 URL。
- headers：可选项，默认为空，请求头。
- follow_redirects：可选项，表示是否支持自动重定向，默认为 True（支持）。
- body：请求体，一般是表单数据。

8.　浏览相关的属性（Browsing Options）

Splash 对象还包含跟浏览相关的属性，主要有：

（1）splash.js_enabled 属性

设置是否可执行 JavaScript 代码。true 表示允许（默认值），false 表示禁止。

（2）splash.private_mode_enabled 属性

设置是否允许私有模式。true 表示允许（默认值），false 表示禁止。

（3）splash.images_enabled 属性

设置图片是否可加载。true 表示允许（默认值），false 表示禁止，示例代码如下：

```
function main(splash, args)
  splash.images_enabled = false
  assert(splash:go("https://www.baidu.com"))
  return {png=splash:png()}
end
```

（4）splash.plugins_enabled 属性

设置是否启用浏览器插件（如 Flash）。true 表示启用，false 表示禁用（默认值）。

（5）splash.resource_timeout 属性

设置加载的超时时间，单位是秒。如果设置为 0 或 nil，表示不检测超时。以下代码实现了如果超过 10 秒，则终止对百度的访问。

```
function main(splash)
   splash.resource_timeout = 10.0
   assert(splash:go("https://www.baidu.com"))
   return splash:png()
end
```

（6）splash.html5_media_enabled 属性

设置是否启用 HTML 5 媒体（包括视频和音频）。true 表示启用，false 表示禁用（默认值）。

（7）splash.media_source_enabled 属性

设置是否启用媒体源。true 表示启用（默认值），false 表示禁用。

更多关于 Splash 模块的属性和方法,请参考 Splash 官方说明文档,网址为 https://splash. readthedocs.io/en/latest/index.html。

7.4　项目案例：爬取一号店中的 iPhone 手机信息

1 号店是国内首家网上超市，上线于 2008 年 7 月 11 日，提供休闲零食、母婴玩具、进口食品、家电家居、手机电脑等各个品类的优质商品。本项目使用 Splash，实现一号店中 iPhone 手机信息的爬取功能。

7.4.1　项目需求

1 号店的首页如图 7-18 所示，网址为 http://www.yhd.com/。在页面的搜索栏中输入 iphone，回车，就会跳转到 iPhone 手机的商品销售页面，网址为 http://search.yhd.com/ c0-0/kiphone/，如图 7-19 所示。页面默认显示 30 条手机信息，将页面往下拉，会不断加载更多的手机信息，一页最多有 60 个 iPhone 手机的商品信息。本项目希望使用 Splash，将尽量多的 iPhone 商品销售信息爬取下来并保存于 CSV 文件中。爬取的字段有：商品标题、价格、好评率和店铺名称。

图 7-18　一号店首页

图 7-19　iPhone 手机销售页面

7.4.2　技术分析

要想使用 Scrapy 访问 Splash 服务，操作并获取渲染后的页面，需要解决两个技术问题。

1．页面操作

Selenium 使用 WebDriver 对象（浏览器的驱动）来控制页面的加载过程，如设置等待时间、执行 JS 脚本、获取加载后的页面等。而 Splash 中使用 Splash 对象来控制页面的加载过程。来看一个例子：为了加载更多的 iPhone 手机数据，需要将 1 号店手机页面滚动到底部。先在浏览器中编写代码，测试运行结果，如图 7-20 所示。

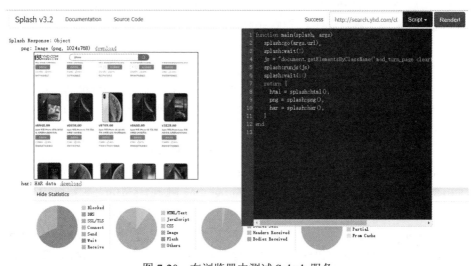

图 7-20　在浏览器中测试 Splash 服务

首先在图 7-20 右图的 URL 输入框中输入网址 http://search.yhd.com/c0-0/kiphone/；再在 Script 文本中输入如下代码，单击 Render! 按钮，得到如图 7-20 所示的结果。

```
function main(splash, args)
  splash:go(args.url)
  splash:wait(3)
  js = "document.getElementsById('turnPageBottom')[0].scrollIntoView(true)"
  splash:runjs(js)
  splash:wait(10)
  return {
    html = splash:html(),
    png = splash:png(),
    har = splash:har(),
  }
end
```

以上是一个 Lua 语言编写的脚本，通过代码可知，所有的功能都是通过调用 splash 的方法实现的。下面来看一下这些方法，如表 7-1 所示。

表 7-1　splash方法及说明

	splash方法	方　法　说　明
1	go	请求某个链接，可以模拟GET和POST请求，同时支持传入请求头、表单等数据
2	wait	设定页面的等待时间，单位为秒
3	runjs	执行JavaScript代码，参数为一段JavaScript代码
4	html	获取网页的源代码
5	jpeg、png	获取JPGE和PNG格式的网页截图
6	har	获取页面加载过程描述
7	select	选中符合条件的第一个节点，其参数是CSS选择器
8	mouse_click	模拟鼠标单击操作

另外，代码的变量 JS 中是一段 JavaScript 代码的字符串，通过 getElementsByClassName 定位到页面最底部分页的 div 容器，再通过 scrollIntoView 将分页容器滚动到浏览器窗口的可视区域内，实现了将页面下拉到底部的功能。

2．HTTP请求

我们都知道，Scrapy 使用 Request 实现 HTTP 请求，而 scrapy-splash 库中的 Splash Request，可以实现面向 Splash 的 HTTP 请求，它使得访问 Splash 更加简单。下面就来看一下 SplashRequest 类中常用的参数。

- url：与 scrapy.Request 中的 url 相同，也就是待爬取页面的 url。
- callback：与 scrapy.Request 中的 callback 相同，指定页面解析的回调函数。
- args：传递给 Splash 的参数，如 lua_source（lua 脚本）、wait（等待时间）、timeout（超时时间）、images（是否禁止加载图片，0 表示禁止，1 表示不禁止）等。
- cache_args：有时 args 中的一些参数会多次调用重复传递（如 lua_source 中 lua 脚本），为了提高运行效率，可以将这些参数保存于 cache_args 中，让 Splash 服务器缓存该参数。

- endpoint：Splash 服务端点，默认为'render.html'，即 JS 页面渲染服务。该参数还可以设置为'render.json'、'render.har'、'render.png'、'render.jpeg'和'execute'等。
- splash_url：Splash 服务器地址，默认为 None，即使用 settings.py 配置文件中的 SPLASH_URL = 'http://192.168.99.100:8050'。

更多关于 scrapy-splash 的知识，请参考以下网址：

- scrapy-splash 使用教程：https://pypi.org/project/scrapy-splash/；
- scrapy-splash 介绍：https://www.jianshu.com/p/a99d25de7b77。

7.4.3 代码实现及解析

1．准备工作

项目开始前，要保证必要的环境已成功搭建。详见 7.3.2 节的 Splash 环境搭建。

2．创建Scrapy项目

创建一个名为 yihaodian 的 Scrapy 项目。

```
>scrapy startproject yihaodian
```

3．配置scrapy-splash环境

在项目配置文件 settings.py 中，需要配置 scrapy-splash，配置内容如下：

```
ROBOTSTXT_OBEY = False

#设置 Splash 服务器地址
SPLASH_URL = 'http://192.168.99.100:8050'

# 设置去重过滤器
DUPEFILTER_CLASS = 'scrapy_splash.SplashAwareDupeFilter'
#设置缓存
HTTPCACHE_STORAGE = 'scrapy_splash.SplashAwareFSCacheStorage'

#支持 cache_args（可选）
SPIDER_MIDDLEWARES = {
    'scrapy_splash.SplashDeduplicateArgsMiddleware': 100,
}

#开启 Splash 的两个下载器中间件并调整 HttpCompressionMiddleware 的次序
DOWNLOADER_MIDDLEWARES = {
    #将 splash middleware 添加到 DOWNLOADER_MIDDLEWARE 中
    'scrapy_splash.SplashCookiesMiddleware': 723,
    'scrapy_splash.SplashMiddleware': 725,
    'scrapy.downloadermiddlewares.httpcompression.HttpCompressionMiddle
ware': 810,
}
```

4. 使用Item封装数据

打开项目 yihaodian 中的 items.py 源文件，添加商品信息字段，实现代码如下：

```
import scrapy
class YihaodianItem(scrapy.Item):
    price = scrapy.Field()                          #价格
    title = scrapy.Field()                          #标题
    positiveRatio = scrapy.Field()                  #好评率
    storeName = scrapy.Field()                      #店铺名称
```

5. 创建Spider文件及Spider类

在 Spiders 文件夹中新建 iphone_spider.py 文件，在 iphone_spider.py 中创建爬虫类 Phone Spider，实现代码如下：

```
from scrapy import Request
from scrapy.spiders import Spider
from yihaodian.items import YihaodianItem           #导入 Item 模块
from scrapy_splash import SplashRequest        #导入 SplashRequest 模块
# splash lua script
lua_script = """
    function main(splash, args)
        splash:go(args.url)
        splash:wait(args.wait)
        splash:runjs("document.getElementsByClassName('mod_turn_page
        clearfix mt20')[0].scrollIntoView(true)")
        splash:wait(args.wait)
        return splash:html()
    end
    """
class PhoneSpider(Spider):
    name = 'iphone'                                 #定义爬虫名称
    url = 'http://search.yhd.com/c0-0/kiphone/'     #URL 地址
    #获取初始 Request
    def start_requests(self):
        yield SplashRequest(self.url,               #URL 地址
                    callback=self.parse,            #回调函数
                    endpoint='execute', #Splash 服务接口，执行 lua 脚本
                    args={'lua_source':lua_script,#lua source,
                        'images':0,                 #不显示图片
                        'wait':3},                  #等待时间
                    cache_args=['lua_source'])      #缓存
    # 数据解析
    def parse(self, response):
        item = YihaodianItem()                      #定义 Item 对象
        list_selector = response.xpath("//div[@class='itemBox']")
        for one_selector in list_selector:
            try:
                #价格
```

```
        price = one_selector.xpath(".//em[@class='num']/text()").
        extract()[-1]
        #去掉两边的换行符和空格等
        price = price.strip("\n\t")
        #标题
        title = one_selector.xpath("p[@class='proName clearfix']/a/
        text()").extract()[-1]
        #去掉两边的换行符和空格等
        title = title.strip("\n\t    \t")
        #好评率
        positiveRatio = one_selector.xpath(".//span[@class='positiveRatio']/
        text()").extract()[0]
        #店铺名称
        storeName = one_selector.xpath(".//span[@class='shop_text']
        /text()").extract()[0]
        item["price"] = price
        item["title"] = title
        item["positiveRatio"] = positiveRatio
        item["storeName"] = storeName
        yield item
    except:
        continue
#获取下一页 URL
next_url = response.xpath("//a[@class='page_next']/@href").extract_first()
if next_url:
    next_url = response.urljoin(next_url)        #构建完整的 URL
    #下一页的请求
    yield SplashRequest(next_url,
                    callback=self.parse,
                    endpoint='execute',
                    args={'lua_source': lua_script,'images':0,
                    'wait':3})
```

首先，导入必要的模块。其中 SplashRequest 为 HTTP 请求对象，用于代替 Scrapy 的 Request。

然后，设计 Splash 的 lua script，用于执行页面操作。lua_script 中保存有一段 lua scrpit 代码，其功能为使用 splash:go 方法访问爬虫页面，等待一定时间（splash:wait）后，将页面下拉到底部（splash:runjs），再等待一定时间，返回渲染后的页面（return splash:html）。

最后定义 PhoneSpider 类，确定爬虫名称和 URL 地址。在 start_requests()方法中，使用 SplashRequest 生成 HTTP 请求，访问 Splash 服务。其中 args 向 Splash 服务器传入了 3 个参数：

- lua_source：lua_script（执行页面操作的 lua 脚本）；
- images：0（不加载图片）；
- wait：3（等待 3 秒）。

在 parse()方法中，解析数据并提交下一页的请求。该方法的功能实现比较简单，不多解释。

6. 运行爬虫

通过以下命令运行爬虫程序，将数据保存于 iphone.csv 文件中。

```
>scrapy crawl iphone -o iphone.csv
```

打开文件，获取到 3000 条数据（一页 60 条，共 50 页），如图 7-21 所示。

iphone.csv ×	
2992	99%,98.00,卡伦顿数码旗舰店,卡伦顿 iPhone XS Max手机壳真皮苹果X硅胶XSMax新款商务iPhoneXr
2993	98%,49.00,邦克仕旗舰店,Benks 苹果手机充电器iPhoneX/XS MAX/8/6s/7P三星黑鲨2小米华为平板
2994	98%,42.00,摩玛顿数码配件专营店,讯迪（Xundd）手机壳苹果7p/8plus透明全包防摔保护套 iphone
2995	99%,79.00,几何元素旗舰店,几何元素背夹电池苹果充电宝iphone6s/7/8/plus手机充电壳无线快充
2996	98%,12.90,朗客自营旗舰店,朗客 苹果iPhone8plus/7Plus/6sPlus/6 Plus钢化膜 非全屏覆盖手机
2997	99%,99.00,ROCK自营旗舰店,洛克（ROCK）无线充电器 7.5W/10W快充桌面支架 苹果iPhoneXS/Max/
2998	97%,40.00,博睿奇数码专营店,卡斐乐 手机充电器头双口快充 适用苹果安卓华为iPhoneX/8/6s/7p
2999	96%,108.80,机纳旗舰店,机纳苹果iphoneXS Max背夹式电池充电手机壳XR专用无线移动电源超薄大
3000	100%,55.00,易波旗舰店,易波苹果X/XR/XS/Max钢化膜iPhone6/7/8plus全屏全覆盖高清抗蓝光防窥
3001	

图 7-21　结果文件

7.5　本　章　小　结

本章为大家介绍了两种获取动态页面数据的工具：Selenium 和 Splash。Selenium 是一个自动化测试工具，能驱动各种类型的浏览器执行页面的操作，但不能执行异步操作。Splash 是 Scrapy 官方推荐的 JavaScript 渲染服务，是一个无界面浏览器，可以执行异步操作，还可以忽略图片以加快页面加载和渲染的速度。

本章实现了两个典型的综合案例：一个是爬取今日头条热点新闻，使用 Scrapy+Selenium+PhantomJS 技术实现；另一个是爬取一号店中的 iPhone 手机信息，通过 Scrapy+Splash 实现。

第8章 模 拟 登 录

在浏览网页过程中，有些页面只有登录后才可以访问。例如淘宝已买宝贝的信息、QQ音乐中"我喜欢"的音乐列表、招聘网中个人简历等。本章将通过爬虫实现模拟登录的功能，以爬取需要登录才能访问的页面信息。

8.1　模拟登录解析

爬虫要实现模拟登录，其思路还是模拟用户登录的行为，即输入登录需要的用户名和密码等信息，将其发送给网站服务器进行验证。

8.1.1　登录过程解析

我们以豆瓣网的登录功能为例，使用 Chrome 浏览器的"开发者工具"，了解一下登录的整个过程。

（1）打开 Chrome 浏览器的"开发者工具"，并勾选 Preserve log 复选框（保留 log 信息）。

（2）访问豆瓣网首页，网址为 https://www.douban.com。

（3）选择密码登录方式，输入用户名和密码，并勾选"下次自动登录"复选框，单击"登录豆瓣"按钮，如图 8-1 所示。

图 8-1　豆瓣网登录页面

（4）使用"开发者工具"查看浏览器向网站服务器发送的 HTTP 请求。在 XHR 项中，Name 为 basic 的，正是登录时向网站服务器发送的登录请求，如图 8-2 所示。

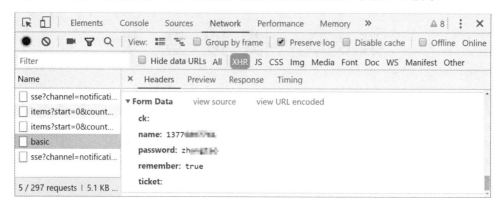

图 8-2　使用"开发者工具"查看登录请求

下面一起来看一下登录请求中包含了哪些信息（查看图 8-2 所示的 Headers 选项卡）。

1．General

General 中包含了请求网址、请求方法等基本的请求信息。
- Request URL：https://accounts.douban.com/j/mobile/login/basic；
- Request Method：POST。

2．Request Headers

- 请求头：作为请求的一部分发送给网站服务器，重要的参数有 Cookie；
- Cookie：login_start_time=1551770875014; bid=w5Zcglp37Fk。

3．Response Headers

- 响应头：网站服务器响应客户端浏览器的请求后，返回给浏览器的响应头信息，重要的参数有 Set-Cookie；
- Set-Cookie：dbcl2="168443006:7mK/pKXPzIM";path=/;domain=.douban.com;expires= Wed,03-Apr-2019 08:55:17 GMT; httponly。

4．Form Data

表单数据：表单数据中包含有用户输入的登录信息，一般会进行加密处理，再以 POST 形式发送给网站服务器。
- ck：默认为空；
- name：1377XXXXXXX；

- password：XXXXXXXX；
- remember：true；
- ticket：默认为空。

由此可见，当单击"登录豆瓣"按钮，执行登录功能时，浏览器使用 POST 方式发送了一个 Request 请求给 URL 为 https://accounts.douban.com/j/mobile/login/basic 的网站服务器。同时发送给服务器的表单数据有 ck、name、password、remember 和 ticket。其中，name 为用户名，password 为密码，remember 为自动登录选项，ck 和 ticket 为固定值。

下面，我们就可以仿照这个 HTTP 请求，实现模拟登录功能了。生成 HTTP 请求对象需要设定的参数有：

（1）URL：https://accounts.douban.com/j/mobile/login/basic。

（2）method：默认为 POST。

（3）表单数据：包括 ck、name、password、remember 和 ticket。

为方便起见，Scrapy 提供了一个 FormRequest 的类，专门处理 HTML 的表单功能，它在基类 Request 的基础上，增加了一个参数 formdata，用于接收字典形式的 HTML 表单数据。

使用 FormRequest 执行表单提交的请求，实现代码如下：

```
from scrapy import FormRequest                          #导入 FormRequest 模块
url = https://accounts.douban.com/j/mobile/login/basic   #登录请求 url
data={                                                  #字典形式的表单数据
    "ck":"",
    "name":"1377XXXXXXX",                               #用户名
    "password":"XXXXXXXX",                              #密码
    "remember":"True",                                  #自动登录。字符串形式
    "ticket":""
}
#生成 FormRequest 形式的请求，提交表单，实现登录功能。
yield FormRequest(url,formdata=data,method="POST")
```

首先，从 Scrapy 中导入 FormRequest 模块；然后，定义两个变量，其中，url 为请求登录的地址，data 存储必要的表单数据，是一个字典类型；最后，生成一个 FormRequest 对象，参数 formdata 用于接收表单数据，method 为请求方法，默认为 POST，可以省略。

8.1.2　模拟登录的实现

下面以豆瓣网为例，使用 Scrapy 爬取个人收藏的"我喜欢的书籍"信息。

在豆瓣网中，你可以将自己感兴趣的电影、书籍及音乐等信息，加入到"我的豆列"中（类似于收藏功能）。以后只要登录豆瓣网，就可以在"我的豆列"中查看这些信息。笔者在浏览豆瓣读书中的书籍信息时，创建了一个名为"我喜欢的书籍"的豆列（设定为仅自己可见），并将感兴趣的书籍添加到了这个豆列中，如图 8-3 所示。

图 8-3　"我的豆列"页面

很显然，要想访问"我喜欢的书籍"，需要先登录。下面来实现这个功能。

（1）创建 Scrapy 项目 douban_login，代码如下：

```
>scrapy startproject douban_login
```

（2）在 items.py 中，定义数据的数据结构，实现代码如下：

```
class DoubanLoginItem(scrapy.Item):
    title = scrapy.Field()                          #书名
    author = scrapy.Field()                         #作者
    publishing_house = scrapy.Field()               #出版社
    publish_time = scrapy.Field()                   #出版时间
```

（3）在 Spiders 目录中新建 login_spider.py 爬虫源文件，并在 login_spider.py 中，定义爬虫类 LoginSpider，实现爬虫功能。逻辑比较简单，实现代码如下：

```
from scrapy import FormRequest,Request
from scrapy.spiders import Spider
from douban_login.items import DoubanLoginItem
import json
import re
class LoginSpider(Spider):
    name = "login"
    #初始请求函数-用于登录功能
    def start_requests(self):
        url = "https://accounts.douban.com/j/mobile/login/basic"
        data={                                      #字典形式的表单数据
            "ck":"",
            "name":"13776097761",                   #用户名
            "password":"terry123",                  #密码
```

```
                "remember":"True",                    #自动登录，注意是字符串形式
                "ticket":""
            }
            #生成 FormRequest 形式的请求，提交表单，实现登录功能。
            yield FormRequest(url,formdata=data,method="POST")

    #解析函数-判断登录是否成功，并生成访问"我喜欢的电影"的请求
    def parse(self, response):
        result = json.loads(response.text)           #将字符串转换为 JSON
        if result["status"] == "success":            #登录成功
            #"我的豆列"中"我喜欢的书籍"url
            url = https://www.douban.com/doulist/112189590/ #更改为自己的地址
            yield Request(url,callback=self.parse_doulist)
        else:
            self.logger.info("用户名或密码错误。")

    #解析函数-爬取"我喜欢的书籍"信息
    def parse_doulist(self,response):
        doulist = response.xpath("//div[@class='doulist-item']")
        item = DoubanLoginItem()
        for one in doulist:
            try:
                #书名
                title=one.xpath(".//div[@class='title']/a/text()").extract()[0]
                #书籍详情
                details = one.xpath(".//div[@class='abstract']/text()").
                extract()
                author = re.findall("作者: (.*?)\n",details[0])[0]      #作者
                publishing_house = re.findall("出版社: (.*?)\n",details[1])
                [0]                                                  #出版社
                publish_time = re.findall("出版年: (.*?)\n",details[2])[0]
                                                                     #出版年

                #存储到 item 中
                item["title"] = title.strip("\n").strip(" ").strip("\n")
                                                                     #书名
                item["author"] = author                              #作者
                item["publishing_house"] = publishing_house          #出版社
                item["publish_time"] = publish_time                  #出版时间
                yield item
            except:
                pass
```

在初始请求函数 start_requests()中，生成 FormRequest 形式的请求，并提交给引擎，向网站服务器发送登录请求。

在解析函数 parse()中，网站服务器根据登录请求，返回一个包含登录结果的 JSON 数据。如果 status 为 success，说明登录成功，这时，就可以生成一个 Request 请求，用于访问"我喜欢的电影"页面了。

在解析函数 parse_doulist()中，使用 XPath 提取"我喜欢的电影"的信息。

（4）执行爬虫程序，查看结果。

```
>scrapy crawl login -o doulist.csv
```

到这里，登录功能就全部实现了，是不是很简单？但是越来越多的网站在登录或注册过程中，加入了验证码，以期望能有效防御机器人程序的访问。那么，爬虫如何识别验证码呢？

8.2　验证码识别

验证码全称为 Completely Automated Public Turing test to tell Computers and Humans Apart，即全自动区分计算机和人类的公开图灵测试，简写为 CAPTCHA。从名称可以看出，验证码用于测试用户是否为真实人类，目的是防御与网站交互的爬虫等机器人程序。

一个典型的验证码是由加入了噪点和干扰的文本组成，如图 8-4 所示。这样计算机就难以解析，但人类还是可以阅读的。

当然，相对简单的验证码，机器也是能够自动识别的，最典型的就是使用 OCR 识别验证码。

图 8-4　图片验证码

8.2.1　使用 OCR 识别验证码

OCR（Optical Character Recognition，光学字符识别）用于从图像中抽取文本。

1. OCR环境搭建

要使用 OCR 识别验证码，需要完成以下验证码识别库的安装和配置。

（1）Tesseract OCR 的下载和安装。

Tesseract 是一个最初由惠普公司开发，目前由 Google 主导的开源 OCR 引擎，实现了从图片抽取文本的功能。下载地址为 http://digi.bib.uni-mannheim.de/tesseract。下载后按照提示安装即可。

（2）安装 Python 支持的 OCR 库。

Python 中想要调用 Tesseract 的 OCR 引擎，需要安装两个库，一是 pytesseract，它是 Tesseract 的识别库；二是 Pillow，它是著名的 Python 图形处理库 PIL（Python Image Library）的分支版本，包含了很多用于处理验证码图像的高级方法，并且还是 pytesseract 的依赖库。

使用 pip 命令安装 pillow 和 pytesseract 这两个库。

```
>pip install pillow
>pip install pytesseract
```

（3）关联 tesseract OCR。

安装完 pytesseract 后，需要关联 Tesseract OCR。打开 pytesseract.py 源文件（笔者的目录是 C:\Anaconda3\Lib\site-packages\pytesseract），找到如下代码：

```
tesseract_cmd = 'tesseract'
```

将 tesseract_cmd 指向到 Tesseract-OCR 的 tesseract.exe，实现代码如下：

```
tesseract_cmd = r'C:\Program Files (x86)\Tesseract-OCR\tesseract.exe'
```

2. OCR识别图片

如图 8-5 所示为一个较为简单的图形验证码。

图 8-5　简单的图形验证码

如果直接将原始图像传给 pytesseract，解析结果一般会比较糟糕。实现代码如下：

```
from PIL import Image
import pytesseract
img = Image.open("captcha.png")          #打开验证码图片
print(pytesseract.image_to_string(img))  #解析文本
```

代码执行后，返回一个空字符串，也就是说 tesseract 在抽取图像中的文本时失败了。这是因为图像中的背景对文本产生了干扰，要先去除其中的背景噪音，只保留文本部分。从图 8-5 的例子不难看出，背景颜色比较明亮，只有验证码文本颜色是黑色的，所以可以考虑通过检查像素是否为黑色将文本分离出来，该处理过程又被称为阈值化。通过 Pillow 可以很容易实现该过程。以下为完整的实现代码：

```
from PIL import Image                                #导入 Image 类
import pytesseract
img = Image.open("captcha.png")                      #打开验证码图像
gray = img.convert("L")                              #转换为灰度图像
gray.save("captcha_gray.png")                        #保存图像
bw = gray.point(lambda x:0 if x<1 else 255,"1")      #分离出黑色文本
bw.save("captcha_thresholded.png")                   #保存图像
print(pytesseract.image_to_string(bw))               #抽取文本
```

首先导入 Pillow 的 Image 类，它提供了许多用于处理验证码图像的高级方法。导入的 pytesseract 用于实现文本抽取的功能；接着使用了 Image 类的方法实现了对图像的处理，有：

● open：打开图像。

● convert：转换图像模式。

可以设置 9 种不同的模式，分别是：1、L、P、RGB、RGBA、CMYK、YCbCr、I 和 F。其中，L 表示灰色图像，可以设置 0~255 之间的值，0 表示黑，255 表示白，其他数字表示不同的灰度；1 表示二值图像，非黑即白。以上代码中实现了将图像转换为灰度图像

的过程。

- save：保存为新图像。
- point：像素操作。

point 方法会遍历图像中的每个像素，每个像素交给 lamada 表达式处理，所有阈值小于 1 的像素都设为 0，其余都设为 255，这样，只有全黑的像素才会保留下来。point 的另外一个参数 1 表示图像将会转换为二值图像模式。如图 8-6 所示为每个阶段保存的图像。

图 8-6　转换后的灰度图像（左）和二值图像（右）

最终，通过阈值化处理的图像中，文本更加清晰，此时就可以将其传给 tesseract 处理了（代码的最后一行）。执行代码，验证码中的文本终于被成功抽取出来了。

```
paste
```

8.2.2　处理复杂验证码

前面的验证码使用 OCR 抽取很容易实现，因为文本使用的黑色字体与背景很容易区分，而且噪点和干扰较少。对于较复杂的验证码，OCR 的识别率就很低甚至无法识别了。如图 8-7 所示为一些网站使用的更加复杂的验证码图像。这些验证码文本置于不同角度，并且噪点和干扰很多，使用 OCR 的话，需要非常多的工作量来清理这些噪音。

图 8-7　更加复杂的验证码

为了处理这些更加复杂的验证码，可以考虑求助于第三方打码平台，它们专门提供验证码识别服务。这样的平台有很多，不过大多收费，价格一般为 1 元识别 100 个验证码。用户通过平台提供的 API 将验证码发送过去，平台识别后（也可能是人工识别的）在 HTTP 响应中给出解析后的文本。

8.2.3 五花八门的验证码

为了防御爬虫等机器人程序,各大网站在验证码上花费了很多心思,各种形式的验证码应运而生,令人眼花缭乱。如图 8-8 所示为目前流行的验证码验证形式。它们分别是物品旋转、短信验证(甚至电话验证)、滑块验证及依次单击文字验证。像 12306 这种人眼都很难识别的验证码,更是不在少数。

图 8-8 五花八门的验证形式

以上这些验证码,对爬虫来说是无能为力的。有没有一种更简单的方法,可以绕开验证码,直接访问登录后的页面呢?下一节将会为大家重点介绍一种简单、快速、方便的方法:Cookie 登录。

8.3 Cookie 自动登录

回到豆瓣网登录的案例,如图 8-9 所示。在豆瓣网的登录过程中,如果勾选“下次自动登录”复选框,网站在一段时间内就会保持这种登录状态,用户不必频繁登录就可以访问这些页面。登录状态持续的时间因网站的设定及用户的选择而异,有的半小时,有的一周,有的甚至一个月。这说明用户登录后,登录信息被保存了下来,当用户再访问网站页面时,会自动带上登录信息,从而达到自动登录的效果。

图 8-9　豆瓣网登录页面

那么，登录信息究竟保存在哪里呢？答案是 Cookie。

8.3.1　Cookie 介绍

Cookie 是指某些网站为了辨别用户身份、进行会话跟踪而存储在本地终端上的数据。简单讲它有以下特点：

- 由网站服务器生成。
- 数据保存于用户本地的计算机上。
- 访问网站时，浏览器会自动附带用户登录信息并发送给网站服务器。
- 对用户而言，一切都是自动完成。

一起来看一下网站实现"下次自动登录"的过程，如图 8-10 所示。

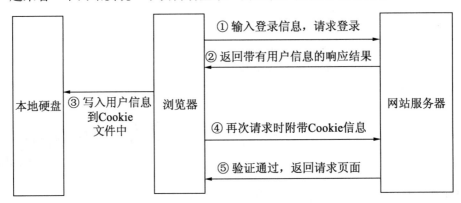

图 8-10　实现"下次自动登录"的过程

（1）用户输入用户名和密码，勾选"下次自动登录"复选框，单击"登录"按钮，通过浏览器发送请求给网站服务器。

（2）网站服务器处理登录请求，如果用户验证通过，会发送给浏览器一个响应结果，而响应结果中的 Set-Cookie 就包含有用户信息。

（3）浏览器从 Set-Cookie 中获取用户信息，将其保存于本地的 Cookie 文件中。

（4）当浏览器下次再访问页面时，会从本地 Cookie 文件中获取用户信息，保存于请求头中的 Cookie 中，再发送给网站服务器。

（5）网站服务器接收到用户信息后，验证通过，将对应的页面返回给浏览器，实现自动登录。

由此可见，Scrapy 要实现"下次自动登录"，只要在第一次登录时获取 Cookie 数据，并将其保存起来。当访问其他页面时，只要将带有用户登录信息的 Cookie 一起发送给网站服务器即可。如何获取 Cookie 内容呢？

8.3.2　获取 Cookie 的库—browsercookie

Python 的强大之处在于其拥有数量众多、功能强大的第三方库。browsercookie 就是用于获取浏览器 Cookie 的第三方库，目前只支持 Chrome 和 FireFox 两种浏览器。可以使用 pip 安装，命令如下：

```
>pip install browsercookie
>pip install pycryptodome
```

Pycryptodome 作为 browsercookie 的依赖库，也必须安装。安装成功后，就可以获取浏览器中所有的 Cookie 数据了。以 Chrome 浏览器为例，实现代码如下：

```
import browsercookie                    #导入 browsercookie 库
cookiejar = browsercookie.chrome()      #获取 Chrome 浏览器中的 Cookie
for cookie in cookiejar:                #遍历显示 Chrome 中保存的每个 Cookie 的值
    print(cookie)
```

代码非常简单，首先导入 browsercookie 库，然后调用 chrome()方法获取 Chrome 浏览器中所有的 Cookie，最后将每个 Cookie 值打印出来。部分信息如下：

```
<Cookie NNSSPID=b2a20a549fd9413287f82d2f255d0109 for .163.com/>
<Cookie NTES_hp_textlink1=old for .163.com/>
<Cookie Province=025 for .163.com/>
<Cookie _csrfToken=QLIj9qTURoAOMd17hvIxDnEMqvZl1EqP4Gh8k3fw for .qidian.
com/>
<Cookie newstatisticUUID=1542099322_42152089 for .qidian.com/>
<Cookie ywguid=854001627340 for .qidian.com/>
<Cookie ywkey=ywN01YjCmIyg for .qidian.com/>
......
```

由结果可知，browsercookie 将每一个 Cookie 保存于一个 Cookie 对象中，Cookie 的值以键值对的形式保存，如 key 为 NNSSPID 的值为 b2a20a549fd9413287f82d2f255d0109。for 后面显示 Cookie 对应的网站域名，如.163.com，通过域名可以确定 Cookie 所对应的网站。

下面通过一个案例，使用 Cookie 登录，实现爬取登录后的页面信息。

8.4　项目案例：爬取起点中文网某用户的书架信息

起点中文网大家都很熟悉了，在浏览小说的过程中，如果遇到感兴趣的小说，可以将其加入书架，以后只要登录后进入"我的书架"就可以随时阅读这些小说。

8.4.1　项目需求

如图 8-11 所示为登录起点中文网后，"我的书架"页面，地址为 https://my.qidian.com/bookcase。书架中罗列了用户加入书架的小说信息，有类别、书名、更新时间、作者等。本项目的目标就是要将"我的书架"中的所有小说信息爬取下来，字段有类别、书名、更新时间和作者。

图 8-11　起点中文网"我的书架"页面

8.4.2　技术分析

很显然，"我的书架"页面需要用户登录后才可以访问，而且在登录过程中，会遇到如图 8-12 所示的滑块验证码。首先，OCR 无法识别滑动验证码，不予考虑。而第三方打码平台不仅识别率低、收费，而且实现复杂，也不考虑。那么剩下的只有 Cookie 了，无须考虑验证码，几行代码即可搞定。

下面通过 Chrome 浏览器的"开发者工具"，查看浏览

图 8-12　滑块验证码

器发送给网站服务器的 Cookie 值。首先注册并登录起点中文网，进入"我的书架"页面，依次按 F12 键和 F5 键，在"开发者工具"中，按照如图 8-13 所示的顺序选择各个选项，在 Cookies 选项中，显示的就是浏览器通过 HTTP 请求发送给网站服务器时，附带的 Cookie 信息，其中包含了用户的登录信息。

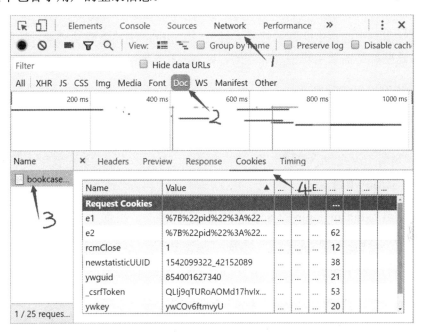

图 8-13　在 Chrome 浏览器中查看 Cookie

在 Headers 选项卡中也能查看 Cookie 信息，如图 8-14 所示。

Name	×	Headers	Preview	Response	Cookies	Timing

bookcase?ticket=...

Connection: keep-alive

Cookie: newstatisticUUID=1542099322_42152089; _csrfToken=QLIj
9qTURoAOMd17hvIxDnEMqvZl1EqP4Gh8k3fw; rcmClose=1; e2=%7B%22pi
d%22%3A%22qd_P_qdlogin%22%2C%22eid%22%3A%22%22%7D; ywkey=ywCO
v6ftmvyU; ywguid=854001627340; e1=%7B%22pid%22%3A%22qd_P_my_b
ookshelf%22%2C%22eid%22%3A%22%22%2C%2213%22%3A2%2C%2212%22%3A
3%2C%2211%22%3A3%7D

Host: my.qidian.com

Referer: https://passport.qidian.com/?appid=10&areaid=1&auto=1
&autotime=30&version=1.0&ticket=1&target=top&popup=0&source=p

1 / 25 requests | 10.0...

图 8-14　在 Header 选项卡中查看 Cookie 信息

记住这些 Cookie 的 key，它们分别是："_csrfToken"、"e1"、"e2"、"newstatisticUUID"、"ywguid"和"ywkey"，代码实现时要获取这些 key 的值。

8.4.3　代码实现及解析

1．准备工作

首先要注册一个起点中文网的账号，并通过 Chrome 浏览器成功登录，访问"我的书架"页面。这些都是需要用户手动操作的。

2．安装browsercookie库

使用 pip 安装如下两个 Python 库：

```
>pip install browsercookie
>pip install pycryptodome
```

3．创建Scrapy项目

创建一个名为 qidian_login 的 Scrapy 项目。

```
>scrapy startproject qidian_login
```

4．使用Item封装数据

打开项目 qidian_login 中的 items.py 源文件，添加小说字段，实现代码如下：

```
import scrapy
class QidianLoginItem(scrapy.Item):
    category = scrapy.Field()              #类型
    title    = scrapy.Field()              #名称
    update   = scrapy.Field()              #更新时间
    author   = scrapy.Field()              #作者
```

5．创建Spider文件及Spider类

在 spiders 文件夹中新建 qidian_login_spider.py 文件，在 qidian_login_spider.py 中定义爬虫类 qidianSpider，实现代码如下：

```
# coding:utf-8
from scrapy import Request
from scrapy.spiders import Spider
from qidian_login.items import QidianLoginItem
import browsercookie                              #导入获取 Cookie 的库
class qidianSpider(Spider):
    name = 'bookshelf'                            #爬虫名称
    # 构造函数
    def __init__(self):
        cookiejar = browsercookie.chrome()        #获取 Chrome 浏览器中的 Cookie
        self.cookie_dict = {}                     #字典：保存起点中文网的 Cookie
        #遍历 Chrome 中所有的 Cookie，获取起点中文网的 Cookie
```

```
        for cookie in cookiejar:
            if cookie.domain == ".qidian.com":        #域名为起点中文网
                if cookie.name in ["_csrfToken",
                                    "e1",
                                    "e2",
                                    "newstatisticUUID",
                                    "ywguid",
                                    "ywkey"] :
                    self.cookie_dict[cookie.name] = cookie.value
    # 初始请求函数
    def start_requests(self):
        url="https://my.qidian.com/bookcase"          #初始网址
        yield Request(url,cookies=self.cookie_dict)   #HTTP 请求时,附加 Cookie
    #数据解析函数
    def parse(self, response):
        item = QidianLoginItem()                      #Item 对象
        tr_selector = response.xpath("//table[@id='shelfTable']/tbody/tr")
        for tr in tr_selector:
            category = tr.xpath("td[@class='col2']/span/b/a[1]/text()")
                                                       #类型
            category = category.re("「(.*?)」")[0]     #去掉类型两边的"「"和"」"
            title = tr.xpath("td[@class='col2']/span/b/a[2]/text()").extract()[0]
                                                       #名称
            update = tr.xpath("td[@class='col3 font12']/text()").extract()[0]
                                                       #更新时间
            author = tr.xpath("td[@class='col4']/a/text()").extract()[0]
                                                       #作者
            item["category"] = category                #类型
            item["title"] = title                      #名称
            item["update"] = update                    #更新时间
            item["author"] = author                    #作者
            yield item
```

首先导入 browsercookie 库,用于获取浏览器的 Cookie。

在构造函数__init__()中,首先,调用 browsercookie 的 chrome()方法,获取 Chrome 浏览器的所有 Cookie 数据;然后,定义一个字典属性 cookie_dict,用于保存 Cookie 值;最后,遍历 Chrome 中所有的 Cookie,只有域名为.qidian.com 并且 key 的值为"_csrfToken"、"e1"、"e2"、"newstatisticUUID"、"ywguid"和"ywkey"的才是符合要求的数据,将它们保存于字典属性 cookie_dict 中。

在初始请求函数 start_requests()中,Request 中增加了参数 cookies,其值为属性 cookie_dict。这样,Cookie 数据就随 HTTP 请求一起发送给网站服务器,网站服务器根据得到的 Cookie 识别用户,作为请求的响应,将"我的书架"发送过来。

在数据解析函数 parse()中,response 中已经成功获取到"我的书架"的页面代码,下面就可以解析数据了,在此不再详述。

6．注意事项

（1）在 settings.py 中设置 USER_AGENT（伪装浏览器），并将 ROBOTSTXT_OBEY 设置为 False（否则会报错）。

（2）不要忘记安装 browsercookie 的依赖库 pycryptodome，注意不是 pycrypto 库。

（3）执行程序前一定要保证已经登录，登录时，要勾选"自动登录"复选框，如图 8-15 所示。

图 8-15　登录页面

（4）Cookie 是有时效性的，不同的网站会设置不同的失效期，有的一周、有的一个月。默认情况下是一个会话级别。如果在执行爬虫时 Cookie 已经失效，则需要重新登录。

8.5　本章小结

本章实现了自动登录的几种方法。

第一种方法是构造一个登录请求，将用户登录的信息作为参数一起传递给网站服务器。但是如果登录时有验证码，这种方法就不行了。

第二种方法是使用 OCR 识别验证码，将从图形中识别出来的文字作为登录请求的参数，从而实现自动登录。但是由于 OCR 识别率较低，加上验证码花样繁多，使用这种方法具有很大的局限性。

第三种方法是手动登录后，获取带有登录信息的 Cookie 值。当访问其他页面时，附上 Cookie 值，就能访问需要登录才能访问的页面。但是这种方法需要通过浏览器手动登录一次，且 Cookie 有时效性，失效后需要重新登录，重新获取 Cookie。

第9章 突破反爬虫技术

当你正为你的爬虫成功获取数据而欢欣鼓舞时，殊不知已经有人盯上了你，网站通过反爬虫技术侦测到你的"不轨行为"后，会立刻做出反应，要么让你输入验证码，要么直接查封你的 IP（一般是 24 小时），禁止再访问他们的网站。

本章将会讲解突破反爬虫技术的几种方法，重点介绍浏览器伪装和代理的使用。

9.1 反爬虫技术及突破措施

网站是如何甄别普通用户还是爬虫的呢？

很简单，一切突破了普通用户使用极限的现象都可能被认定为是爬虫。爬虫每秒钟数十次的请求频率，普通用户是万万做不到的。即使放慢了脚步，将请求设置为每 2 秒一次，但由于请求过于"规律"，也会被认定为爬虫（用户可不是机器）。而且网站还会发现，大量的请求都是来自同一种浏览器的相同 IP 地址，这种不正常的现象，网站当然是不会放过的。

要想避免被网站侦测到，其思路就是要尽量"装"得像个人类用户。如何"装"呢？主要有以下几种方法。

1. 降低请求频率

降低请求频率的做法，不仅仅是为了避开网站的侦测，更重要的是体现出了一个爬虫专家基本的素质。我们应该对能够获取免费数据心怀感恩，而不是恶意攻击网站，致其带来很大的带宽压力，甚至瘫痪。毕竟还是有许多网站对爬虫还是比较宽容的。

对于 Scrapy 框架来说，设置请求的频率（即下载延迟时间）非常简单。在配置文件 settings.py 中设置 DOWNLOAD_DELAY 即可。以下代码设置下载延迟时间为 3 秒，即两次请求间隔 3 秒。

```
DOWNLOAD_DELAY = 3                          #设置下载延迟时间为 3 秒
```

另外，为了防止请求过于规律，可以使用 RANDOMIZE_DOWNLOAD_DELAY 设置一个介于 0.5 * DOWNLOAD_DELAY 和 1.5 *DOWNLOAD_DELAY 之间的随机延迟时间。

```
RANDOMIZE_DOWNLOAD_DELAY = True
```

2．修改请求头

网站可能会对 HTTP 请求头的每个属性做"是否具有人性"的检查。在第 2 章中我们介绍了 HTTP 的请求头（Request Headers），HTTP 定义了十多个请求头类型，不过大多数都不常用，只有几个字段被大多数浏览器用来初始化所有的网络请求，如表 9-1 所示（以作者使用 Chrome 浏览器访问百度为例）。其中最重要的参数是 User-Agent，我们一直使用它来伪装成浏览器，无论你在做什么项目，一定不要忘记将其设置成不容易引起怀疑的内容。另外，如果你正在处理一个警觉性非常高的网站，就要注意那些经常用却很少检查的请求头，如 Accept-Language 属性，也许这正是网站判断你是人类访问者的关键。

表 9-1　HTTP常用请求头

属　　性	内　　容
Host	www.baidu.com
Connection	Keep-Alive
Accept	text/html,application/xhtml+xml,application/xml;q=0.9,image/webp,image/apng,*/*;q=0.8
User-Agent	Mozilla/5.0 (Windows NT 10.0; Win64; x64) AppleWebKit/537.36 (KHTML, like Gecko) Chrome/70.0.3538.102 Safari/537.36
Accept-Encoding	gzip, deflate, br
Accept-Language	zh-CN,zh;q=0.9

3．禁用Cookie

有些网站会通过 Cookie 来发现爬虫的轨迹。因此，如果不是特殊需要（如第 8 章中需要保持持续登录的状态，Cookie 还是需要的），可以禁用 Cookie，这样网站就无法通过 Cookie 来侦测到爬虫了。Scrapy 中禁止 Cookie 功能也非常简单，在配置文件 settings.py 中将 COOKIES_ENABLED 设置为 False 即可（默认是 True），代码如下：

```
# Disable cookies (enabled by default)
COOKIES_ENABLED = False
```

4．伪装成随机浏览器

前面的章节中，我们都是通过 User-Agent 将爬虫伪装成固定浏览器，但是对于警觉性高的网站，会侦测到这一反常现象，即持续访问网站的是同一种浏览器。因此，每次请求时，可以随机伪装成不同类型的浏览器。Scrapy 中的中间件 UserAgentMiddleware 就是专门用于设置 User-Agent 的，下节会详细讲解。

5．更换IP地址

建立网络爬虫的第一原则是：所有信息都可以伪造。你可以使用非本人的邮箱发送邮件，通过命令自动化控制鼠标的行为，或者通过某个浏览器耗费网站流量来"吓唬"网管。但是有一件事是不能作假的，那就是你的 IP 地址。封杀 IP 地址这种行为，也许是网站的最后一步棋，不过有效。本章也会详细讲解避免 IP 地址被封杀的方法—HTTP 代理。

9.2　伪装成不同的浏览器

Scrapy 自带有专门设置 User-Agent 的中间件 UserAgentMiddleware，在爬虫运行时，会自动将 User-Agent 添加到 HTTP 请求中，并且可以设置多个浏览器，请求时可以随机添加不同的浏览器。要实现此功能，只需要完成以下 3 步：

（1）设定浏览器列表。

（2）在中间件 UserAgentMiddleware 中从浏览器列表中随机获取一个浏览器。

（3）启用中间件 UserAgentMiddleware。

9.2.1　UserAgentMiddleware 中间件介绍

再来回顾一下 Scrapy 的框架结构，如图 9-1 所示。图 9-1 中标注框框住的就是下载器中间件，它介于引擎和下载器之间，主要是处理 Scrapy 引擎与下载器之间的请求及响应。UserAgentMiddleware 就是其中一个下载器中间件，当引擎准备将 HTTP 的 Request 请求发送给 DOWNLOADER 组件时，会执行 UserAgentMiddleware 组件，将 User-Agent 附加于 Request 请求中。当然，整个过程都是 Scrapy 框架自动完成，我们要做的就是在 UserAgentMiddleware 中设置 User-Agent 并启用该组件即可。

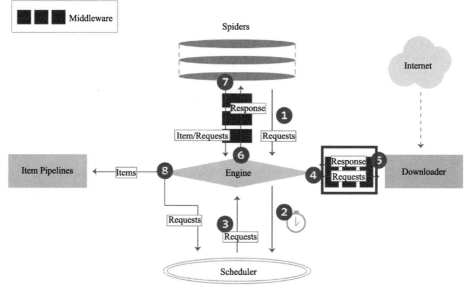

图 9-1　Scrapy 框架结构

9.2.2　实现伪装成随机浏览器

下面以起点中文网小说热销榜项目 qidian_hot 为例（功能与 4.3 节的一样），实现将爬虫伪装成随机浏览器，即不同请求中，选择的浏览器类型是随机的。

（1）设定浏览器列表。

首先需要定义各种不同类型的浏览器，并统一保存于一个列表中。我们将其定义在 settings.py 中，代码如下：

```
MY_USER_AGENT = [
    "Mozilla/4.0 (compatible; MSIE 6.0; Windows NT 5.1; SV1; AcooBrowser; .NET
    CLR 1.1.4322; .NET CLR 2.0.50727)",\
    "Mozilla/4.0 (compatible; MSIE 7.0; Windows NT 6.0; Acoo Browser;
    SLCC1; .NET CLR 2.0.50727; Media Center PC 5.0; .NET CLR 3.0.04506)",\
    "Mozilla/4.0 (compatible; MSIE 7.0; AOL 9.5; AOLBuild 4337.35; Windows
    NT 5.1; .NET CLR 1.1.4322; .NET CLR 2.0.50727)",\
    "Mozilla/5.0 (Windows; U; MSIE 9.0; Windows NT 9.0; en-US)",
    "Mozilla/5.0 (compatible; MSIE 9.0; Windows NT 6.1; Win64; x64;
    Trident/5.0; .NET CLR 3.5.30729; .NET CLR 3.0.30729; .NET CLR 2.0.50727;
    Media Center PC 6.0)",
    "Mozilla/5.0 (compatible; MSIE 8.0; Windows NT 6.0; Trident/4.0; WOW64;
    Trident/4.0; SLCC2; .NET CLR 2.0.50727; .NET CLR 3.5.30729; .NET CLR
    3.0.30729; .NET CLR 1.0.3705; .NET CLR 1.1.4322)",
    "Mozilla/4.0 (compatible; MSIE 7.0b; Windows NT 5.2; .NET CLR 1.1.4322; .NET
    CLR 2.0.50727; InfoPath.2; .NET CLR 3.0.04506.30)",
    "Mozilla/5.0 (Windows; U; Windows NT 5.1; zh-CN) AppleWebKit/523.15
     (KHTML, like Gecko, Safari/419.3) Arora/0.3 (Change: 287 c9dfb30)",
    "Mozilla/5.0 (X11; U; Linux; en-US) AppleWebKit/527+ (KHTML, like Gecko,
    Safari/419.3) Arora/0.6",
    "Mozilla/5.0 (Windows; U; Windows NT 5.1; en-US; rv:1.8.1.2pre) Gecko/
    20070215 K-Ninja/2.1.1",
    "Mozilla/5.0 (Windows; U; Windows NT 5.1; zh-CN; rv:1.9) Gecko/20080705
    Firefox/3.0 Kapiko/3.0",
    "Mozilla/5.0 (X11; Linux i686; U;) Gecko/20070322 Kazehakase/0.4.5",
    "Mozilla/5.0 (X11; U; Linux i686; en-US; rv:1.9.0.8) Gecko Fedora/
    1.9.0.8-1.fc10 Kazehakase/0.5.6",
    "Mozilla/5.0 (Windows NT 6.1; WOW64) AppleWebKit/535.11 (KHTML, like
    Gecko) Chrome/17.0.963.56 Safari/535.11",
    "Mozilla/5.0 (Macintosh; Intel Mac OS X 10_7_3) AppleWebKit/535.20
    (KHTML, like Gecko) Chrome/19.0.1036.7 Safari/535.20",
    "Opera/9.80 (Macintosh; Intel Mac OS X 10.6.8; U; fr) Presto/2.9.168
    Version/11.52",
    "Mozilla/5.0 (Windows NT 6.1; WOW64) AppleWebKit/536.11 (KHTML, like
    Gecko) Chrome/20.0.1132.11 TaoBrowser/2.0 Safari/536.11",
    "Mozilla/5.0 (Windows NT 6.1; WOW64) AppleWebKit/537.1 (KHTML, like
    Gecko) Chrome/21.0.1180.71 Safari/537.1 LBBROWSER",
    "Mozilla/5.0 (compatible; MSIE 9.0; Windows NT 6.1; WOW64; Trident/5.0;
    SLCC2; .NET CLR 2.0.50727; .NET CLR 3.5.30729; .NET CLR 3.0.30729; Media
    Center PC 6.0; .NET4.0C; .NET4.0E; LBBROWSER)",
    "Mozilla/4.0 (compatible; MSIE 6.0; Windows NT 5.1; SV1; QQDownload
    732; .NET4.0C; .NET4.0E; LBBROWSER)",
    "Mozilla/5.0 (Windows NT 6.1; WOW64) AppleWebKit/535.11 (KHTML, like
```

```
Gecko) Chrome/17.0.963.84 Safari/535.11 LBBROWSER",
"Mozilla/4.0 (compatible; MSIE 7.0; Windows NT 6.1; WOW64; Trident/5.0;
SLCC2; .NET CLR 2.0.50727; .NET CLR 3.5.30729; .NET CLR 3.0.30729; Media
Center PC 6.0; .NET4.0C; .NET4.0E)",
"Mozilla/5.0 (compatible; MSIE 9.0; Windows NT 6.1; WOW64; Trident/5.0;
SLCC2; .NET CLR 2.0.50727; .NET CLR 3.5.30729; .NET CLR 3.0.30729; Media
Center PC 6.0; .NET4.0C; .NET4.0E; QQBrowser/7.0.3698.400)",
"Mozilla/4.0 (compatible; MSIE 6.0; Windows NT 5.1; SV1; QQDownload
732; .NET4.0C; .NET4.0E)",
"Mozilla/4.0 (compatible; MSIE 7.0; Windows NT 5.1; Trident/4.0; SV1;
QQDownload 732; .NET4.0C; .NET4.0E; 360SE)",
"Mozilla/4.0 (compatible; MSIE 6.0; Windows NT 5.1; SV1; QQDownload
732; .NET4.0C; .NET4.0E)",
"Mozilla/4.0 (compatible; MSIE 7.0; Windows NT 6.1; WOW64; Trident/5.0;
SLCC2; .NET CLR 2.0.50727; .NET CLR 3.5.30729; .NET CLR 3.0.30729; Media
Center PC 6.0; .NET4.0C; .NET4.0E)",
"Mozilla/5.0 (Windows NT 5.1) AppleWebKit/537.1 (KHTML, like Gecko)
Chrome/21.0.1180.89 Safari/537.1",
"Mozilla/5.0 (Windows NT 6.1; WOW64) AppleWebKit/537.1 (KHTML, like
Gecko) Chrome/21.0.1180.89 Safari/537.1",
"Mozilla/5.0 (iPad; U; CPU OS 4_2_1 like Mac OS X; zh-cn) AppleWebKit/
533.17.9 (KHTML, like Gecko) Version/5.0.2 Mobile/8C148 Safari/6533.18.5",
"Mozilla/5.0 (Windows NT 6.1; Win64; x64; rv:2.0b13pre) Gecko/20110307
Firefox/4.0b13pre",
"Mozilla/5.0 (X11; Ubuntu; Linux x86_64; rv:16.0) Gecko/20100101
Firefox/16.0",
"Mozilla/5.0 (Windows NT 6.1; WOW64) AppleWebKit/537.11 (KHTML, like
Gecko) Chrome/23.0.1271.64 Safari/537.11",
"Mozilla/5.0 (X11; U; Linux x86_64; zh-CN; rv:1.9.2.10) Gecko/20100922
Ubuntu/10.10 (maverick) Firefox/3.6.10",
"Mozilla/5.0 (Windows NT 10.0; Win64; x64) AppleWebKit/537.36 (KHTML,
like Gecko) Chrome/58.0.3029.110 Safari/537.36",
]
```

列表 MY_USER_AGENT 中保存了 35 种不同操作系统下的不同浏览器类型。任何环境的操作系统都可以，如 Windows、Linux、Mac OS、iOS 或 Android；浏览器类型也不限，如 IE、Chrome、FireFox、Safari 或 QQ。通过各种组合，模拟了尽量多的上网环境。当然，这些数据最好不要自己创造，网络上都有现成的。

另外，别忘了将 settings.py 中设置固定浏览器代码删除或注释掉。

```
# Crawl responsibly by identifying yourself (and your website) on the user-agent
USER_AGENT = "Mozilla/5.0 (Windows NT 10.0;Win64; x64) " \
        "AppleWebKit/537.36 (KHTML, like Gecko) " \
        "Chrome/68.0.3440.106 Safari/537.36"
```

（2）实现 UserAgentMiddleware 功能。

在 middlewares.py 中定义基于 UserAgentMiddleware 的类，实现对 User-Agent 的随机设置，代码如下：

```
#导入 UserAgentMiddleware 组件模块
from scrapy.downloadermiddlewares.useragent import UserAgentMiddleware
import random                                      #导入随机模块
from qidian_hot.settings import MY_USER_AGENT      #导入浏览器列表
```

```
#定义类 QidianHotUserAgentMiddleware，用于设置随机设置 user-agent
#继承于 UserAgentMiddleware
class QidianHotUserAgentMiddleware(UserAgentMiddleware):
    #处理 Request 请求函数
    def process_request(self, request, spider):
        #使用 random 模块的 choice 函数从列表 MY_USER_AGENT 中随机获取一个浏览器类型
        agent = random.choice(list(MY_USER_AGENT))
        print("user-agent:",agent)                    #打印
        #将 User-Agent 附加到 Reqeust 对象的 headers 中
        request.headers.setdefault('User-Agent', agent)
```

首先导入 UserAgentMiddleware 和 random 模块并从 settings 中导入浏览器列表。

定义的类 QidianHotUserAgentMiddleware 继承于 UserAgentMiddleware。重写基类的方法 process_request()，通过 random 随机模块，从列表 MY_USER_AGENT 中随机抽取一个浏览器类型，附加于 Request 请求对象中。

（3）启用中间件 QidianHotUserAgentMiddleware。

在 settings.py 中，启用中间件 QidianHotUserAgentMiddleware。

```
# Enable or disable downloader middlewares
# See https://doc.scrapy.org/en/latest/topics/downloader-middleware.html
DOWNLOADER_MIDDLEWARES = {
   'qidian_hot.middlewares.QidianHotDownloaderMiddleware': None,
   'qidian_hot.middlewares.QidianHotUserAgentMiddleware': 100,
}
```

（4）运行项目。

运行项目，结果表明爬虫获取了 25 页数据，即执行了 25 次 HTTP 请求。下面来看一下每次请求的 User-Agent 值是什么，以下显示的是部分信息。

```
user-agent: Mozilla/4.0 (compatible; MSIE 7.0; Windows NT 6.1; WOW64;
Trident/5.0; SLCC2; .NET CLR 2.0.50727; .NET CLR 3.5.30729; .NET CLR
3.0.30729; Media Center PC 6.0; .NET4.0C; .NET4.0E)
user-agent:Mozilla/5.0 (X11; U; Linux; en-US) AppleWebKit/527+ (KHTML, like
Gecko, Safari/419.3) Arora/0.6
user-agent:Mozilla/5.0 (Windows NT 6.1; WOW64) AppleWebKit/535.11 (KHTML,
like Gecko) Chrome/17.0.963.84 Safari/535.11 LBBROWSER
user-agent:Mozilla/5.0 (X11; Linux i686; U;) Gecko/20070322 Kazehakase/
0.4.5
user-agent:Mozilla/4.0 (compatible; MSIE 7.0; AOL 9.5; AOLBuild 4337.35;
Windows NT 5.1; .NET CLR 1.1.4322; .NET CLR 2.0.50727)
user-agent:Mozilla/5.0 (Macintosh; Intel Mac OS X 10_7_3) AppleWebKit/
535.20 (KHTML, like Gecko) Chrome/19.0.1036.7 Safari/535.20
user-agent:Mozilla/5.0 (X11; U; Linux x86_64; zh-CN; rv:1.9.2.10) Gecko/
20100922 Ubuntu/10.10 (maverick) Firefox/3.6.10
user-agent:Mozilla/5.0 (Windows NT 10.0; Win64; x64) AppleWebKit/537.36
(KHTML, like Gecko) Chrome/58.0.3029.110 Safari/537.36
user-agent:Mozilla/4.0 (compatible; MSIE 7.0; Windows NT 5.1; Trident/4.0;
SV1; QQDownload 732; .NET4.0C; .NET4.0E; 360SE)
user-agent:Mozilla/4.0 (compatible; MSIE 7.0; Windows NT 6.1; WOW64;
Trident/5.0; SLCC2; .NET CLR 2.0.50727; .NET CLR 3.5.30729; .NET CLR
3.0.30729; Media Center PC 6.0; .NET4.0C; .NET4.0E)
user-agent:Mozilla/5.0 (X11; U; Linux x86_64; zh-CN; rv:1.9.2.10) Gecko/
```

```
20100922 Ubuntu/10.10 (maverick) Firefox/3.6.10
user-agent: Mozilla/4.0 (compatible; MSIE 6.0; Windows NT 5.1; SV1;
QQDownload 732; .NET4.0C; .NET4.0E; LBBROWSER)
user-agent: Mozilla/5.0 (Windows NT 6.1; WOW64) AppleWebKit/537.1 (KHTML,
like Gecko) Chrome/21.0.1180.71 Safari/537.1 LBBROWSER
user-agent: Mozilla/5.0 (Windows NT 6.1; WOW64) AppleWebKit/537.1 (KHTML,
like Gecko) Chrome/21.0.1180.89 Safari/537.1
```

从打印结果来看，每次请求时的 User-Agent 都是随机设置的。

9.2.3　更简单的方法

上节我们将自己搜集到的浏览器类型保存于一个列表中，再使用 random 获取数据，这种方式既烦琐又容易出错。fake_useragent 库集成了上述功能，使得随机获取浏览器变得极为简单。下面使用 fake_useragent 实现起点中文网小说热销榜项目。

（1）安装 fake_useragent 库。

```
>pip install fake-useragent
```

（2）修改 QidianHotUserAgentMiddleware。

```
#导入 UserAgentMiddleware 组件模块
from scrapy.downloadermiddlewares.useragent import UserAgentMiddleware
from fake_useragent import UserAgent          #导入 fake-useragent 库
#定义类 QidianHotUserAgentMiddleware，用于设置随机设置 user-agent
#继承于 UserAgentMiddleware
class QidianHotUserAgentMiddleware(UserAgentMiddleware):
    #处理 Request 请求函数
    def process_request(self, request, spider):
        ua = UserAgent()                      #生成 UserAgent 对象
        #随机获取 User-Agent
        request.headers['User-Agent'] = ua.random
        print(request.headers['User-Agent'])  #打印
```

首先导入 fake-useragent 库。在 process_request()方法中只有两行功能代码，一行代码是生成 UserAgent 对象 ua；另一行代码是通过 ua 的 random 属性随机获取一条浏览器数据赋给 User-Agent。

最后别忘了在 settings.py 中，需要启用中间件 QidianHotUserAgentMiddleware。

（3）运行项目。

从运行的结果来看，使用 fake_useragent 同样实现了随机设置浏览器的功能。

```
b'Mozilla/5.0 (Windows NT 6.1) AppleWebKit/537.36 (KHTML, like Gecko)
Chrome/27.0.1453.93 Safari/537.36'
b'Mozilla/5.0 (Windows NT 6.2; WOW64) AppleWebKit/537.14 (KHTML, like Gecko)
Chrome/24.0.1292.0 Safari/537.14'
b'Mozilla/5.0 (Macintosh; Intel Mac OS X 10_8_2) AppleWebKit/537.17 (KHTML,
like Gecko) Chrome/24.0.1309.0 Safari/537.17'
b'Mozilla/5.0 (Windows NT 6.1; WOW64) AppleWebKit/537.36 (KHTML, like Gecko)
Chrome/29.0.1547.62 Safari/537.36'
b'Mozilla/5.0 (Windows NT 4.0; WOW64) AppleWebKit/537.36 (KHTML, like Gecko)
```

```
Chrome/37.0.2049.0 Safari/537.36'
b'Mozilla/5.0 (Windows NT 6.1; WOW64) AppleWebKit/537.36 (KHTML, like Gecko)
Chrome/29.0.1547.62 Safari/537.36'
b'Mozilla/5.0 (Windows NT 6.3; WOW64) AppleWebKit/537.36 (KHTML, like Gecko)
Chrome/41.0.2225.0 Safari/537.36'
b'Mozilla/5.0 (X11; CrOS i686 3912.101.0) AppleWebKit/537.36 (KHTML, like
Gecko) Chrome/27.0.1453.116 Safari/537.36'
b'Mozilla/5.0 (Windows NT 6.2; WOW64) AppleWebKit/537.36 (KHTML, like Gecko)
Chrome/29.0.1547.2 Safari/537.36'
b'Mozilla/5.0 (Macintosh; Intel Mac OS X 10_9_2) AppleWebKit/537.36 (KHTML,
like Gecko) Chrome/36.0.1944.0 Safari/537.36'
```

9.3　使用 HTTP 代理服务器

有的网站会设置一个 IP 访问频率的阈值，一旦 IP 访问频率超过这个阈值，就会被认定为机器人程序，进而封杀 IP，禁止访问网站的任何信息（事实上你会发现，即使是使用浏览器也无法访问了）。一个很简单的方法就是设置延时，但这显然会降低爬虫的效率，而 IP 地址又无法伪造。这时，就只能使用 HTTP 代理服务器了。

9.3.1　HTTP 代理服务器

HTTP 代理服务器（HTTP Proxy Server）其功能就是代理网络用户去取得网络信息。形象地说，它是客户端浏览器和网站服务器之间的信息中转站，如图 9-2 所示。有了它，浏览器不是直接访问网站服务器获取页面，而是将请求发送给代理服务器，由代理服务器访问网站服务器并将返回的页面信息传送给浏览器。在爬虫中，如果使用大量的随机代理服务器访问某个网站，那么网站就难以检测出是爬虫所为，因为爬虫将请求的任务分摊给不同的代理服务器了。

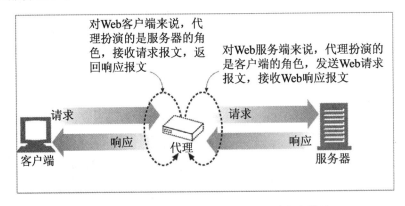

图 9-2　代理服务器是客户端和服务器端的中转站

对爬虫来说，使用代理服务器主要有以下好处：

- 避免被禁封：将爬虫请求委托给多个 HTTP 代理服务器，能有效避免因为单一的 IP 地址被网站探测到进而被禁封。
- 提高访问速度：受硬件和网络环境限制，单机爬虫的效率不会太高，使用多个代理服务器同时执行爬虫请求，能显著提高爬虫效率。
- 突破 IP 封锁：基于某些原因，有很多网站是被限制访问的，如某大学教育网内部资源。这时，可以使用教育网内地址段的代理服务器来访问。如果要访问某个国外网站，可以换一个国外的代理服务器试试。

可以通过以下几种方式获取代理服务器：

（1）自行搭建代理服务器。

可以购买阿里云或者腾讯云服务器，自行搭建代理服务器。这种方式的优点是可靠、稳定；缺点是资金、时间和技术成本都比较高。

（2）使用免费代理服务器。

网络上有许多免费的代理服务器供大家使用，搜索"代理"就能找到不少代理服务平台，这些平台一般都会提供免费代理服务器信息。这种方式的优点是免费、省心、省力；缺点是代理服务器有效期短、不稳定、不可控。

（3）购买付费代理服务器。

付费代理服务平衡了上述两种方案，即在花费较少资金的情况下，提供可靠、稳定、时效较长的代理服务器。

以下为部分免费和付费代理服务平台：

- 西刺代理：网址为 https://www.xicidaili.com/，提供免费代理，不提供付费代理服务；
- 快代理：网址为 https://www.kuaidaili.com，提供免费代理和付费代理服务；
- 讯代理：网址为 http://www.xdaili.cn，只提供付费代理服务。

9.3.2　获取免费代理

先来看一下免费代理服务器的获取。以西刺代理（https://www.xicidaili.com/）为例，如图 9-3 为西刺代理的首页。

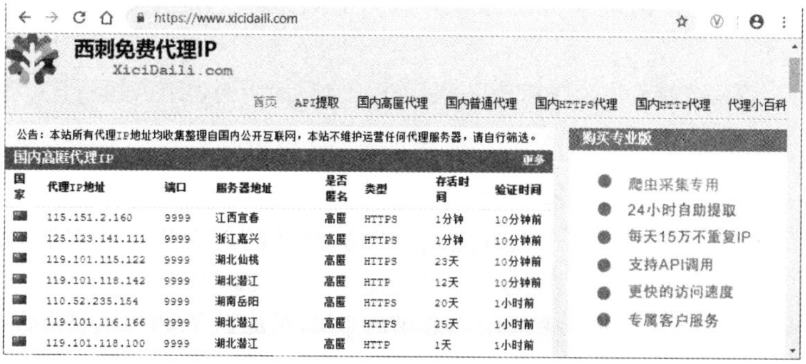

图 9-3　西刺代理首页

　　该网站搜集了国内免费的透明和高匿代理服务器的信息。按照隐蔽程度，代理服务器可以分为如表 9-2 所示的几种类型。

表 9-2　代理的几种类型

代 理 类 型	隐 藏　IP	隐藏代理服务	隐 蔽 度
透明代理	否	否	低
匿名代理	是	否	一般
混淆代理	使用假IP	否	中等
高匿代理	是	是	高

　　高匿代理具有最高级别的隐蔽度，它不仅隐藏了用户的真实 IP 地址，而且还隐藏了用户使用代理服务的情况。单击图 9-3 首页中"国内高匿代理 IP"栏的"更多"链接，进入图 9-4 所示的页面，该页面展示了国内高匿代理服务器的信息，主要有：国家、IP 地址、端口、服务器地址、是否匿名、类型及存活时间等。

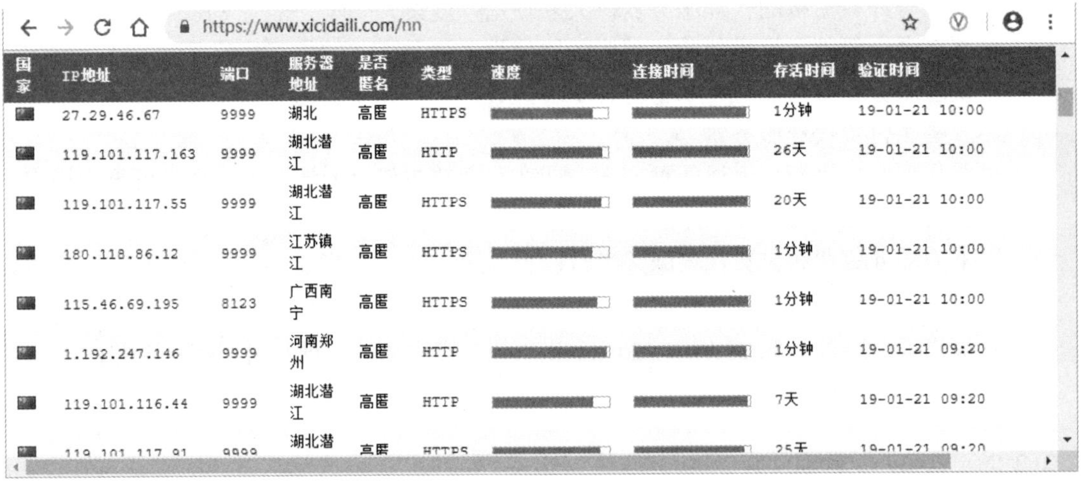

图 9-4　高匿名代理服务器列表

　　得到了代理服务器的地址后，就可以在爬虫中使用它们了。Scrapy 设置代理服务器非常简单，只需在 Request 请求中将代理服务器的 URL 赋给 meta 参数的键 proxy。实现代码如下：

```
Request(url,meta={"proxy":"http://119.101.117.163:9999"})
```

　　因为免费，很多人都在使用这些代理服务器，这也意味着它们随时会遭到访问对象的封杀。所以你会发现，很多代理服务器都是无效的，或者时效性非常短，一分钟前还能使用的，一分钟后就失效了。因此，在使用代理服务器之前，需要验证它们的有效性，无效的抛弃，有效的保存。

　　下面我们通过爬虫，将西刺代理中的高匿代理服务器的 URL 爬取下来，经过验证后，将有效的 URL 持久化到 Redis 数据库中，提供给后续的爬虫项目使用。

1．创建Scrapy项目

创建一个名为 xici_proxy 的 Scrapy 项目。

```
>scrapy startproject xici_proxy
```

2．使用Item封装数据

打开 items.py 源文件，在类 XiciProxyItem 中，添加用于存储代理服务器 URL 的字段，实现代码如下：

```
class XiciProxyItem(scrapy.Item):
    url = scrapy.Field()                           #代理服务器 URL
```

3．创建Spider文件及Spider类

在 spiders 文件夹中新建 xici_spider.py 爬虫源文件，并定义爬虫类 XiciSpider。爬虫类 XiciSpider 的实现代码如下：

```
#-*-coding:utf-8-*-
from scrapy import Request
from scrapy.spiders import Spider
from xici_proxy.items import XiciProxyItem

class XiciSpider(Spider):
    name = 'xici'                                  #爬虫名称
    def __init__(self,url):
        self.test_url = url                        #从命令中获取测试网站的 URL
        self.current_page = 1                      #当前页，设置为 1

    #获取初始 Request
    def start_requests(self):
        url = https://www.xicidaili.com/nn         #西刺代理高匿 URL 地址
        #生成请求对象
        yield Request(url)

    #解析函数
    #1.提取西刺代理高匿 URL 地址
    #2.验证代理 URL 的有效性
    def parse(self, response):
        list_selector = response.xpath("//tr[@class='odd']")
        #依次读取每条代理的信息，从中获取 IP、端口和类型
        for one_selector in list_selector:
            item = XiciProxyItem()                 #Item 对象
            #获取 IP
            ip = one_selector.xpath("td[2]/text()").extract()[0]
            #获取端口
            port = one_selector.xpath("td[3]/text()").extract()[0]
            #获取类型（http 或 https）
            http = one_selector.xpath("td[6]/text()").extract()[0]
            #拼接成完整的代理 URL
```

```
            url = "{}://{}:{}".format(http,ip,port)
            item["url"] = URL
            # 使用代理服务器向测试网站发送 Request 请求
            yield Request(self.test_url,                    #测试网站的 url
                    callback=self.test_parse,               #回调函数
                    errback=self.error_back,                #异常处理函数
                    meta={"proxy":url,                      #代理服务器地址
                        "dont_retry":True,                  #执行一次请求
                        "download_timeout":10,              #超时时间
                        "item":item},                       #传递的参数
                    dont_filter=True                        #不过滤重复请求
                    )
        if self.current_page <= 5:                          #爬取 5 页代理信息
            #获取下一页 URL
            next_url = response.xpath("//a[@class='next_page']/@href").
            extract()[0]
            next_url = response.urljoin(next_url)
            self.current_page+=1
            yield Request(next_url)

    #回调函数
    def test_parse(self, response):
        #获取 item 并 yield
        yield response.meta["item"]

    #异常处理函数
    def error_back(self,failure):
        #打印错误日志信息
        self.logger.error(repr(failure))
```

在构造函数__init__()中，形参 url 从执行爬虫的命令中获取一个测试网站的 URL，赋给属性 test_url，作为代理服务器的访问目标，目的是测试代理服务器的有效性。属性 current_page 记录当前正在爬取的页码，默认设置为 1。

在 start_requests()方法中，生成一个初始的 Request 请求，parse 方法为默认解析函数。

在 parse()方法中，首先使用 XPath 提取代理服务器的 IP、端口和类型，并拼接成一个完整的 URL（如 HTTP:// 27.29.46.67:9999）；然后定义一个 Request 请求，使用代理服务器向测试网站发送请求，用于测试代理服务器是否有效。Request 中设定了一些参数，它们的含义是：

- test_url：请求的目标网站。
- callback：回调函数 test_parse。
- errback：异常时调用函数 error_back。
- meta：附加选项。其中，proxy 设置代理服务器的 URL；dont_retry 为 True 时表示只执行一次请求；download_timeout 设置超时时间为 10 秒；item 将代理服务器的 URL 传递给回调函数。
- dont_filter：设置为 True 时表示不过滤重复的请求。

parse()方法最后获取下一页 URL，实现多页数据的提取。这里提取了 5 页数据。

test_parse()和 error_back()方法分别是 Request 请求正常和请求异常时调用的方法。也就是说，如果代理服务器有效，则调用 test_parse()方法；如果无效，则调用 error_back()方法。在 test_parse()方法中，获取 item 并提供给 pipeline。在 error_back()方法中，使用 logger 打印错误的日志信息。

4. 使用Pipeline实现数据持久化

打开 pipelines.py 源文件，类 XiciProxyPipeline 实现数据持久化到 Redis 数据库。实现代码如下：

```
import redis                                             #导入 Redis 库
class XiciProxyPipeline(object):
    #Spider 开启时，获取数据库配置信息，连接 Redis 数据库服务器
    def open_spider(self,spider):
        if spider.name == "xici":
            #获取配置文件中 Redis 的配置信息
            host = spider.settings.get("REDIS_HOST")          #主机地址
            port = spider.settings.get("REDIS_PORT",)         #端口
            db_index = spider.settings.get("REDIS_DB_INDEX")  #索引
            db_psd = spider.settings.get("REDIS_PASSWORD")    #密码
            #连接 Redis，得到一个连接对象
            self.db_conn = redis.StrictRedis(host=host,       #主机地址
                                port=port,                    #端口
                                db=db_index,                  #索引
                                password=db_psd,              #密码
                                decode_responses=True)        #获取字符串类型
            self.db_conn.delete("ip")

    #将数据存储于 Redis 数据库中
    def process_item(self, item, spider):
        if spider.name == "xici":
            #将 item 转换为字典类型
            item_dict = dict(item)
            #将 item_dict 保存于 key 为 ip 的集合中
            self.db_conn.sadd("ip",item_dict["url"])
        return item
```

在 open_spider()方法中，首先使用 redis 的 StrictRedis()方法连接 Redis 数据库服务器，参数有 host、port 和 db，参数值均从配置文件 settings.py 中获取；然后使用 delete()方法将键为 ip 的数据库删除（清除原有的 URL）。

在 process_item()方法中，使用 dict()方法将 Item 对象转换为字典类型，再使用 sadd()方法将数据保存到 key 为 ip 的无序集合中。

5. 项目配置

在项目配置文件 settings.py 中，需要设置以下几项配置：

（1）设置 robots 协议：ROBOTSTXT_OBEY（False 为不遵守协议）。

（2）设置用户代理：USER_AGENT。

（3）启用管道：XiciPipeline。

（4）设置 Redis 数据库地址、端口、索引及密码信息。

配置代码如下：

```
#（1）不遵守 robots 协议
ROBOTSTXT_OBEY = False
#（2）用户代理
USER_AGENT = "Mozilla/5.0 (Windows NT 10.0;Win64; x64) " \
             "AppleWebKit/537.36 (KHTML, like Gecko) " \
             "Chrome/68.0.3440.106 Safari/537.36"
#（3）启用管道
ITEM_PIPELINES = {
   'xici_proxy.pipelines.XiciProxyPipeline': 300,
}
#（4）设置 Redis 数据库信息
REDIS_HOST = "localhost"                      #主机地址
REDIS_PORT = 6379                             #端口
REDIS_DB_INDEX = 0                            #索引
REDIS_PASSWORD = "foobared"                   #密码
```

6．运行爬虫

通过以下命令运行爬虫程序：

```
>scrapy crawl xici -a url=https://www.qidian.com/
```

其中，-a 表示追加（append），后面可以添加 Spider 需要的参数。这里将起点中文网的 URL 传递给 XiciSpider 的属性 test_url，作为代理服务器验证的对象。如果想验证代理服务器对其他网站的有效性，只需要修改参数，启动爬虫即可。例如：

（1）豆瓣电影。

```
>scrapy crawl xici  -a url=https://movie.douban.com/
```

（2）京东商城。

```
>scrapy crawl xici  -a url=https://www.jd.com/
```

爬虫程序运行完后，查看运行日志，发现输出很多错误信息，说明有很多代理服务器是无效的。以下是部分日志信息。

```
>[scrapy.core.engine] DEBUG: Crawled (200) <GET https://www.qidian.com/>
(referer: https://www.xicidaili.com/nn/2)
>[scrapy.core.scraper] DEBUG: Scraped from <200 https://www.qidian.com/>
{'url': 'HTTPS://119.101.115.14:9999'}
>[xici] ERROR: <twisted.python.failure.Failure twisted.internet.error.
ConnectionRefusedError: Connection was refused by other side: 10061: 由于
目标计算机积极拒绝，无法连接。.>
>[xici] ERROR: <twisted.python.failure.Failure twisted.internet.error.
TimeoutError: User timeout caused connection failure: Getting https://
```

```
www.qidian.com/ took longer than 10 seconds..>
>[xici] ERROR: <twisted.python.failure.Failure twisted.internet.error.
TimeoutError: User timeout caused connection failure: Getting https://www.
qidian.com/ took longer than 10 seconds..>
>[xici] ERROR: <twisted.python.failure.Failure twisted.internet.error.
ConnectionRefusedError: Connection was refused by other side: 10061: 由
于目标计算机积极拒绝，无法连接。.>
```

打开 Redis Desktop Manager，发现有 56 个有效的 URL 成功保存到 Redis 数据库中，
如图 9-5 所示。

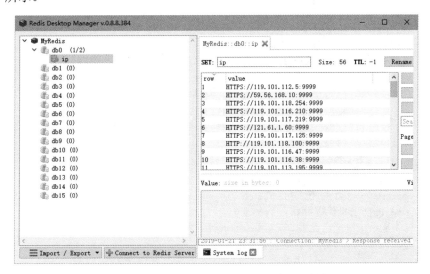

图 9-5　有效的代理服务器 URL 保存于 Redis 数据库中

9.3.3　实现随机代理

将免费可用的代理服务器信息保存到 Redis 数据库后，所有的 Scrapy 爬虫项目就可以
使用它们了。需要注意的是，一个爬虫项目的所有请求不能委托给固定的一个代理服务器，
因为目标网站依然会监测到同一 IP 频繁访问的异常现象。比较好的做法是每次请求时，
随机指定一个代理服务器，将请求分散到多个代理服务器中。

下面还是以起点中文网项目为例，来看一下使用代理服务器爬取数据的实现方法。事
实上，无论是什么项目，改造的思路都是一样的。

（1）修改爬虫源文件 spiders/qidian_hot.py。

```
#-*-coding:utf-8-*-
from scrapy import Request
from scrapy.spiders import Spider              #导入 Spider 类
from qidian_hot.items import QidianHotItem     #导入模块
from qidian_hot import settings                #导入配置文件
import redis                                    #导入 Redis 库
```

```
class HotSalesSpider(Spider):
    #定义爬虫名称
    name = 'hot'
    current_page = 1                                        #设置当前页，起始为 1

    #构造函数
    def __init__(self):
        # 获取配置文件中 Redis 的配置信息
        host = settings.REDIS_HOST                          #主机地址
        port = settings.REDIS_PORT                          #端口
        db_index = settings.REDIS_DB_INDEX                  #索引
        db_psd = settings.REDIS_PASSWORD                    #密码
        # 连接 Redis，得到一个连接对象
        self.db_conn = redis.StrictRedis(host=host,         #主机地址
                        port=port,                          #端口
                        db=db_index,                        #索引
                        password=db_psd,                    #密码
                        decode_responses=True)              #获取字符串类型

    #获取初始 Request
    def start_requests(self):
        url = "https://www.qidian.com/rank/hotsales?style=1"
        proxy = self.db_conn.srandmember("ip")              #随机获取一个代理 URL
        print("随机代理 URL:",proxy)
        #生成请求对象，设置 url、callback、errback 和 meta
        yield Request(url,                                  #目标 URL
                callback=self.qidian_parse,                 #回调函数
                errback=self.error_back,                    #异常时调用的函数
                meta={"proxy": proxy,                       #代理服务器 URL
                    "download_timeout": 10                  #超时时间
                    }
                )

    # 解析数据
    def qidian_parse(self, response):
        #解析小说信息，代码略
        ......
        #获取下一页 URL，并生成 Request 请求，提交给引擎
        #1.获取下一页 URL
        self.current_page+=1
        if self.current_page<=25:
            next_url = "https://www.qidian.com/rank/hotsales?style=1&page=
            %d"%(self.current_page)
            proxy = self.db_conn.srandmember("ip")          # 随机获取一个代理 URL
            print("随机代理 URL:", proxy)
            #2.根据 URL 生成 Request，使用 yield 返回给引擎
            yield Request(next_url,                         #目标 URL
                    callback=self.qidian_parse,             #回调函数
                    errback=self.error_back,                #异常时调用的函数
                    meta={"proxy": proxy,                   #代理服务器 URL
```

```
                                       "download_timeout": 10    # 超时时间
                                   }
                          )

        #异常错误处理函数
        def error_back(self,failure):
            #打印错误日志信息
            self.logger.error(repr(failure))
            #获取请求 request
            request = failure.request
            #从 Redis 中删除无效的代理，upper()的功能是转换为大写字母
            self.db_conn.srem("ip",request.meta["proxy"].upper())
            # 随机获取一个代理 URL
            proxy = self.db_conn.srandmember("ip")
            print("重新选择代理 URL: ",proxy)
            #使用新的代理，重新请求
            yield Request(request.url,                          #目标 URL
                        callback=self.qidian_parse,            #回调函数
                        errback=self.error_back,               #异常时调用的函数
                        meta={"proxy": proxy,                  #代理服务器 URL
                              "download_timeout": 10           #超时时间
                              },
                        dont_filter=True)                      #不过滤重复的请求
```

粗体部分是本次新增的代码。

在新增的构造函数__init__()中，首先从配置文件中获取 Redis 相关配置信息；然后使用 StrictRedis()方法连接 Redis 数据库，得到一个连接对象 db_conn。

在 start_requests()和 qidian_parse()方法中，新增的代码是完全一样的，即在 Request 请求中，添加必要的参数，实现代理服务器的使用。首先使用 Redis 的方法 srandmember() 从 key 为 ip 的 Redis 数据库中随机获取一个代理服务器的 URL；然后在 Request 请求对象中添加几个参数：

- errback：异常时调用 error_back()方法。
- meta：附加选项。其中，proxy 设置代理服务器 URL；download_timeout 设置超时时间为 10 秒。

在新增的 error_back()方法中，首先打印出错日志信息；然后将无效的代理服务器从 Redis 数据库中删除；最后重新从 Redis 中随机获取一个代理服务器，使用新的代理服务器生成新的 Requet 对象，再次发出请求。注意，参数 dont_filter=True 不可缺少。

（2）修改配置文件 settings.py。

在配置文件中添加 Redis 数据库相关的配置信息，代码如下：

```
REDIS_HOST = "localhost"            #主机地址
REDIS_PORT = 6379                   #端口
REDIS_DB_INDEX = 0                  #索引
REDIS_PASSWORD = "foobared"         #密码
```

至此，本项目全部改造完，执行爬虫，看看效果如何吧。

9.4　本　章　小　结

本章介绍了突破反爬虫技术的几种方法，主要有：

- 降低请求频率；
- 修改请求头；
- 禁用 Cookie；
- 伪装成随机浏览器；
- 更换 IP 地址。

重点介绍了使用 fake_useragent 库实现随机浏览器的伪装，以及使用 HTTP 代理服务器实现 IP 地址变更的相关内容。

第 10 章　文件和图片下载

到目前为止，我们实现了从网页中爬取文字信息的方法。事实上，网络中还有更多形式的资源，如文件、图片、视频、压缩包等。本章将会使用 Scrapy 提供的文件和图片管道，实现文件和图片的下载。

10.1　文 件 下 载

基于文件下载在爬虫中的普遍性和实用性，Scrapy 提供了文件管道 FilesPipeline 用于实现文件的下载。你也可以扩展 FilesPipeline，实现自定义的文件管道功能。

10.1.1　FilesPipeline 执行流程

使用 FilesPipeline 下载文件的流程如图 10-1 所示。

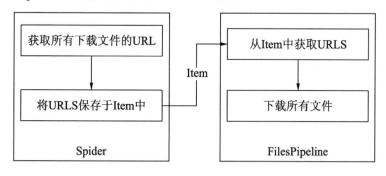

图 10-1　FilesPipeline 下载文件流程

文件的下载主要涉及 Spider 和 FilesPipeline 两个组件。其中，Spider 组件中的功能是需要编码实现，而 FilesPipeline 中的功能 Scrapy 已经实现好，无须任何处理。详细流程如下：

（1）在 Spider 中，将想要下载的文件 URL 地址保存到一个列表中，并赋给 key 为 file_urls 的 Item 字段中（item["file_urls"]）。

（2）引擎将 Item 传入 FilesPipeline 管道中。

（3）FilesPipeline 获取 Item 后，会读取 Item 中 key 为 file_urls 的字段（item["file_urls"]），再根据获得的 URL 地址下载文件。Item 在 FilesPipeline 管道中处于"锁定"状态，直到所有文件全部下载完（或者某种原因下载失败）。

（4）所有文件下载完后，会将各个文件下载的结果信息收集到一个列表中，并赋给 key 为 files 的 Item 字段中（item["files"]）。主要包含以下内容：

- 文件下载的路径；
- 文件的 URL 地址；
- 文件的校验和（Checksum）。

下面通过一个具体的案例来介绍，使用 FilesPipeline 实现文件下载的过程。

10.2　项目案例：爬取 seaborn 案例源文件

人工智能、大数据领域的学习者和开发者，对 seaborn 一定不会感到陌生。它是一个免费的、基于 Python 的数据统计可视化库，它提供的高级界面，能够绘制极富吸引力且信息丰富的统计图形。如图 10-2 就是通过 seaborn 展示的统计图形。

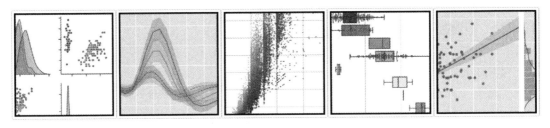

图 10-2　seaborn 数据统计图

10.2.1　项目需求

seaborn 的网址为 http://seaborn.pydata.org/。在其官方网站上提供了许多应用案例，每个案例都附有源码文件，供使用者下载参考。应用案例展示的网址为 http://seaborn.pydata.org/examples/index.html，如图 10-3 所示。该页面展示了 40 幅由 seaborn 实现的应用案例图形。

单击图 10-3 中的某个应用案例图形，就会跳转到该应用案例的详情页，如图 10-4 所示。详情页中展示了案例图形、源码文件下载链接和源代码等信息。

Example gallery

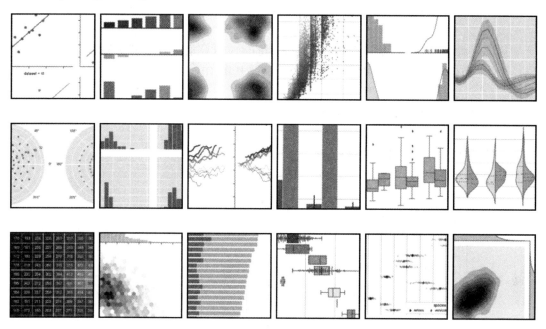

图 10-3　seaborn 提供的应用案例

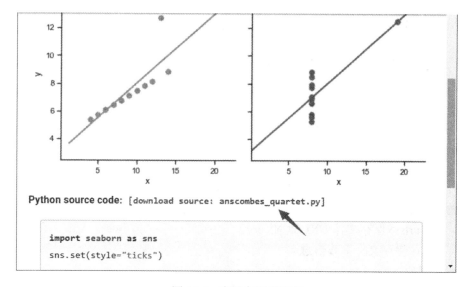

图 10-4　应用案例详情页

　　本项目要求将 seaborn 中所有应用案例的源文件下载到本地。而源文件的下载链接，就是图 10-4 中标有箭头的地方。

10.2.2　技术分析

通过页面分析得知，要下载所有应用案例的源文件，必须获取源文件的 URL 地址，这可以从图 10-4 的详情页中取得。而详情页又是从图 10-3 的应用案例列表页面中跳转过来的。

由此可见，我们需要提取并解析两种类型的页面，一是图 10-3 所示的应用案例列表页面，获取所有应用案例详情页的 URL 地址；二是图 10-4 所示的详情页，从详情页中获取源文件的 URL，再将其发送给文件管道（FilesPipeline）执行文件的下载。项目实现的流程如图 10-5 所示。

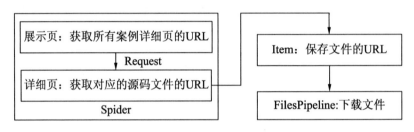

图 10-5　项目实现流程

10.2.3　代码实现及解析

1. 创建Scrapy项目

创建一个名为 seaborn_file_download 的 Scrapy 项目。

```
>scrapy startproject seaborn_file_download
```

2. 使用Item封装数据

打开项目 seaborn_file_download 中的 items.py 源文件。在类 SeabornFileDownloadItem 中添加两个字段：

（1）file_urls：保存文件 URL 地址。

（2）files：保存文件下载信息。

实现代码如下：

```
import scrapy
class SeabornFileDownloadItem(scrapy.Item):
    file_urls = scrapy.Field()        #文件 URL 地址
    files = scrapy.Field()            #文件下载信息
```

3．创建Spider文件及Spider类

在spiders文件夹中新建file_spider.py文件。在file_spider.py中创建爬虫类FileDownloadSpider，代码框架如下：

```
class FileDownloadSpider(Spider):
    #定义爬虫名称
    name = 'file'
    #获取初始 Request
    def start_requests(self):
        pass

    # 解析函数-获取案例列表中每个案例的 URL 地址
    def parse(self, response):
        pass

    #解析函数-获取源码文件的 URL，将其放入 key 为 file_urls 的 Item 中
    def parse_file(self,response):
        pass
```

start_requests()方法用于获取初始的 Request 请求；解析函数 parse()用于解析应用案例列表页，获取所有详情页的 URL，根据详情页的 URL 构造新的 Request；解析函数 parse_file()用于解析详情页，获取源码文件的 URL。

以下为 Spider 实现的完整代码：

```
#-*-coding:utf-8-*-
from scrapy import Request
from scrapy.spiders import Spider                          #导入 Spider 类
from seaborn_file_download.items import SeabornFileDownloadItem #导入 Item
class FileDownloadSpider(Spider):
    #定义爬虫名称
    name = 'file'
    #获取初始 Request
    def start_requests(self):
        url = "http://seaborn.pydata.org/examples/index.html"
        #生成请求对象，设置 URL
        yield Request(url)

    # 解析函数-获取案例列表中每个案例的 URL 地址
    def parse(self, response):
        #使用 XPath 定位到每个案例的链接地址
        urls = response.xpath("//div[@class='figure align-center']/a/
        @href").extract()
        #遍历每个案例的 URL
        for i in range(len(urls)):
            # urljoin 构建完整的 URL 绝对地址
            url = response.urljoin(urls[i])
            #使用 URL 构造 Request 请求并返回
            yield Request(url,callback=self.parse_file)

    #解析函数-获取源码文件的 URL，将其放入 key 为 file_urls 的 Item 中
```

```
def parse_file(self,response):
    #获取源文件的 URL 地址
    href = response.xpath("//a[@class='reference download internal']/
    @href").extract_first()
    url = response.urljoin(href)
    #创建 SeabornFileDownloadItem 对象
    item = SeabornFileDownloadItem()
    #将源文件的 URL 地址以列表的形式保存到 key 为 file_urls 的 Item 中
    item["file_urls"] = [url]
    yield item
```

在解析函数 parse()中，使用 XPath 定位到应用案例的 URL 地址（详情页的地址），如图 10-6 所示。由于获取的 URL 是相对地址，需要使用 response.urljoin()方法将其补全，变为绝对地址。最后每个 URL 地址对应构造一个 Request 请求，回调函数为 parse_file()。

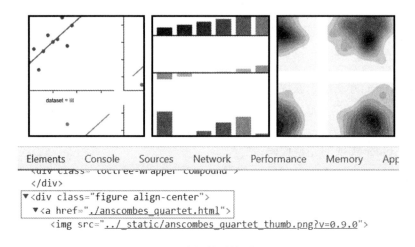

图 10-6　案例的详情页 URL

在解析函数 parse_file()中，首先使用 XPath 获取源码文件的 URL 地址，如图 10-7 所示；然后创建 SeabornFileDownloadItem 对象，将源码文件的 URL 以列表的形式保存到 key 为 file_urls 的 Item 中；最后使用 yield 提交 Item 对象。

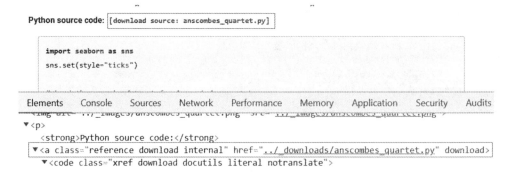

图 10-7　源码文件的 URL

4．项目配置

在项目配置文件 settings.py 中，需要设置以下几个配置项：

（1）设置 robots 协议：ROBOTSTXT_OBEY（False 为不遵守协议）；

（2）设置用户代理：USER_AGENT；

（3）设置文件下载路径：FILES_STORE；

（4）启用文件管道（FilesPipeline）：开放 ITEM_PIPELINES，启用 Scrapy 的 FilesPipeline。

配置代码如下：

```
#不遵守 robots 协议
ROBOTSTXT_OBEY = False

#模拟浏览器
USER_AGENT = "Mozilla/5.0 (Windows NT 10.0;Win64; x64) " \
             "AppleWebKit/537.36 (KHTML, like Gecko) " \
             "Chrome/68.0.3440.106 Safari/537.36"

#设置文件下载路径
FILES_STORE = "./examples"

#开放 ITEM_PIPELINES，启用 FilesPipeline
ITEM_PIPELINES = {
    #'seaborn_file_download.pipelines.SeabornFileDownloadPipeline': 300,
    'scrapy.pipelines.files.FilesPipeline': 300,
}
```

5．运行爬虫

通过以下命令运行爬虫程序。

```
>scrapy crawl file -o seaborn.csv
```

爬虫程序正常运行完后，得到了 seaborn.csv 文件。打开该文件，发现其中保存了 40 条源码文件的信息，包含 file_urls 和 files 两个字段。

以下为一条数据的信息：

```
file_urls,files
http://seaborn.pydata.org/_downloads/anscombes_quartet.py,"[{'url':
'http://seaborn.pydata.org/_downloads/anscombes_quartet.py', 'path': 'full/
7aa78441823ed128d92b9d77398f644bcd81d99d.py', 'checksum': '94347ea3a601f06
fa48c4e5cf71963b1'}]"
```

再来看一下下载的源文件。在项目的 examples/full 中，发现成功将 40 个源码文件下载下来了，如图 10-8 所示。

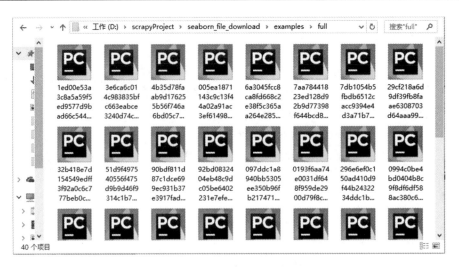

图 10-8　下载到本地的源码文件

6．功能优化

　　仔细查看下载的文件，发现一个问题：文件名变成了一堆没有意义的字母和数字的组合（网址的 SHA1 哈希值），这太令人沮丧了。如何恢复其本来的文件名或者能够自定义文件名，甚至自定义保存文件的文件夹呢？这时可以考虑扩展文件管道（FilesPipeline），重写其内部方法，实现自定义的功能。

　　下面就来改造一下项目，使得下载下来的文件名不被改变。

　　（1）新建管道类 SaveFilePipeline。

　　首先，打开源文件 pipelines.py，新建继承于 FilesPipeline 的管道类 SaveFilePipeline；然后，重写基类的 file_path()方法，该方法用于设置文件名称，并返回文件的名称，实现代码如下：

```
from scrapy.pipelines.files import FilesPipeline       #导入文件管道类
from scrapy import Request
#定义新的文件管道，继承于 FilesPipeline
class SaveFilePipeline(FilesPipeline):
    #设定文件名称并返回
    def file_path(self, request, response=None, info=None):
        #获取文件名并返回
        return request.url.split("/")[-1]
```

　　在方法 file_path()中，request.url 获取当前 Request 对象的 URL 地址，并将最后一个"/"之后的字符串作为文件名。例如，某个源文件的 URL 地址为：../_downloads/anscombes_quartet.py，最后一个斜杠"/"后的文字 anscombes_quartet.py 就是文件的名称。

　　如果决定将每个文件分别保存于一个文件夹中，且文件夹的名字以文件名命名，方法 file_path()可以这样修改：

```
#设定文件名称并返回
def file_path(self, request, response=None, info=None):
    #获取文件名并返回
    #return request.url.split("/")[-1]
    #获取文件名
    file_name = request.url.split("/")[-1]
    #确定文件夹的名称
    folder_name = file_name.split(".")[0]
    #返回文件夹和文件组合的字符串
    return folder_name+"/"+file_name
```

（2）启用新的管道类 SaveFilePipeline。

在配置文件 settings.py 中，启用新的管道类 SaveFilePipeline，并舍弃 FilesPipeline。设置方法如下：

```
ITEM_PIPELINES = {
    #'seaborn_file_download.pipelines.SeabornFileDownloadPipeline': 300,
    #'scrapy.pipelines.files.FilesPipeline': 300,
    'seaborn_file_download.pipelines.SaveFilePipeline': 300,
}
```

（3）运行爬虫。

重新运行爬虫程序。

```
>scrapy crawl file -o seaborn.csv
```

爬虫程序运行完后，查看下载的文件，如图 10-9 所示。现在文件恢复为原来的名字了。

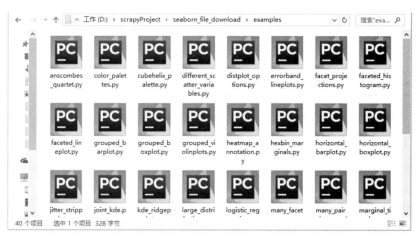

图 10-9　优化后的文件

10.2.4　更多功能

文件管道（FilesPipeline）还提供了其他一些有用的配置项。

（1）自定义 URL 键和结果键。

URL 键和结果键的默认设定值为 file_urls 和 files。如果要使用其他字段名称，可以在 settings.py 中做如下设置：

```
FILES_URLS_FIELD = '自定义的 URL 键'
FILES_RESULT_FIELD = '自定义的结果键'
```

（2）设定文件到期时间。

文件管道（FilesPipeline）会避免下载最近下载过的文件，默认值为 90 天。如果要调整此延迟，可以在 settings.py 中做如下设置：

```
# 文件 120 天过期
FILES_EXPIRES = 120
```

（3）允许重定向。

默认情况下，文件管道会忽略重定向。如果 HTTP 发生了重定向将会忽略下载，被认定为下载失败。如果要设置为允许重定向，请将此配置项设置为 True。

```
MEDIA_ALLOW_REDIRECTS = True
```

10.3　图片下载

Scrapy 还提供了图片管道 ImagesPipeline 用于实现图片的下载。你也可以扩展 ImagesPipeline，实现自定义的图片管道功能。

图片也是文件，下载图片的本质也是下载文件，ImagesPipeline 继承于 FilesPipeline，使用上和 FilesPipeline 基本一致，只是在使用的 item 字段和配置选项上有所差别，如表 10-1 所示。

表 10-1　FilesPipeline和ImagesPipeline比较

	FilesPipeline	ImagesPipeline
导入路径	scrapy.pipelines.files.FilesPipeline	scrapy.pipelines.images. ImagesPipeline
默认URL键	file_urls	image_urls
默认结果键	files	images
自定义URL键	FILES_URLS_FIELD	IMAGES_URLS_FIELD
自定义结果键	FILES_RESULT_FIELD	IMAGES_RESULT_FIELD
下载目录	FILES_STORE	IMAGES_STORE
文件有效期	FILES_EXPIRES	IMAGES_EXPIRES
重定向	MEDIA_ALLOW_REDIRECTS	

另外，ImagesPipeline 还有自己独有的配置选项。

（1）生成图像缩略图。

ImagesPipeline 可以自动创建下载图像的缩略图。要使用此功能，只需在配置文件 settings.py 中设置 IMAGES_THUMBS，它是一个字典，可以设置多种尺寸的缩略图，key

为存储图片的文件夹名称，值是缩略图尺寸，实现代码如下：

```
IMAGES_THUMBS = {
    'small': (50, 50),
    'big': (270, 270),
}
```

该功能启用后，图像管道将使用以下格式创建每个指定大小的缩略图：

```
<IMAGES_STORE>/thumbs/<size_name>/<image_id>.jpg
```

其中，<size_name>是指定的 IMAGES_THUMBS 字典的 key 值（small，big 等），<image_id>是图像网址的 SHA1 哈希值。

（2）过滤尺寸过小图像。

在配置文件 settings.py 中设置 IMAGES_MIN_HEIGHT 和 IMAGES_MIN_WIDTH 来过滤尺寸过小的图像。

```
IMAGES_MIN_HEIGHT = 110                    #图像最小高度
IMAGES_MIN_WIDTH = 110                     #图像最小宽度
```

10.4　项目案例：爬取摄图网图片

摄图网是一家专注于正版摄影高清图片素材下载的图库作品网站，提供手绘插画、海报、科技、建筑、风景、美食、家居和外景等好看的图片设计素材。

10.4.1　项目需求

摄图网网址为 http://699pic.com/。首页以导航形式展示图片的不同类型，如流行精选、照片、插画、创意背景、设计模板和 GIF 动图等，如图 10-10 所示。

图 10-10　摄图网首页

在首页中单击"照片"栏，就进入与照片相关的页面，如图 10-11 所示。该页面将照片分为不同的主题，如毕业季、青年聚会、文艺清新美女和元气少女等。

图 10-11　照片列表页

当单击图 10-11 中的某个主题时，就进入该主题的详情页，如图 10-12 所示。该页面展示了以毕业季为主题的所有照片。

图 10-12　毕业季照片页面

本项目要求将图 10-11 中所有不同主题的图片下载到本地，而图片是要到主题对应的详情页中获取，如图 10-12 所示。具体要求有：

- 下载摄图网中分类为"照片"的所有图片。
- 下载后的图片名称不变。
- 相同主题的图片放于同一文件夹中，且文件夹按照主题命名。
- 每张图片同时生成两张大小不同的缩略图。
- 忽略尺寸过小的图片（高或宽低于 10 像素）。

图片下载到本地后，存储的形式如图 10-13 所示。

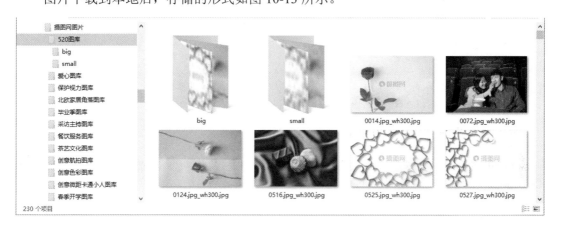

图 10-13　下载到本地后的图片的存储形式

10.4.2　技术分析

由图 10-11 可知，在照片列表页中，主要包含毕业季、青年聚会、文艺清新美女、深夜加班等八十多个主题。每个主题都有各自的详情页，而下载的对象正是各个详情页中的图片，如图 10-12 所示。

由此可见，我们需要提取并解析两种类型的页面，一是照片列表页，获取各个主题对应的详情页的 URL；二是照片详情页，获取详情页中所有图片的 URL，再将其发送给图片管道（ImagesPipeline）执行图片的下载。

10.4.3　代码实现及解析

1. 创建Scrapy项目

创建一个名为 shetu_image_download 的 Scrapy 项目。

```
>scrapy startproject shetu_image_download
```

2．使用Item封装数据

打开项目 shetu_image_download 中的 items.py 源文件。在类 ShetuImageDownloadItem 中添加 3 个字段：

- title：图片主题，用于设置文件夹名称。
- image_urls：保存图片 URL 地址。
- images：保存图片下载信息。

实现代码如下：

```
import scrapy
class ShetuImageDownloadItem(scrapy.Item):
    title = scrapy.Field()                    #图片类型，用于设置文件夹名称
    image_urls = scrapy.Field()               #图片 URL 地址
    images = scrapy.Field()                   #图片下载信息
```

3．创建Spider文件及Spider类

在 spiders 文件夹中新建 image_spider.py 文件。在 image_spider.py 中创建爬虫类 Image DownloadSpider，代码框架如下：

```
class ImageDownloadSpider(Spider):
    #定义爬虫名称
    name = 'image'
    #获取初始 Request
    def start_requests(self):
        pass

    #解析函数-解析照片列表页，获取各个主题对应详情页的 URL
    def parse(self, response):
        pass

    #解析函数-解析详情页，获取照片 URL
    def parse_image(self,response):
        pass
```

start_requests()方法用于获取初始的 Request 请求；解析函数 parse()用于解析照片列表页，获取照片列表页中各个主题对应的详情页的 URL，再根据详情页的 URL 构造新的 Request；解析函数 parse_image()用于解析详情页，获取所有图片的 URL。

以下为 Spider 的完整实现代码：

```
#-*-coding:utf-8-*-
from scrapy import Request
from scrapy.spiders import Spider                        #导入 Spider 类
from shetu_image_download.items import ShetuImageDownloadItem #导入 Item
class ImageDownloadSpider(Spider):
    #定义爬虫名称
    name = 'image'
    #获取初始 Request
```

```
    def start_requests(self):
        url = "http://699pic.com/photo/"
        #生成请求对象
        yield Request(url)

#解析函数-解析照片列表页，获取各个主题对应详情页的 URL
    def parse(self, response):
        #使用 XPath 定位到每个主题对应的 URL
        urls = response.xpath("//div[@class='pl-list']/a[1]/@href").extract()
        #遍历每个 URL
        for i in range(len(urls)):
            #使用 URL 构造 Request 请求并返回
            yield Request(urls[i],callback=self.parse_image)

#解析函数-解析详情页，获取照片 URL
    def parse_image(self,response):
        #创建 ShetuImageDownloadItem 对象
        item = ShetuImageDownloadItem()
        #获取所有照片的 URL 地址
        urls = response.xpath("//li[@class='list']/a/img/@data-original").
        extract()
        if urls:#如果获取到照片 URL
            #照片主题名称
            title = response.xpath("//li[@class='list']/a/img/@title").
            extract_first()
            item["title"] = title          #保存照片主题名称
            #将图片的 URL 地址保存到 key 为 images_urls 的 Item 中
            item["image_urls"] = urls
            yield item
            #获取下一页 URL
            next_url = response.xpath("//a[@class='downPage']/@href").
            extract()
            if next_url:                   #如果获取到下一页的 URL
                next_url = response.urljoin(next_url[0])       #绝对路径
                #使用下一页 URL 构造 Request 请求
                yield Request(next_url,callback=self.parse_image)
```

　　在解析函数 parse()中，首先，使用 XPath 定位到照片列表页中的各个主题，并获取详情页的 URL，如图 10-14 所示。每个 URL 地址对应构造一个 Request 请求，回调函数为 parse_image()。

　　在回调函数 parse_image()中，首先创建 ShetuImageDownloadItem 对象 item；然后使用 XPath 获取所有图片的 URL 地址和图片主题名称（作为文件夹的名称），如图 10-15 所示；然后将所有图片的 URL 以列表的形式保存到 key 为 image_urls 的 item 中，将图片主题名称保存到 key 为 title 的 item 中，再返回 item；最后还需要获取下一页的 URL，并构造对应的 Request，以便爬取下一页的图片。

图 10-14　详情页 URL

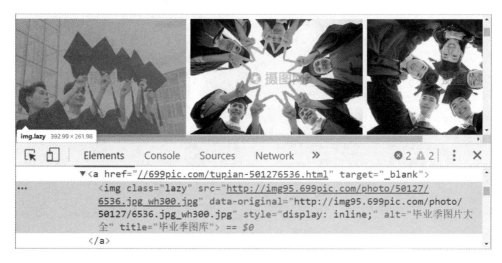

图 10-15　获取图片 URL 和主题

4．扩展ImagesPipeline

ImagesPipeline 默认将所有下载的照片保存于 full 目录中，并且图片名称是通过 sha1 生成的哈希值，这显然不符合项目的要求。因此，需要新建一个继承于 ImagesPipeline 的图片管道 SaveImagePipeline，重新设置图片下载路径及图片名称。

打开源文件 pipelines.py，新建继承于 ImagesPipeline 的管道类 SaveImagePipeline。以下为 SaveImagePipeline 实现代码：

```
from scrapy.pipelines.images import ImagesPipeline          #导入图片管道类
from scrapy import Request
#图片管道，继承于 ImagesPipeline
class SaveImagePipeline(ImagesPipeline):
    #构造图像下载的请求，URL 从 item["image_urls"]中获取
    def get_media_requests(self, item, info):
```

```
        #将照片主题作为参数传递出去（用于设置存储图片存储路径）
        return [Request(x,meta={"title":item["title"]}) for x in item.get
         (self.images_urls_field, [])]

    #设置图片存储路径及名称
    def file_path(self, request, response=None, info=None):
        #从 Request 的 meta 中获取图片类型
        title = request.meta["title"]
        #图片名称
        image_name = request.url.split("/")[-1]
        #图片存储形式：图片类型/图片名称(sha1 哈希值).jpg
        return "%s/%s"%(title,image_name)

    #设置缩略图存储路径及名称
    def thumb_path(self, request, thumb_id, response=None, info=None):
        #从 Request 的 meta 中获取图片类型
        title = request.meta["title"]
        image_name = request.url.split("/")[-1]
        #缩略图路径：图片类型名/big(或 small)/图片名称
        return '%s/%s/%s' % (title,thumb_id,image_name)
```

类 SaveImagePipeline 继承于 ImagesPipeline，它重写了基类的 3 个方法。

（1）get_media_requests()方法：构造图像下载的 Request 对象。

当 Spider 通过引擎将 Item 发送给 SaveImagePipeline 处理时，它会将 Item 发送给该方法，构造并返回请求的 Reuest 对象，执行下载任务。

get_media_requests()方法在基类 ImagesPipeline 中实现的代码为：

```
return [Request(x) for x in item.get(self.images_urls_field, [])]
```

即从 item["image_urls"]中读取所有 URL，构造各自的 Request 请求。在此基础上，我们在 Request 中加入了参数 meta，它是一个字典，用于数据的传递，这里传递的是图片类型（item["title"]）数据，供下面的两个方法（file_path 和 thumb_path）使用。

加粗部分为新增的代码：

```
return [Request(x,meta={"title":item["title"]}) for x in item.get(self.
images_urls_field, [])]
```

（2）file_path()方法：设置并返回图片存储路径。

项目要求的图片存储路径为"图片主题/图片名称"，即相同主题的图片存储于同一文件夹中。首先通过 request.meta["title"]获取图片主题；然后通过 request.url 获取图片的 URL，截取图片名称；最后返回"图片类型/图片名称"格式的字符串，完成图片存储路径的设置。

（3）thumb_path()方法：设置缩略图存储路径。

thumb_path()方法与 file_path()方法功能类似，只是缩略图的存储路径为"图片主题/thumb_id/图片名称"，其中，thumb_id 是从配置文件（settings.py）获取的缩略图的 size_name（big 或 small）。

5. 项目配置

在项目配置文件 settings.py 中，需要设置以下几个配置项：

（1）设置 robots 协议：ROBOTSTXT_OBEY（False 为不遵守协议）。

（2）设置用户代理：USER_AGENT。

（3）设置图片下载路径：IMAGES_STORE。

（4）设置缩略图大小：IMAGES_THUMBS。

（5）过滤尺寸过小图片：IMAGES_MIN_WIDTH 和 IMAGES_MIN_HEIGHT。

（6）启用图片管道：SaveImagePipeline。

配置代码如下：

```
#（1）不遵守 robots 协议
ROBOTSTXT_OBEY = False

#（2）设置用户代理
USER_AGENT = "Mozilla/5.0 (Windows NT 10.0;Win64; x64) " \
            "AppleWebKit/537.36 (KHTML, like Gecko) " \
            "Chrome/68.0.3440.106 Safari/537.36"

#（3）设置图片下载路径
IMAGES_STORE = './摄图网图片'

#（4）设置缩略图大小
IMAGES_THUMBS ={
    'small':(30,30),
    'big':(50,50)
}

#（5）过滤尺寸过小的图片
IMAGES_MIN_WIDTH = 10
IMAGES_MIN_HEIGHT = 10

#（6）启用图片管道 SaveImagePipeline
ITEM_PIPELINES = {
    'shetu_image_download.pipelines.SaveImagePipeline': 300,
}
```

6. 运行爬虫

通过以下命令运行爬虫程序。

```
>scrapy crawl image -o images.csv
```

爬虫程序正常运行完后，生成了 images.csv 文件。打开文件，发现其中保存了 88 条数据，包含 image_urls、images 和 title 这 3 个字段。以下为一条数据的信息：

```
"http://img95.699pic.com/photo/50059/3385.jpg_wh300.jpg,http://img95.69
9pic.com/photo/50058/9320.jpg_wh300.jpg,http://img95.699pic.com/photo/5
0067/6418.jpg_wh300.jpg,http://img95.699pic.com/photo/50059/8317.jpg_wh
```

300.jpg,http://img95.699pic.com/photo/50059/2900.jpg_wh300.jpg,http://i
mg95.699pic.com/photo/50063/0202.jpg_wh300.jpg,http://img95.699pic.com/
photo/50059/2901.jpg_wh300.jpg,http://img95.699pic.com/photo/50069/2891
.jpg_wh300.jpg","[{'url': 'http://img95.699pic.com/photo/50059/3385.jpg_
wh300.jpg', 'path': '室内家居图库/3385.jpg_wh300.jpg', 'checksum': '098e880
caff1deb65e2cb6751f4fd6ee'}, {'url': 'http://img95.699pic.com/photo/50058/
9320.jpg_wh300.jpg', 'path': '室内家居图库/9320.jpg_wh300.jpg', 'checksum':
'bb5380eacb04a15d182209414c3433c9'}, {'url': 'http://img95.699pic.com/photo/
50067/6418.jpg_wh300.jpg', 'path': '室内家居图库/6418.jpg_wh300.jpg', 'checksum':
'df7d627c31c0643e6c314de72e2dd425'}, {'url': 'http://img95.699pic.com/photo/
50059/8317.jpg_wh300.jpg', 'path': '室内家居图库/8317.jpg_wh300.jpg', 'checksum':
'48b61662159983ef7e8388d4cc1238de'}, {'url': 'http://img95.699pic.com/photo/
50059/2900.jpg_wh300.jpg', 'path': '室内家居图库/2900.jpg_wh300.jpg', 'checksum':
'c1cbe468fab86041a8cc9fe8fabc1c2a'}, {'url': 'http://img95.699pic.com/photo/
50063/0202.jpg_wh300.jpg', 'path': '室内家居图库/0202.jpg_wh300.jpg', 'checksum':
'bebc77c1e1b986041873292317e576b4'}, {'url': 'http://img95.699pic.com/photo/
50059/2901.jpg_wh300.jpg', 'path': '室内家居图库/2901.jpg_wh300.jpg', 'checksum':
'5273271a126ab3fd31e958eb4f1b7e4c'}, {'url': 'http://img95.699pic.com/photo/
50069/2891.jpg_wh300.jpg', 'path': '室内家居图库/2891.jpg_wh300.jpg', 'checksum':
'98e786b503b75fa2016649c8a3048808'}]",室内家居图库

再来看一下下载的图片。在项目根目录中，找到一个名为"摄图网图片"的目录，图片按照如图 10-16 所示的路径存储，并且原始图片和缩略图片（big 和 small）也都成功下载。

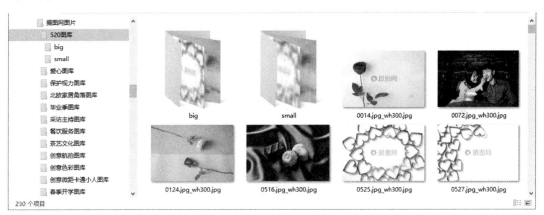

图 10-16　下载的图片

10.5　本章小结

本章使用 Scrapy 提供的管道 FilesPipeline 和 ImagesPipeline，实现了两个非常实用的功能：文件下载和图片下载。它们的用法如表 10-2 所示。

表 10-2　FilesPipeline和ImagesPipeline功能

	FilesPipeline	ImagesPipeline
导入路径	scrapy.pipelines.files.FilesPipeline	scrapy.pipelines.images. ImagesPipeline
默认URL键	file_urls	image_urls
默认结果键	files	images
自定义URL键	FILES_URLS_FIELD	IMAGES_URLS_FIELD
自定义结果键	FILES_RESULT_FIELD	IMAGES_RESULT_FIELD
下载目录	FILES_STORE	IMAGES_STORE
文件有效期	FILES_EXPIRES	IMAGES_EXPIRES
图像缩略图	无	IMAGES_THUMBS
过滤过小图像	无	IMAGES_MIN_HEIGHT IMAGES_MIN_WIDTH
重定向	MEDIA_ALLOW_REDIRECTS	

另外，还可以继承 FilesPipeline 和 ImagesPipeline 以扩展功能，重写的方法主要有：

- 构造 Request 请求：get_media_requests()。
- 设置图片/文件的路径：file_path()。
- 设置图片缩略图：thumb_path()。
- 下载结束后的处理：item_completed()。

第3篇
高级篇

第 11 章　Scrapy-Redis 实现
分布式爬虫

到目前为止，所有的爬虫都是在单机中执行。当爬取的数据量较大时，受硬件和网络带宽的限制，单机就需要耗费很长的时间。因此，可以发挥"人多力量大"的优势，将爬虫分配给网络中的多台机器，让它们相互配合，共同完成一个大型的爬取任务，这就是分布式爬虫。本章将会学习使用 Scrapy-Redis 结合 Scrapy 框架实现分布式爬虫。

11.1　分布式爬虫原理

Scrapy 框架本身不支持分布式爬虫，为了实现分布式爬虫，需要重写 Scrapy 框架中的部分组件。

为什么 Scrapy 框架不支持分布式爬虫呢？大家可以回顾一下 Scrapy 的框架结构（见图 3-2）。

这里我们重点看一下调度器（Scheduler）的功能。调度器接收引擎发过来的请求（Requests），去除重复的请求后，将其压入队列中，再按先后顺序出队，交由引擎实现请求的发送任务。

由此可见，调度器主要完成以下两项任务。

（1）任务调度：请求（Requests）的入队和出队。

（2）去重操作：将请求的指纹（经过加密）保存于一个集合中，如果新的请求已存在于集合中，则舍弃该请求，避免重复爬取。

注意，此处任务调度用到的请求队列和去重用到的指纹集合默认都是保存于内存中的（也可以持久化到本地文件中）。这就是问题所在，当同时开启多个 Scrapy 时，它们只会各自为战，使用各自独立的请求队列和指纹集合，最终爬取的都是重复的数据。因为请求队列和指纹集合无法共享，多个 Scrapy 当然无法协同工作了。

因此，要实现分布式爬虫，就必须解决以下几个问题。

（1）共享请求队列：多个 Scrapy 共享同一个请求队列，从同一个队列中获取请求，避免分配重复的请求。

（2）共享指纹集合：多个 Scrapy 共享同一个指纹集合，实现去重功能。

（3）汇总爬虫数据：将多个 Scrapy 各自爬取下来的数据汇总到同一个地方。

下面就为大家介绍 Scrapy-Redis 库，它重写了 Scrapy 的部分功能，从根本上解决了以上 3 个问题，使其支持分布式爬虫。

11.2　Scrapy-Redis 实现分布式爬虫分析

11.2.1　实现分布式爬虫思路

为了实现分布式爬虫，Scrapy-Redis 的思路是使用 Redis 数据库，即将请求队列、指纹集合、爬虫结果数据全部存储于 Redis 数据库中。基于 Redis 的 Scrapy 爬虫框架就变为如图 11-1 所示的结构了。

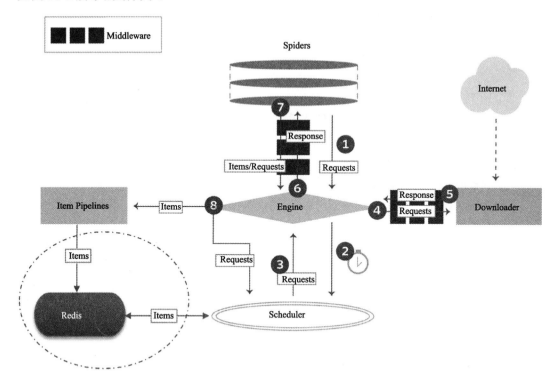

图 11-1　Scrapy-Redis 框架结构

Scrapy-Redis 为多个爬虫分配任务的方式是：让所有爬虫共享一个存在于 Redis 数据库中的请求队列（替代各爬虫独立的请求队列），每个爬虫从请求队列中获取请求，下载并解析页面后，将解析出的新请求再添加到请求队列中，因此每个爬虫既是下载任务的生产者又是消费者。

11.2.2 Scrapy-Redis 代码解析

如果想要深入理解 Scrapy-Redis 分布式爬虫的架构及运行原理，还是需要阅读 Scrapy-Redis 的源代码。不过不用担心，Scrapy-Redis 的源代码较少，理解也较容易。

Scrapy-Redis 是 GitHub 上的一个开源项目，源文件下载地址为 https://github.com/rolando/scrapy-redis，源代码位于目录 src\scrapy_redis 中。

为了实现基于 Redis 的结构，Scrapy-Redis 需要重写以下几项功能。

- 请求队列；
- 去重过滤；
- 调度器；
- 基于 Redis 的项目管道（RedisPipeline）。

下面深入代码，详细了解它们的实现逻辑。

1．请求队列

实现基于 Redis 的请求入队和出队功能。Scrapy 原生的请求队列是存储于内存中的，需要将其转移到 Redis 数据库中，并通过 Redis 数据库，实现请求的入队和出队操作。打开源码文件 queue.py，发现实现了 3 种请求队列。

- PriorityQueue：优先级队列（默认）；
- FifoQueue：先进先出队列；
- LifoQueue：后进先出队列。

这 3 种队列都有一个共同的基类 Base，提供了基本的方法和属性，代码如下：

```
class Base(object):
    """Per-spider base queue class"""
    def __init__(self, server, spider, key, serializer=None):
        ……
        self.server = server
        self.spider = spider
        self.key = key % {'spider': spider.name}
        self.serializer = serializer
    #序列化-将请求对象 Request 转换为字符串
    def _encode_request(self, request):
        """Encode a request object"""
        obj = request_to_dict(request, self.spider)
        return self.serializer.dumps(obj)
    #反序列化-将请求字符串转换为请求对象 Request
    def _decode_request(self, encoded_request):
        """Decode an request previously encoded"""
        obj = self.serializer.loads(encoded_request)
```

```
                return request_from_dict(obj, self.spider)
    # 获取请求队列长度-未实现
    def __len__(self):
        """Return the length of the queue"""
        raise NotImplementedError
    # 入队操作-未实现
    def push(self, request):
        """Push a request"""
        raise NotImplementedError
    # 出队操作-未实现
    def pop(self, timeout=0):
        """Pop a request"""
        raise NotImplementedError
    # 清除队列
    def clear(self):
        """Clear queue/stack"""
        self.server.delete(self.key)
```

在构造函数__init__()中，属性 server 是 Redis 数据库的连接对象，所有针对 Redis 的操作，都是通过 server 调用相应的方法实现的。

push()和 pop()方法分别表示入队和出队操作。所谓入队就是将请求保存于 Redis 中；出队就是从 Redis 中读取请求，并从 Redis 中删除该请求。这两个方法在 Base 类中均未实现，各个子类需要重写它们。

_encode_request()和_decode_request()方法用于序列化和反序列化操作。我们都知道，数据库中无法存储对象类型，因此，需要通过_encode_request()方法将 Request 对象序列化为字符串，再调用 push()方法执行入队操作。当请求的字符串出队后，再通过_decode_request()方法反序列化为 Request 对象。

下面来看一下先进先出队列（FifoQueue）的实现，它继承于 Base 类，代码如下：

```
class FifoQueue(Base):
    def __len__(self):
        #使用 Redis 的 llen 方法获取列表长度
        return self.server.llen(self.key)

    def push(self, request):
        #序列化 Request 请求对象，将其转换为字符串
        # 使用 Redis 的 lpush 方法插入到列表头部
        self.server.lpush(self.key, self._encode_request(request))

    def pop(self, timeout=0):
        if timeout > 0:
            #使用 Redis 的 brpop 移出并获取列表的最后一个元素
            #brpop 可以设置超时
            data = self.server.brpop(self.key, timeout)
            if isinstance(data, tuple):
                data = data[1]
        else:
            #使用 Redis 的 rpop 移除并返回列表的最后一个元素
            data = self.server.rpop(self.key)
```

```
        if data:
            # 反序列化字符串，将其转换为请求对象并返回
            return self._decode_request(data)
```

类 FifoQueue 重写了基类 Base 的 3 种方法：__len__()、push()和 pop()。它们通过属性
server（数据库连接对象）提供的各种方法来操控 Redis，实现优先级队列的长度计算、入
队和出队功能。

在__len__()方法中，使用 Redis 的 llen()方法获取列表长度。

在 push()方法中，使用 Redis 的 lpush()方法将请求插入到列表头部。当然，在插入之
前，要调用基类 Base 的_encode_request()序列化请求对象。通过该方法得知，FifoQueue
使用 Redis 中的列表实现队列，该列表在数据库中的键为 self.key 的值，可以通过配置文
件 settings.py 设置（SCHEDULER_QUEUE_KEY），默认为<spider_name>:requests。

在方法 pop()中，使用 Redis 的 brpop()或 rpop()方法移出并获取列表的最后一个元素。
获取到的元素为字符串，需要调用基类 Base 的_decode_request()方法将其反序列化得到请
求对象，供下载器下载数据。

下面再来看一下系统的默认队列：优先级队列（PriorityQueue）的实现，它也继承于
Base 类，代码如下：

```
class PriorityQueue(Base):
    def __len__(self):
        """Return the length of the queue"""
        return self.server.zcard(self.key)

    def push(self, request):
        #序列化 Request 请求，将其转换为字符串
        data = self._encode_request(request)
        #设置优先级，在 Redis 有序集合中数值越小优先级越高，所以取相反数
        score = -request.priority
        #使用 Redis 的 ZADD 命令，将请求添加进有序集合中
        self.server.execute_command('ZADD', self.key, score, data)

    def pop(self, timeout=0):
        pipe = self.server.pipeline()
        #设置后续的操作具有原子性
        pipe.multi()
        #使用 zrange 和 zremrangebyrank 返回并删除 Request 请求
        pipe.zrange(self.key, 0, 0).zremrangebyrank(self.key, 0, 0)
        results, count = pipe.execute()
        if results:
            # 反序列化字符串，将其转换为请求对象并返回
            return self._decode_request(results[0])
```

类 PriorityQueue 重写了基类 Base 的 3 种方法：__len__()、push()和 pop()。

在__len__()方法中，使用 Redis 的 zcard()方法获取有序集合的长度。

在 push()方法中，执行 Redis 的 ZADD 命令，将请求添加进有序集合中。通过该方法
得知，PriorityQueue 使用 Redis 中的有序集合实现队列，该有序集合在数据库中的键为
self.key 的值，可以通过配置文件 settings.py 设置（SCHEDULER_QUEUE_KEY），默认

为<spider_name>:requests。

在方法 pop()中，使用 zrange()和 zremrangebyrank()方法，返回并删除 Request 请求。在执行 zrange()和 zremrangebyrank()方法之前，要保证其具有原子性，即要么都执行，要么都不执行，不存在执行一部分的情况。

最后来看一下后进先出队列（LifoQueue）的实现，它也继承于 Base 类，代码如下：

```
class LifoQueue(Base):
    def __len__(self):
        #使用 Redis 的 llen 方法获取列表长度
        return self.server.llen(self.key)

    def push(self, request):
        #序列化 Request 请求对象，将其转换为字符串
        # 使用 Redis 的 lpush 方法插入到列表头部
        self.server.lpush(self.key, self._encode_request(request))

    def pop(self, timeout=0):
        if timeout > 0:
            #使用 Redis 的 blpop 移出并获取列表的第一个元素
            #blpop 可以设置超时
            data = self.server.blpop(self.key, timeout)
            if isinstance(data, tuple):
                data = data[1]
        else:
            #使用 Redis 的 lpop 移除并返回列表的第一个元素
            data = self.server.lpop(self.key)

        if data:
            # 反序列化字符串，将其转换为请求对象并返回
            return self._decode_request(data)
```

LifoQueue 与 FifoQueue 队列的代码几乎一样，唯一不同的是在方法 pop()中，FifoQueue 使用 brpop()或 rpop()方法移除并返回列表的**最后一个**元素，而 LifoQueue 使用 blpop()或 lpop()方法移除并返回列表的**第一个**元素。

2．去重过滤器

实现基于 Redis 的去重过滤器。Scrapy 原生的去重过滤器是基于内存的集合来实现的，需要将其转移到 Redis 数据库中实现共享。源码文件为 dupefilter.py，实现了一个 RFPDupeFilter 类。实现的关键代码如下：

```
class RFPDupeFilter(BaseDupeFilter):
    ......

    #判断请求是否存在，如果不存在，则添加进 Redis 的集合中
    def request_seen(self, request):

        #获取请求的指纹
        fp = self.request_fingerprint(request)
```

```
#使用 Redis 的 sadd 方法将请求添加到集合中
added = self.server.sadd(self.key, fp)
return added == 0

#获取请求的指纹
def request_fingerprint(self, request):
    return request_fingerprint(request)
......

#清除指纹集合
def clear(self):
    """Clears fingerprints data."""
    self.server.delete(self.key)
......
```

方法 request_fingerprint()用于获取一个请求的指纹。该指纹使用 Python 标准库 hashlib 中的 sha1 算法计算得到，不同的请求拥有唯一的指纹值，从而达到鉴别重复请求的目的。

方法 request_seen()用于判断请求是否重复。首先，调用 request_fingerprint()方法来获取请求的指纹；然后，调用 Redis 的 sadd 命令尝试将指纹添加到 Redis 的集合中，根据 sadd 的返回值判断是否重复，True 为重复，False 为不重复。

3. 调度器

实现基于以上两种功能调度的调度器 Scheduler。源码文件为 Scheduler.py。以下为类 Scheduler 的核心代码：

```
class Scheduler(object):
    ......

    #请求入队
    def enqueue_request(self, request):
        #如果未设置忽略过滤且请求重复，返回 False
        if not request.dont_filter and self.df.request_seen(request):
            self.df.log(request, self.spider)
            return False
        if self.stats:
            self.stats.inc_value('scheduler/enqueued/redis', spider=self.spider)
        #调用请求队列 queue 的 push，执行入队操作
        self.queue.push(request)
        return True

    #请求出队
    def next_request(self):
        block_pop_timeout = self.idle_before_close
        #调用请求队列 queue 的 pop，执行出队操作
        request = self.queue.pop(block_pop_timeout)
        if request and self.stats:
            self.stats.inc_value('scheduler/dequeued/redis', spider=self.spider)
        return request
    ......
```

方法 enqueue_request()实现请求的入队调度。首先，使用去重过滤器过滤掉重复的请求，代码为 self.df.request_seen(request)，其中，self.df 为去重过滤器对象。当然，在配置文件 settings.py 中，可以设置是否使用去重过滤器（下节会讲到），如果不使用，则会忽略去重过滤器，直接调用请求队列 self.queue 的 push()方法实现请求的入队操作，当然中间还有一些日志和统计的操作。

方法 next_request()实现请求的出队调度。调用 self.queue 的 pop()方法实现请求的出队操作，如果从队列中获取到了请求（队列不为空），爬取继续。

4．基于Redis的项目管道（RedisPipeline）

RedisPipeline 实现将各个主机爬取到的数据保存于 Redis 数据库的功能。源码文件为 pipelines.py。以下为类 RedisPipeline 的核心代码：

```
class RedisPipeline(object):
    ......
    def process_item(self, item, spider):
        #在线程中执行数据处理功能
        return deferToThread(self._process_item, item, spider)

    def _process_item(self, item, spider):
        key = self.item_key(item, spider)
        #将 item 序列化为字符串，便于存储于数据库中
        data = self.serialize(item)
        #使用 Redis 的 rpush 将数据保存于数据库的列表中
        self.server.rpush(key, data)
        return item

    def item_key(self, item, spider):
        #获取列表的 key，默认为<spider_name>:items
        return self.key % {'spider': spider.name}
    ......
```

方法 process_item()开启了一个线程，调用_process_item()方法实现数据处理功能。多线程技术使数据处理效率更高。

方法_process_item()用于实现数据处理功能。首先，调用 item_key()方法获取即将保存的数据库列表的 key；然后，将 item 序列化为字符串；最后，通过 Redis 的 rpush()方法将数据保存于数据库的列表中。

方法 item_key()用于获取保存爬虫数据列表的 key，默认为<spider_name>:items，在配置文件 settings.py 中，可以手动配置（下节会讲）。

11.2.3　分布式爬虫功能配置

Scrapy-Redis 是一个"即插即用"的免费组件，要想启用某个组件的功能，只要在配置文件 settings.py 中设置即可，简单易用、功能强大，几乎不用写什么代码，就能实现分

布式爬虫。下面就来看一下 Scrapy-Redis 为分布式爬虫提供的设置选项。

1. 调度器配置（必选）

将 Scrapy 的调度器替换为 Scrapy-Redis 提供的类。在配置文件中添加 SCHEDULER 配置项，实现代码如下：

```
SCHEDULER = 'scrapy_redis.scheduler.Scheduler'
```

2. 去重过滤器配置（必选）

将 Scrapy 的去重过滤器替换为 Scrapy-Redis 提供的类。在配置文件中添加 DUPEFILTER_CLASS 配置项，实现代码如下：

```
DUPEFILTER_CLASS = 'scrapy_redis.dupefilter.RFPDupeFilter'
```

3. Redis连接配置（可选）

分布式爬虫离不开 Redis 数据库，Scrapy-Redis 默认将 Redis IP 设置为本机，端口为 6379，实现代码如下：

```
REDIS_HOST ='localhost'                           #主机
REDIS_PORT = 6379                                 #端口
```

如果想要手动配置，可以有两种方法。

方法 1：分别指定连接到 Redis 的主机、端口和密码。

```
REDIS_HOST ='180.117.243.30'                      #主机
REDIS_PORT = 6379                                 #端口
REDIS_PASSWORD = 'cathy123'                       #密码
```

方法 2：指定用于连接 Redis 的完整 URL。

URL 的格式为'redis://:password@host:port'，其中，password 为密码，host 为主机 IP 地址，port 为端口。

```
REDIS_URL ='redis://:cathy123@180.117.243.30:6379'
```

注意，如果配置了 REDIS_URL，Scrapy-Redis 将优先使用 REDIS_URL 连接，方法 1 的配置将会被覆盖。

4. 调度队列配置（可选）

调度队列有以下 3 种：

- PriorityQueue（默认）；
- FifoQueue；
- LifoQueue。

默认使用 PriorityQueue，如需更改，可参考如下配置：

```
SCHEDULER_QUEUE_CLASS ='scrapy_redis.queue.PriorityQueue'   #优先级队列
```

```
SCHEDULER_QUEUE_CLASS ='scrapy_redis.queue.FifoQueue'    #先进先出队列
SCHEDULER_QUEUE_CLASS ='scrapy_redis.queue.LifoQueue'    #后进先出队列
```

5．Pipeline配置（可选）

Scrapy-Redis 实现了将爬虫结果存储到 Redis 的项目管道 RedisPipeline，默认不启用。如需启用，可做如下配置：

```
ITEM_PIPELINES = {
    'scrapy_redis.pipelines.RedisPipeline' : 300
}
```

如果数据量较大，就不建议这么做了，因为 Redis 是基于内存的，我们利用的是它处理速度快的特性，存储并不是它的强项。

6．编码格式配置（可选）

Redis 数据库默认的编码格式为 UTF-8，如果想设置为其他格式，可做如下配置：

```
REDIS_ENCODING ='latin1'
```

更多关于 Scrapy-Redis 的配置，请参考官方文档 https://scrapy-redis.readthedocs.org。

了解了 Scrapy-Redis 分布式爬虫的原理后，接下来通过具体项目案例，来实现分布式爬虫。

11.3　项目案例：分布式爬虫爬取摄图网图片

上一章我们实现了摄图网图片的下载。但是由于下载的图片量较大，单机独立执行的效率就会比较低。因此需要将其改造为分布式爬虫，实现多机联合，共同完成图片下载任务。

11.3.1　技术分析

要实现分布式爬虫，首先要准备几台已经联网的主机。一台主机作为 Redis 服务器，用于共享爬虫队列和去重集合，存储爬虫结果。推荐租用阿里云、腾讯云等提供的主机，一般都会配有公网 IP 地址。其余的主机作为爬虫服务器，用于执行爬虫功能。搭建的结构如图 11-2 所示。

机器准备好后，下面就可以搭建分布式爬虫的环境了。

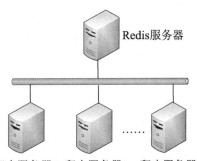

图 11-2　搭建分布式架构

1．搭建Redis服务器

在 Redis 服务器中，搭建 Redis 数据库服务环境。具体的安装和环境配置可以参考第 5 章中 Redis 数据库的安装和环境配置方式。

注意，Redis 数据库默认只能被本机访问，如果外网想要访问 Redis，必须在 Redis 配置文件中修改服务器的绑定地址。配置修改后，需要重启 Redis 服务器。

最后，记录 Redis 运行的 IP 地址、端口、密码，供后面连接使用。当前笔者配置好的 Redis 服务器的 IP 为 10.57.15.167，端口为默认的 6379，密码为 foobared。

2．搭建爬虫环境

在爬虫服务器中，需要搭建可供分布式爬虫项目运行的环境，即 Python、Scrapy 和 Scrapy-Redis。推荐安装 Anaconda 后，再使用 pip 命令安装 Scrapy 和 Scrapy-Redis。

```
>pip install scrapy
>pip install scrapy-redis
```

3．其他准备

（1）确保 Redis 服务器和所有的爬虫服务器均能连接上网。

（2）确保已经完成了上一章的项目案例：爬取摄图网图片（shetu_image_download）。下面一起来改造此项目，将其变为分布式爬虫项目。

11.3.2　代码实现及解析

1．配置Scrapy-Redis

打开项目 shetu_image_download 中的配置文件 settings.py，添加 Scrapy-Redis 相关配置。

（1）核心配置：设置 Scrapy-Redis 的调度器和去重过滤器。

（2）Redis 连接配置：设置连接 Redis 的 URL。

（3）Pipeline 配置：开启 RedisPipeline，支持将爬取结果存储于 Redis 数据库。

配置代码如下：

```
#设置调度器
SCHEDULER='scrapy_redis.scheduler.Scheduler'
#设置去重过滤器
DUPEFILTER_CLASS='scrapy_redis.dupefilter.RFPDupeFilter'
#设置连接 Redis 的 URL
REDIS_URL = 'redis://:foobared@10.57.15.167:6379'

ITEM_PIPELINES = {
    #启用 RedisPipeline
```

```
'scrapy_redis.pipelines.RedisPipeline': 200,
'shetu_image_download.pipelines.SaveImagePipeline': 300,

}
```

2．修改爬虫文件image_spider.py

打开爬虫文件 image_spider.py，完成如下改动：

（1）导入 RedisSpider 库，并将爬虫基类由 Spider 改为 RedisSpider。

（2）删除（或注释）start_requests()方法。

修改后的代码如下：

```
……
from scrapy_redis.spiders import RedisSpider        #导入 RedisSpider
class ImageDownloadSpider(RedisSpider):
    #定义爬虫名称
    name = 'image'
    #获取初始 Request
    # def start_requests(self):
    #     url = "http://699pic.com/photo/"
    #     #生成请求对象
    #     yield Request(url)
……
```

Scrapy-Redis 提供了一个 Redis 爬虫类 RedisSpider。RedisSpider 重写了 start_requests()
方法，它尝试从 Redis 数据库中的起始请求列表中获取起始 URL 来构造 Request 请求。该
列表的默认键为<spider_name>:start_urls，其中，<spider_name>代表爬虫名称。例如本项
目起始请求列表的 KEY 为 image:start_urls。该列表的 KEY 也可通过配置文件设置（REDIS_
START_URLS_KEY）。

至此，分布式爬虫项目就改造完成了。接下来将项目部署到各个主机上。

3．项目运行

每台主机都执行爬虫命令，运行爬虫。

```
>scrapy crawl image
```

运行记录如下：

```
 [scrapy.utils.log] INFO: Scrapy 1.5.1 started (bot: shetu_image_download)
[scrapy.utils.log] INFO: Versions: lxml 4.2.1.0, libxml2 2.9.8, cssselect
1.0.3, parsel 1.5.0, w3lib 1.19.0, Twisted 18.7.0, Python 3.6.5 |Anaconda,
Inc.| (default, Mar 29 2018, 13:32:41) [MSC v.1900 64 bit (AMD64)], pyOpenSSL
18.0.0 (OpenSSL 1.0.2o  27 Mar 2018), cryptography 2.2.2, Platform Windows-
10-10.0.17134-SP0
[scrapy.crawler] INFO: Overridden settings: {'BOT_NAME': 'shetu_image_
download', 'DUPEFILTER_CLASS': 'scrapy_redis.dupefilter.RFPDupeFilter',
'FEED_FORMAT': 'csv', 'FEED_URI': 'images.csv', 'NEWSPIDER_MODULE': 'shetu_
image_download.spiders', 'SCHEDULER': 'scrapy_redis.scheduler.Scheduler',
'SPIDER_MODULES': ['shetu_image_download.spiders'], 'USER_AGENT': 'Mozilla/
5.0 (Windows NT 10.0;Win64; x64) AppleWebKit/537.36 (KHTML, like Gecko)
```

```
Chrome/68.0.3440.106 Safari/537.36'}
[scrapy.middleware] INFO: Enabled extensions:
['scrapy.extensions.corestats.CoreStats',
 'scrapy.extensions.telnet.TelnetConsole',
 'scrapy.extensions.feedexport.FeedExporter',
 'scrapy.extensions.logstats.LogStats']
[image] INFO: Reading start URLs from redis key 'image:start_urls' (batch
size: 16, encoding: utf-8
……
[scrapy.middleware] INFO: Enabled item pipelines:
['scrapy_redis.pipelines.RedisPipeline',
 'shetu_image_download.pipelines.SaveImagePipeline']
[scrapy.core.engine] INFO: Spider opened
[scrapy.extensions.logstats] INFO: Crawled 0 pages (at 0 pages/min), scraped
0 items (at 0 items/min)
[scrapy.extensions.telnet] DEBUG: Telnet console listening on 127.0.0.1:
6023
[scrapy.extensions.logstats] INFO: Crawled 0 pages (at 0 pages/min), scraped
0 items (at 0 items/min)
[scrapy.extensions.logstats] INFO: Crawled 0 pages (at 0 pages/min), scraped
0 items (at 0 items/min)
```

此时，所有爬虫并未执行下载任务，而是一直阻塞等待，这是因为 Redis 数据库中的起始请求列表（image:start_urls）为空，所有主机上的爬虫都处于等待状态。因此，需要手动将起始的请求 URL 设置到 Redis 的起始请求列表（image:start_urls）中。

在 Redis 服务器中，打开 Redis 客户端 redis-cli.exe（笔者的是在 C:\Program Files\Redis 下），输入密码 auth foobared，使用 lpush 命令 lpush image:start_urls http://699pic.com/photo/，将 http://699pic.com/photo/加入到 KEY 为 image_start_urls 的列表中，如图 11-3 所示。

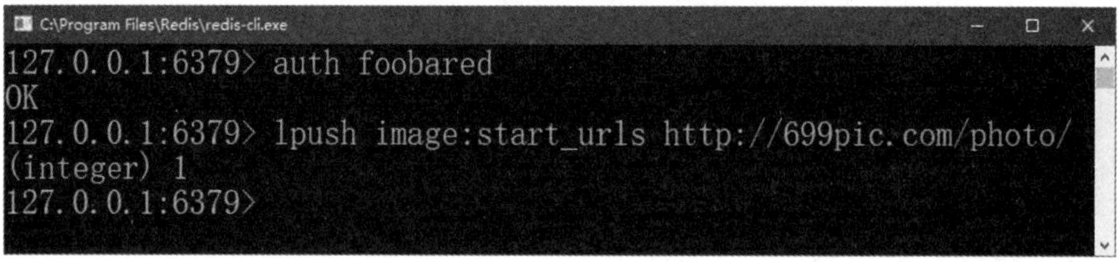

图 11-3　插入起始 URL

这时我们看到，某个爬虫率先启动执行图片下载任务，紧接着，其他爬虫也都启动了。一段时间后，当所有爬虫又重新进入等待状态时，说明图片全部下载完了。

4．查看结果

可以使用 Redis Desktop Manager 工具连接 Redis 数据库服务器，查看 Redis 数据库的信息。在 db0 的 image 下，生成了两个 key，一个是 image:dupefilter，用于存储去重指纹，如图 11-4 所示；另一个是 image:items，用于存储 item 数据，如图 11-5 所示。

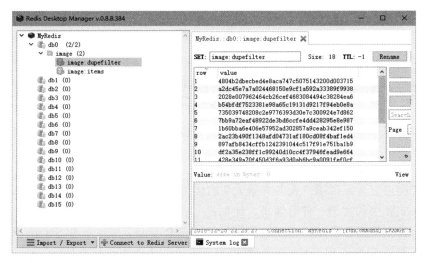

图 11-4　去重指纹

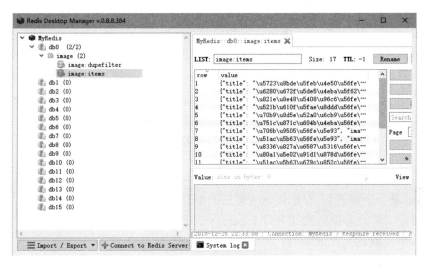

图 11-5　爬取结果 item 集合

另外，在各个主机的爬虫项目文件夹中，都生成了文件夹"摄图网图片"，里面包含有各个爬虫下载的图片，将所有图片汇总起来，正好就得到了单机版爬虫下载的所有图片。

11.4　本　章　小　结

本章使用 Scrapy-Redis 实现了分布式爬虫任务。通过剖析 Scrapy-Redis 的关键源代码，我们进一步理解了 Scrapy-Redis 实现分布式爬虫的实现方式，通过在配置文件中进行简单的配置后，很轻松地将摄图网爬虫项目改造成了分布式爬虫方式。

第 12 章　Scrapyd 部署分布式爬虫

分布式爬虫充分发挥了"人多力量大"的优势，极大地提升了爬虫效率。但是我们发现部署分布式爬虫其实是一件麻烦事，比如：

（1）每台主机需要手动搭建爬虫运行环境，如 Python、Scrapy 和 Scrapy-Redis。

（2）需要将 Scrapy 项目代码复制到每台主机上并手动运行爬虫程序。

（3）如果项目功能发生了变更，需要更新所有主机上的代码。

这种方式，牵一发而动全身，任何细小的问题都会影响爬虫程序的正常执行。如果主机有 100 台，甚至 1000 台，工作量就可想而知了。

本章将会介绍一个用来部署分布式爬虫的工具 Scrapyd，它可以远程部署和管理爬虫程序，能够解决上面第（2）个和第（3）个问题。此外，本章还会介绍使用 Docker 配置统一环境的方法，来解决上面的所有问题。

12.1　使用 Scrapyd 部署分布式爬虫

Scrapyd 是一个部署和管理 Scrapy 爬虫的工具，它可以通过一系列 HTTP 接口实现远程部署、启动、停止和删除爬虫程序。Scrapyd 还可以管理多个爬虫项目，每个项目可以上传多个版本，但只执行最新版。

此外，Scrapyd 还提供了一个简洁的 Web 页面，用于监视正在运行的爬虫进程，以及查看访问日志，访问地址为 http://localhost:6800。

12.1.1　Scrapyd 的安装及运行

笔者为部署分布式爬虫准备了 3 台服务器，一台 Reids 服务器，两台爬虫服务器，如图 12-1 所示。

考虑到大多数读者还处于学习阶段，可能没有条件，也没必要配置外部服务器，在此将 3 台服务器部署于同一局域网中，无论是局域网还是外网，部署方式没有任何区别。即使你只有一台计算机，也可以通过 VMware Workstation 虚拟出多台主机。不过，由于局域网共享同一带宽，效率上显然不及外部服务器。另外，服务器的操作系统选择的是大多数人使用的 Windows 系统。

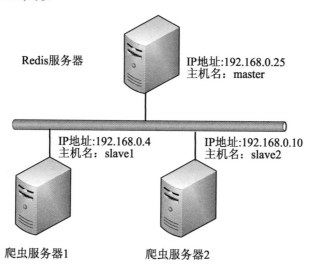

图 12-1　分布式爬虫服务器

下面开始安装 Scrapyd。

所有打算运行爬虫的服务器都需要安装 Scrapyd，如图 12-1 中的爬虫服务器 1 和爬虫服务器 2。当然，如果想在 Redis 服务器中运行爬虫，那么也需要安装 Scrapyd，这时，它既是 Redis 服务器，又是爬虫服务器。

1．准备工作

在安装 Scrapyd 之前，要确保爬虫服务器已经搭建好 Scrapy 爬虫运行的环境，这里安装的是 Anaconda+Scrapy+Scrapy-Redis。

2．安装Scrapyd

使用 pip 命令安装 Scrapyd。

```
>pip install scrapyd
```

3．配置文件

安装完 Scrapyd 后，需要在目录 C:\scrapyd\中新建一个配置文件 scrapyd.conf。Scrapyd 在运行时会读取此路径下的配置文件，但 Scrapyd 不会自动生成 scrapyd.conf 文件，需要手动生成并添加内容。配置文件的内容可以从官方文档（地址为 https://scrapyd. readthedocs.io/en/stable/config.html#config-example）中复制，然后再做简单的修改即可。配置文件的内容如下：

```
[scrapyd]
eggs_dir    = eggs
```

```
logs_dir    = logs
items_dir   =
jobs_to_keep = 5
dbs_dir     = dbs
max_proc    = 0
max_proc_per_cpu = 8
finished_to_keep = 100
poll_interval = 5.0
bind_address = 0.0.0.0
http_port   = 6800
debug       = off
runner      = scrapyd.runner
application = scrapyd.app.application
launcher    = scrapyd.launcher.Launcher
webroot     = scrapyd.website.Root

[services]
schedule.json      = scrapyd.webservice.Schedule
cancel.json        = scrapyd.webservice.Cancel
addversion.json    = scrapyd.webservice.AddVersion
listprojects.json  = scrapyd.webservice.ListProjects
listversions.json  = scrapyd.webservice.ListVersions
listspiders.json   = scrapyd.webservice.ListSpiders
delproject.json    = scrapyd.webservice.DeleteProject
delversion.json    = scrapyd.webservice.DeleteVersion
listjobs.json      = scrapyd.webservice.ListJobs
daemonstatus.json  = scrapyd.webservice.DaemonStatus
```

来看几个重要的配置项：

- max_proc_per_cpu：默认为 4，即每个 CPU 最多运行 4 个 Scrapy 项目。在此改为 8。
- bind_address：访问 Scrapyd 服务的 IP 地址，默认为 127.0.0.1，即仅本机可访问。在此修改为 0.0.0.0，使得外网也可以访问。
- http_port：访问 Scrapyd 服务的端口，默认为 6800。

4．运行Scrapyd

在命令行中输入 scrapyd，如果输出如下信息，说明安装并运行成功。

```
C:\Users\tao>scrapyd
[-] Loading c:\anaconda3\lib\site-packages\scrapyd\txapp.py...
[-] Scrapyd web console available at http://0.0.0.0:6800/
[-] Loaded.
[twisted.application.app.AppLogger#info] twistd 18.7.0 (c:\anaconda3\
python.exe 3.6.5) starting up.
[twisted.application.app.AppLogger#info] reactor class: twisted.internet.
selectreactor.SelectReactor.
[-] Site starting on 6800
[twisted.web.server.Site#info] Starting factory <twisted.web.server.Site
object at 0x0000022B1FE8DC88>
[Launcher] Scrapyd 1.2.0 started: max_proc=32, runner='scrapyd.runner'
```

5．访问Scrapyd

使用浏览器访问 http://localhost:6800，得到如图 12-2 所示的 Scrapyd 页面。当爬虫执行时，可以在该页面中监控爬虫执行的进程，还可以查看爬虫执行的日志。

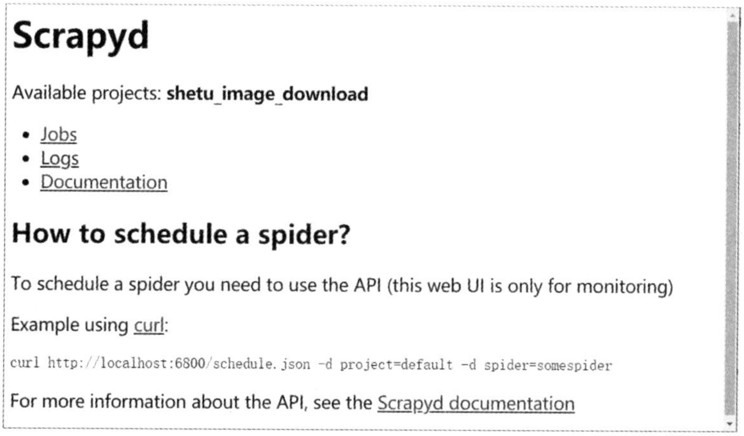

图 12-2　Scrapyd 页面

12.1.2　Scrapyd 功能介绍

开启了 Scrapyd 服务后，就可以通过 Scrapyd 提供的 HTTP 接口管理 Scrapy 项目了。我们以摄图网项目（shetu_image_download）的部署为例，来看一下这些功能接口。

1. addversion.json（部署项目接口）

该接口主要用来上传 Scrapy 项目或者更新项目版本到爬虫服务器。使用 curl 执行请求命令，可以实现项目的部署。打开控制台，使用如下命令实现摄图网项目的部署：

```
>curl http://192.168.0.4:6800/addversion.json -F project=shetu_image_
download -F version=r23 -F egg=@shetu.egg
```

其中，http://192.168.0.4 为爬虫服务器的地址，6800 为 Scrapyd 端口地址，addversion.json 为功能接口，-F 代表在后面添加一个参数，参数 project 为项目名称，参数 version 为项目版本，参数 egg 为包含项目代码的 egg 文件（事先要将 Scrapy 项目打包成 egg 文件）。

执行请求后，得到如下响应信息：

```
{"status": "ok", "spiders": 1}
```

status 的结果说明项目已成功部署到地址为 http://192.168.0.4 的爬虫服务器中，并且 spider 的数量为 1。

这种部署项目的方法比较烦琐，因为事先要将 Scrapy 项目打包成 egg 文件。下一节将会介绍一个更方便的工具来部署项目到远程服务器上。读者可以优先阅读下一节内容。

2. daemonstatus.json（查看状态接口）

daemonstatus.json 接口用于查看 Scrapyd 当前的服务和任务状态。执行请求命令：

```
>curl http://192.168.0.4:6800/daemonstatus.json
```

得到如下响应信息：

{"node_name": "slave1", "status": "ok", "pending": 0, "running": 0,
"finished": 0}

node_name 表示主机名称，status 表示当前状态，pending 表示等待被调度的任务数，running 表示正在运行的任务数，finished 表示已经完成的任务数。

3．schedule.json接口

schedule.json 接口用于调度一个爬虫项目的运行。使用如下命令实现摄图网项目爬虫的运行：

```
>curl http://192.168.0.4:6800/schedule.json -d project=shetu_image_download
-d spider=image
```

以上命令需要传入两个参数：project 表示项目名，spider 表示 Spider 名。

得到如下响应信息：

{"node_name": "slave1", "status": "ok", "jobid": "8d7c04060ab911e99a5e70
f395499d32"}

node_name 表示主机名，status 表示爬虫运行情况，jobid 表示爬虫任务的 id 号。通过浏览器查看 Scrapyd 的服务，就能看到爬虫运行的情况，如图 12-3 所示。

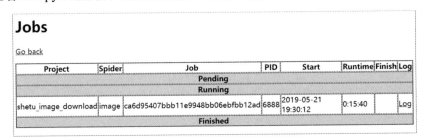

图 12-3　在浏览器中查看当前运行的爬虫

4．cancel.json接口

cancel.json 接口用于取消爬虫任务。如果任务处于等待状态（Pending），则将会被移除；如果任务正在运行，则将会被终止。使用如下命令来取消摄图网项目爬虫的任务：

```
>curl http://192.168.0.4:6800/cancel.json -d project=shetu_image_download
-d job= 8d7c04060ab911e99a5e70f395499d32
```

以上命令需要传入两个参数，project 表示项目名称，job 表示任务 id 号。

得到如下响应信息：

{"node_name": "slave1", "status": "ok", "prevstate": "running"}

node_name 表示主机名，status 表示执行的情况，prevstate 表示取消前的运行状态。

5. listprojects.json接口

listprojects.json 接口用于获取部署到 Scrapyd 服务上的项目列表。使用如下命令获取项目列表：

```
>curl http://192.168.0.4:6800/listprojects.json
```

得到如下响应信息：

```
{"node_name": "slave1", "status": "ok", "projects": ["shetu_image_download"]}
```

node_name 表示主机名，status 表示执行的情况，projects 是项目名称列表。

6. listversions.json接口

listversions.json 接口用于获取某个项目的版本号列表。返回的版本会按顺序排列，最后的版本是最新版。使用如下命令获取部署到 Scrapyd 中摄图网项目的所有版本号：

```
>curl http://192.168.0.4:6800/listversions.json?project=shetu_image_download
```

得到如下响应信息：

```
{"node_name": "slave1", "status": "ok", "versions": ["1546011807",
"1546012743"]}
```

其中，node_name 表示主机名，status 表示执行的情况，versions 表示版本号列表。

7. listspiders.json接口

listspiders.json 接口用于获取某项目最新版中所有 Spider 名称列表。使用如下命令获取摄图网项目中 Spider 名称：

```
>curl http://192.168.0.4:6800/listspiders.json?project=shetu_image_download
```

得到如下响应信息：

```
{"node_name": "slave1", "status": "ok", "spiders": ["image"]}
```

其中，node_name 表示主机名，status 表示执行的情况，spiders 表示 Spider 名称列表。

8. listjobs.json接口

listjobs.json 接口用于获取某个正在等待、运行或运行完成的任务列表。

```
>curl http:// 192.168.0.4:6800/listjobs.json?project=shetu_image_download
```

得到如下响应信息：

```
{"node_name": "slave1", "status": "ok", "pending": [], "running": [],
"finished": [{"id": "8d7c04060ab911e99a5e70f395499d32", "spider": "image",
"start_time": "2018-12-28 23:59:27.083299", "end_time": "2018-12-29 00:04:
46.680695"}]}
```

其中，node_name 表示主机名，status 表示执行的情况，pending 表示正在等待的任务列表，running 表示正在运行的任务列表，finished 表示已经结束的任务列表。

9．delversion.json接口

delversion.json 接口用于删除某个项目的某个版本。使用如下命令删除版本号为 1546011807 的摄图网项目：

```
>curl http://192.168.0.4:6800/delversion.json -d project=shetu_image_
download -d version=1546011807
```

得到如下响应信息：

```
{"node_name": "slave1", "status": "ok"}
```

其中，node_name 表示主机名，status 表示执行的情况。

10．delproject.json接口

delproject.json 接口用于删除指定的项目。使用如下命令删除摄图网项目：

```
>curl http://192.168.0.4:6800/delproject.json -d project=shetu_image_download
```

得到如下响应信息：

```
{"node_name": "slave1", "status": "ok"}
```

其中，node_name 表示主机名，status 表示执行的情况。

12.2　使用 Scrapyd-Client 批量部署

上一节，我们通过 Scrapyd 提供的 HTTP 接口 addversion.json 将 Scrapy 项目部署到远程服务器上。但这有个前提条件，需要事先将 Scrapy 项目打包成 egg 文件，虽然可以使用 setup-tools 工具实现打包，但整个过程太烦琐。所以我们选择使用第三方库 Scrapyd-Client，来帮我们完成项目的部署。

Scrapyd-Client 的功能主要有两个：

- 将项目打包成 egg 文件。
- 将 egg 文件通过 Scrapyd 的 addversion.json 接口上传到目标服务器上。

1．安装Scrapyd-Client

使用 pip 命令安装 Scrapyd-Client。

```
>pip install scrapyd-client
```

2．验证安装

Scrapyd-Client 中的 scrapyd-deploy 命令用来实现爬虫的部署，先来验证一下是否可用。
如果是 Linux 或 Mac 系统，只要在终端中输入以下命令：

```
>scrapyd-deploy -l
```

但是在 Windows 系统中，执行 scrapyd-deploy 会报错，提示该命令不存在。这是因为在 Scrapyd-Client 安装的目录中（笔者是在 C:\Anaconda3\Scripts\下），发现 scrapyd-deploy 文件没有后缀，根本无法运行。打开该文件，可以看出内容是 Python 源代码。因此，可以在当前目录中，新建一个名为 scrapyd-deploy.bat 的文件，添加以下内容：

```
"C:\Anaconda3\python.exe" "C:\Anaconda3\Scripts\scrapyd-deploy" %*
```

即通过 Python.exe 执行 scrapyd-deploy 程序，其中，%*用于从命令行中接收参数。

3. 修改Scrapy项目

在执行 scrapyd-deploy 命令部署项目前，还需要修改项目的配置文件。以部署摄图网项目为例，在该项目根目录中有一个 scrapy.cfg 文件，内容如下：

```
[settings]
default = shetu_image_download.settings

[deploy]
#url = http://localhost:6800/
project = shetu_image_download
```

这里需要修改 deploy 部分，添加要部署的 Scrapyd 服务器地址。例如，将项目部署到 192.168.0.4 的 Scrapyd 的服务器中，修改内容如下：

```
[deploy]
url = http://192.168.0.4:6800/
project = shetu_image_download
```

下面，就可以部署项目了。

4. 注意事项

部署项目前，先来解决一个问题，因为部署项目时，可能会出现如图 12-4 所示的错误。Scrapyd-Client 有一个依赖库 Twisted，而 Twisted 早在安装 Scrapy 时就已经安装好了（在 3.3.2 节常见安装错误中重点提到过），笔者当时安装的是 Twisted 的最新版 19.2.0。而这个版本会使 Scrapyd-Client 在运行时发生如图 12-4 所示的错误。因此，如果读者在下一步的部署项目时出现类似图 12-4 所示的错误，则需要确认 Twisted 的版本，要安装 19.2.0 之前的版本。推荐安装：18.9.0 版。

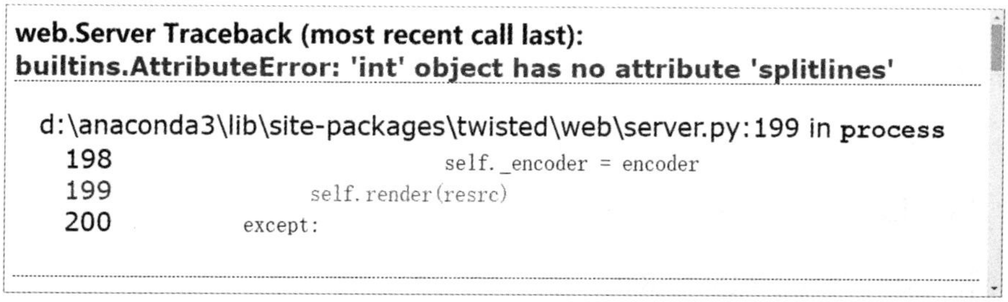

```
web.Server Traceback (most recent call last):
builtins.AttributeError: 'int' object has no attribute 'splitlines'

d:\anaconda3\lib\site-packages\twisted\web\server.py:199 in process
     198                    self._encoder = encoder
     199                    self.render(resrc)
     200            except:
```

图 12-4　调用 Twisted 时的错误信息

5. 部署项目

首先，打开控制台，定位到摄图网项目的根目录下，执行如下命令：

```
>scrapyd-deploy
```

运行结果如下：

```
Packing version 1546070117
Deploying to project "shetu_image_download" in http://192.168.0.4:6800/
addversion.json
Server response (200):
{"node_name": "slave1", "status": "ok", "project": "shetu_image_download",
"version":"1546070117", "spiders": 1}
```

由返回的 status 状态可知，摄图网项目 shetu_image_download 成功部署到了名为 slave1 的主机中。项目版本默认为当前的时间戳，也可以使用参数--version 来指定版本号，例如：

```
>scrapyd-deploy --version 2019010100001
```

上面完成了一台主机的部署，如果想将项目部署到多个主机中，可以在项目配置文件 scrapy.cfg 中分别设置。例如，要部署项目到两个主机中，配置内容如下：

```
[deploy:myslave1]
url = http://192.168.0.4:6800/
project = shetu_image_download

[deploy:myslave2]
url = http://192.168.0.10:6800/
project = shetu_image_download
```

一台主机对应一组 url 和 project 的配置，在 deploy 后面为主机设置一个别名。如想将项目部署到 IP 为 192.168.0.4 的 myslave1 主机上，只需要执行以下命令：

```
>scrapyd-deploy myslave1
```

由此可见，我们只需要在配置文件 scrapy.cfg 中配置好各台主机的 Scrapyd 地址，为它们确定一个别名，然后调用 scrapyd-deploy 命令加上主机别名即可实现部署。

6. 启动爬虫程序

下面就可以使用 Scrapyd 提供的 HTTP 接口 schedule.json，启动爬虫程序了。命令如下：

```
>curl http://192.168.0.4:6800/schedule.json -d project=shetu_image_download
-d spider=image
```

返回的响应结果为：

```
{"node_name": "slave1", "status": "ok", "jobid": "fd4064fa0b4511e98859b06
ebfbb12ad"}
```

7. 查看爬虫

通过浏览器访问 http://192.168.0.4:6800，在 Jobs 或 Logs 中，可以查看爬虫项目的运行情况，如图 12-5 所示。Project 为 shetu_image_download 的就是正在运行的爬虫，单击右侧的 Log 链接，就进入如图 12-6 所示的页面，该页面显示了爬虫执行过程中的所有消息，这跟我们平时在控制台或者 PyCharm 中看到的 Log 是一样的。

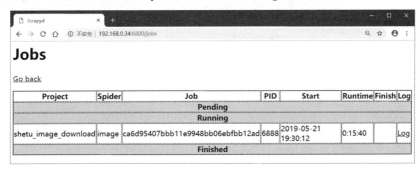

图 12-5　项目运行情况

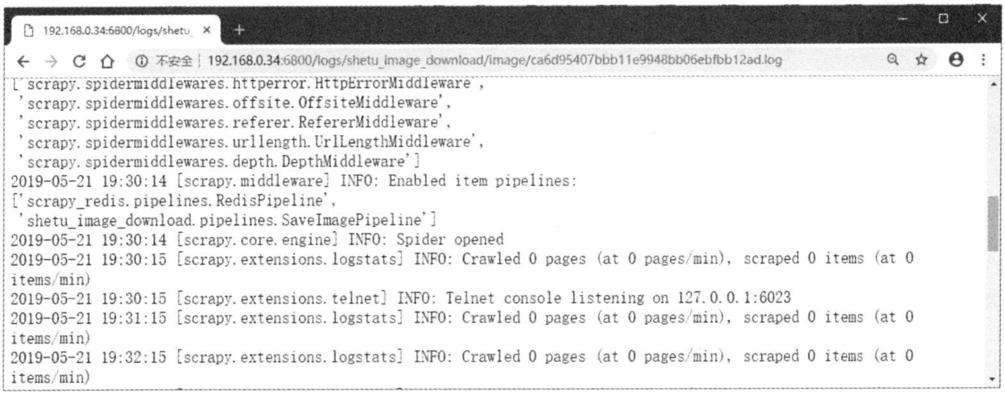

图 12-6　爬虫运行时的 Log

由图 12-6 中爬虫运行的 Log 可知，爬虫并未执行下载任务，而是处于等待状态。这是因为 Redis 数据库中的起始请求列表（image:start_urls）为空，需要手动将起始的请求 URL 设置到 Redis 的起始请求列表（image:start_urls）中。

在 Redis 服务器中，打开 Redis 客户端 redis-cli.exe（笔者的文件是在 C:\Program Files\ Redis 下），输入密码 auth foobared，使用 lpush 命令 lpush image:start_urls http://699pic. com/photo/，将 http://699pic.com/photo/加入到 KEY 为 image: start_urls 的列表中，如图 12-7 所示。

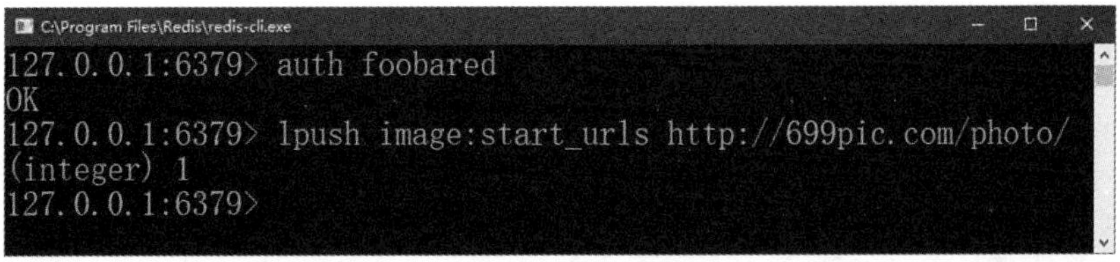

图 12-7　插入起始 URL

再次查看 Scrapyd 的 Log 页面，发现爬虫的下载任务已经启动，如图 12-8 所示。

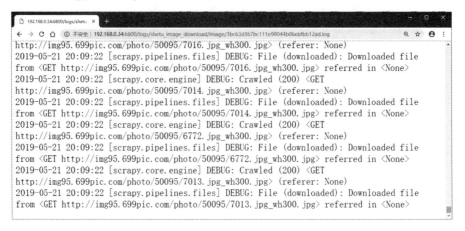

图 12-8 Log 页中显示下载任务已经启动

12.3 使用 Docker 部署分布式爬虫

Scrapyd-Client 解决了分布式爬虫中项目的部署、运行及版本管理等问题，大大提高了项目部署的效率。但是，还是显得较烦琐，因为还有以下两个问题待解决。

● 环境搭建问题：每台服务器的系统环境各不相同，在配置 Python 和 Scrpayd 环境时，难免会遇到各种兼容性和版本冲突的问题。

● 服务运行问题：Scrapyd 服务需要手动运行，一旦目标服务器将其关闭，需要登录服务器，重新运行。

这时就需要使用 Docker 将 Python 和 Scrapyd 打包成一个 Docker 镜像。这样只需在服务器上执行 Docker 命令就可以启动 Scrapyd 服务，而无须关注各种环境和版本冲突问题了。

在 7.3.2 节 Splash 环境搭建中，我们使用 Docker 拉取了 Splash 镜像，启动了 Splash 服务。下面再来深入学习一下 Docker 的用法。

1．安装Docker

Docker 的安装方法，请参考 7.3.2 节中下载和安装 Docker 的说明内容。

2．认识Docker Hub

Docker 提供了一个公共的容器镜像存储库 Docker Hub，它包含了上百万个容器镜像，用户可以免费访问和共享这些公共镜像，也可以发布自己的镜像。在第 7 章中，我们正是通过 docker pull 命令，从 Docker Hub 中下载了公共的镜像 splash，然后就可以直接启动 Splash 服务了。Docker Hub 的网址为 https://hub.docker.com/，如图 12-9 所示。

图 12-9　Docker Hub 首页

下面我们即将制作自己的容器镜像，它包含了 Python 环境和 Scrapyd 环境。容器镜像制作完后，就可以上传到 Docker Hub 中，以后爬虫服务器就可以使用命令 docker pull 拉取这个镜像，启动 Scrapyd 服务了。

不过，我们还需要先注册一个 Docker 用户，这样才会分配一个属于自己的镜像仓库。

3. 注册Docker用户

在 Docker Hub 首页中，单击 Sign up for Docker Hub，进入注册页，如图 12-10 所示。输入 Docker ID、Email 地址和密码，勾选各种条款，进行人机身份验证后，单击 Sign Up，Docker 用户就注册成功了（需要通过邮箱激活）。

图 12-10　Docker Hub 注册页

使用刚才注册的账号登录 Docker Hub，进入如图 12-11 所示的页面，然后单击左边的 Create a Repository 链接，新建一个仓库，用于存放上传的镜像。

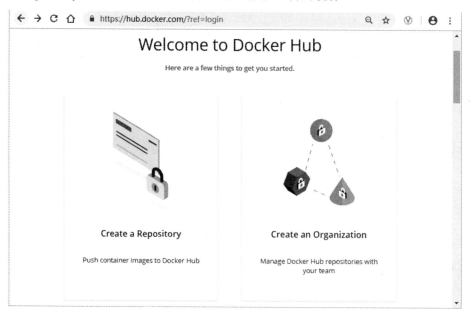

图 12-11 Docker Hub 欢迎页

如图 12-12 所示为新建仓库页，输入仓库名为 scrapyd，用于存储 scrapyd 的镜像。往下有 Public 和 Private 两个选项，Public 表示作为公共存储库共享给其他人，Private 表示只有自己可以看到和使用。这里选择 Public。最后单击 create 按钮，新建 scrapyd 仓库。

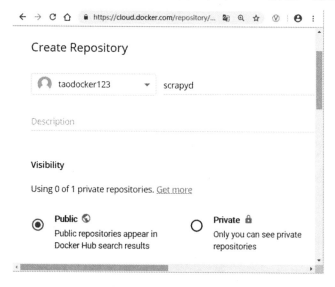

图 12-12 新建仓库页

仓库建完成后，下面就开始制作 Scrapyd 镜像。

4．制作自己的Docker容器镜像

制作容器镜像，需要用到 3 个文件，并且这 3 个文件都要处于同一个文件夹中。

（1）scrapyd.conf 文件。

scrapyd.conf 文件是 Scrapyd 的配置文件，Scrapyd 运行时会读取此文件，在第 12.1.1 节中已经编写过，将其复制过来即可。

（2）requirements.txt 文件（文件名可以自定义）。

新建文件 requirements.txt，罗列 Scrapy 项目中要用到的库，内容如下：

```
scrapy
scrapy-redis
scrapyd
pillow
```

（3）Dockerfile 文件。

新建文件 Dockerfile（注意，文件名没有后缀）。该文件用于创建镜像，是由一系列命令和参数构成的脚本。脚本内容如下：

```
FROM python:3.6
ADD . /code
WORKDIR /code
COPY ./scrapyd.conf /etc/scrapyd/
EXPOSE 6800
RUN pip3 install -r requirements.txt
CMD scrapyd
```

第 1 行的 FROM 命令指定了启动构建流程的基础镜像。如果本地没有基础镜像，则会从公共库中拉取。这里指在 Python 3.6 这个镜像的基础上构建镜像。

第 2 行 ADD 命令表示将本地代码放入虚拟容器中，点号（.）代表当前路径，/code 代表虚拟容器的路径。这里表示将当前路径中的代码放入虚拟容器的/code 中。

第 3 行 WORKDIR 命令指定工作目录，这里将刚才添加的虚拟容器的路径指定为工作路径。

第 4 行 COPY 命令用于将上下文目录下的 scrapyd.conf 复制到虚拟容器的/etc/scrapyd/目录中，Scrapyd 运行时会读取这个配置文件。

第 5 行 EXPOSE 命令声明运行时容器提供的服务端口。

第 6 行 RUN 命令是一个执行命令。这里执行了命令 pip3 install requirements.txt，即在虚拟容器中安装相应的 Python 库。这样整个项目的环境就配置好了。

第 7 行 CMD 是容器启动命令。当容器启动时，此命令会被执行。这里启动了 Scrapyd 服务。

3 个文件准备好并且放于同一文件夹（这里是 scrapyd_image）后，下面就可以创建镜像了。首先，控制台定位到文件夹 scrapyd_image 路径下后，执行如下创建镜像命令：

```
>docker build -t taodocker123/scrapyd:latest .
```

注意，在 latest 后面还有一个空格和一个点（.）。-t 表示镜像以 name:tag 的形式命名。这里 taodocker123/scrapyd 表示存储库的名称（name），其中 taodocker123 是笔者的 Docker 账号，Scrapyd 是在 Docker Hub 中建立的仓库名。latest 表示标记（tag）。最后的点（.）表示上下文的目录。

5．查看镜像

镜像创建完后，我们通过 docker images 命令查看本地的镜像：

```
C:\Users\tao\Desktop\scrapyd_image>docker images
REPOSITORY                TAG        IMAGE ID        CREATED           SIZE
taodocker123/scrapyd      latest     f1674818aa1a    42 minutes ago    1.01GB
python                    3.6        749d36d00e00    12 hours ago      921MB
hello-world               latest     4ab4c602aa5e    3 months ago      1.84kB
scrapinghub/splash        latest     3926e5aac017    10 months ago     1.22GB
```

6．上传Docker镜像

可以使用 push 命令，将创建的镜像上传到 Docker Hub 中。上传命令为：

```
>docker push taodocker123/scrapyd:latest
```

经过一段时间的传输发现，tag 为 latest 的镜像被成功上传到了名为 taodocker123/ scrapyd 的仓库中了，如图 12-13 所示。

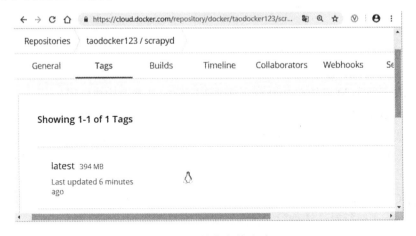

图 12-13　镜像上传成功

7．拉取镜像

我们将自己制作的 Scrapyd 镜像上传到 Docker Hub 中后，任何人都可以将该镜像拉取到本地，来启用 Scrapyd 服务。

在爬虫服务器中，输入如下命令，将镜像拉取到本地：

```
>docker pull taodocker123/scrapyd:latest
```

如果得到如下信息，说明镜像已成功下载到本地。

```
latest: Pulling from taodocker123/scrapyd
cd8eada9c7bb: Already exists
c2677faec825: Already exists
fcce419a96b1: Already exists
045b51e26e75: Already exists
83aa5374cd04: Already exists
135f9ac87f0e: Already exists
9832b37d722c: Already exists
702768f4c52e: Already exists
0368bc11a2b2: Already exists
214682a8a6b3: Pull complete
ace6bd730958: Pull complete
cbcb8563e89d: Pull complete
Digest:
sha256:4bb819031ee88f49616818efe8fbb914196d7ea7756a681813e5c1e143c12650
Status: Downloaded newer image for taodocker123/scrapyd:latest
```

可以通过 docker images 命令，查看镜像是否成功下载到本地。

8. 启动Scrapyd服务

将 Scrapyd 镜像下载到本地服务器后，就可以通过 Docker 生成一个 Docker 容器，启动 Scrapyd 服务了。这样我们的 Scrapy 和 Scrpayd 环境就搭建好了。启动 Scrapyd 服务的命令如下：

```
>docker run -d -p 6800:6800 taodocker134/scrapyd:latest
```

其中，-d 表示在后台运行容器；-p 表示端口映射，格式为"主机端口：容器端口"，这里主机和容器的端口都设置为 6800。

Scrapyd 服务启动后，下面就可以使用 Scrapyd-Client 命令将 Scrpay 项目部署到爬虫服务器中；使用 Scrapyd 命令运行爬虫程序。关于这些功能的实现，请参考 12.2 节，这里不再赘述。

12.4　使用 Gerapy 管理分布式爬虫

下面再来梳理一下部署分布式爬虫的步骤。

（1）制作 Python 和 Scrapyd 环境的 Docker 镜像，上传到 Docker Hub 中。

（2）所有爬虫服务器中安装 Docker，并从 Docker Hub 中拉取镜像，启动 Scrapyd 服务。

（3）使用 Scrapyd-Client 命令将 Scrpay 项目部署到爬虫服务器中。

（4）使用 Scrapyd 命令管理爬虫，如启动、停止、删除爬虫，管理版本，查看日志等。

步骤（3）和步骤（4）是基于命令的，需要记住各种操作命令，既麻烦又容易出错。下面介绍一个工具 Gerapy，它提供了一个图形化界面，只要通过鼠标进行简单的操作，就可以实现步骤（3）和步骤（4）的功能，这大大降低了管理分布式爬虫的难度，提高了效率。先来看一下 Gerapy 的 Web 界面，感受一下它的强大之处，如图 12-14 所示。

图 12-14　Gerapy 管理界面

Gerapy 是一款分布式爬虫管理框架，基于 Scrapy、Scrapyd、Scrapyd-Client、Scrapy-Redis、Scrapyd-API、Scrapy-Splash、Jinjia2、Django 和 Vue.js 开发。下面来看一下它的使用方法。

下面介绍 Gerapy 的使用。

1. 安装Gerapy

使用 pip 命令安装 Gerapy。

```
>pip install gerapy
```

如果安装过程没有出现任何错误，说明 Gerapy 已经安装成功了。

2. 初始化Gerapy

Gerapy 需要执行初始化工作，用于生成 Gerapy 的框架目录。首先通过控制台定位到想要生成 Gerapy 框架的路径，如 C:\User\tao；然后执行初始化命令如下：

```
>gerapy init
```

在 C:\User\tao 目录下，生成了 gerapy 文件夹，里面包含一个空的文件夹 projects，用于存放 Scrapy 项目。

3. 初始化数据库

Gerapy 需要在本地生成一个 SQLite 数据库，用于保存各个主机的配置信息和部署版本等。在 C:\User\tao\gerapy 目录下，执行初始化数据库的命令如下：

```
>cd gerapy
>gerapy migrate
```

这样，在 gerapy 目录中，就会生成一个 db.sqlite3 文件。

4．启动Gerapy服务

通过如下命令启动 Gerapy 服务：

```
>gerapy runserver
```

注意，一定要在 gerapy 根目录下启动 Gerapy 服务。得到如下信息：

```
C:\Users\tao\gerapy>gerapy runserver
Performing system checks...

System check identified no issues (0 silenced).
December 31, 2018 - 20:42:04
Django version 2.1, using settings 'gerapy.server.server.settings'
Starting development server at http://127.0.0.1:8000/
Quit the server with CTRL-BREAK.
```

由此可见，Gerapy 默认在 8000 端口上开启了 Gerapy 服务。在浏览器中访问 http://
127.0.0.1:8000（或 http://localhost:8000），就可以访问 Gerapy 管理界面了，如图 12-15 所
示。这里显示了主机和项目的数量及状态，由于还未添加主机和项目，所以显示的数量均
为 0。

图 12-15　Gerapy 管理界面

5．主机管理

Gerapy 管理界面提供了主机管理（Clients）和项目管理（Projects）两种功能。先来看
一下主机管理功能。单击左边的"主机管理"选项，显示如图 12-16 所示的主机管理页面。

Gerapy 可以添加各主机的 Scrapyd 服务，以便统一管理。单击"创建"按钮，即可添
加需要管理的 Scrapyd 服务，如图 12-17 所示。先确定一个名称，再输入主机 IP 地址和端
口，如果需要认证，还需要输入用户名和密码，最后单击"创建"按钮，即可完成添加。

图 12-16　主机管理页面

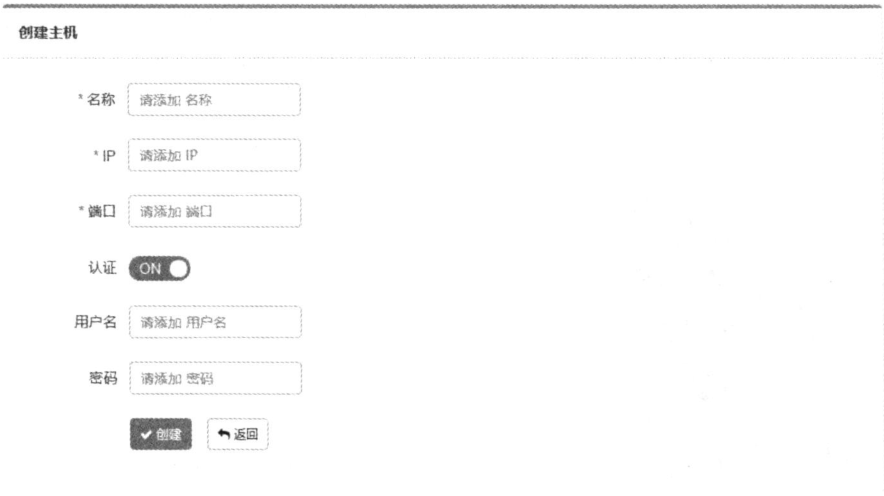

图 12-17　创建主机页面

　　单击"返回"按钮，就会看到当前添加的 Scrapyd 服务列表，如图 12-18 所示。Gerapy 会监视各 Scrapyd 服务的运行状态，如果状态显示为"错误"，说明未成功连接 Scrapyd 服务，常见原因是主机中 Scrapyd 服务未启动，启动后，状态就会显示为"正常"。

6．项目管理

　　项目管理是 Gerapy 的核心功能，我们可以自由地配置、编辑、部署我们的 Scrapy 项目。还记得在 Gerapy 初始化时，生成了一个 projects 文件夹吗？我们将项目 shetu_image_download 复制到 projects 文件夹中，然后单击首页的"项目管理"选项，得到如图 12-19 所示的页面。该页面展示了 projects 文件夹中的项目列表，此时项目还处于未打包和不可配置状态。另外，项目管理还提供对项目的编辑、部署和删除功能。

图 12-18　Scrapyd 服务列表页面

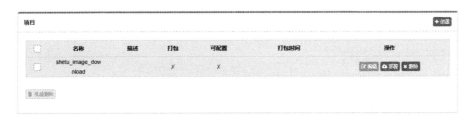

图 12-19　项目管理页面

单击项目后的"部署"按钮，对该项目进行打包和部署，跳转到如图 12-20 所示的页面。

图 12-20　项目打包和部署页面

部署之前需要打包，在"打包项目"栏中，输入版本描述信息，然后单击"打包"按钮。打包成功后，就可以部署到各主机中了，在"部署项目"栏中选择需要部署的主机，然后单击后方的"部署"按钮执行部署操作，同时它还支持批量部署。

7．任务调度

项目部署完毕之后就可以回到图 12-16 所示的主机管理页面进行任务调度了。任选一台主机，单击"调度"按钮即可进入任务管理页面，如图 12-21 所示。此页面可以查看当前 Scrapyd 服务的所有项目、所有爬虫及运行状态。我们可以通过单击"运行"和"停止"等按钮来实现任务的启动和停止等操作，同时也可以展开任务条目，查看日志详情。

图 12-21　任务管理页面

12.5　本章小结

本章解决了在部署分布式爬虫时遇到的各种问题。例如，使用 Scrapyd 实现了爬虫的远程部署和管理；使用 Scrapyd-Client 实现了爬虫的批量部署；使用 Docker 将 Python 和 Scrapyd 打包成一个 Docker 镜像，提高了爬虫部署的效率；使用 Gerapy 降低了管理分布式爬虫的难度。

第13章 综合项目：抢票软件的实现

每到春节，相信大家最关注的莫过于如何抢到一张回家的火车票。以前，大家只能从"黄牛"手中高价购买火车票，随着技术的发展，加上巨大的需求和利益驱动，近几年各种抢票软件便应运而生。由于抢票软件具有速度快、持续不间断、无须人值守等优势，迅速成为大家抢票的"神器"。但是使用第三方提供的抢票软件也有诸多问题，例如，个人账号有泄露风险（需要提供12306账号），以及所谓的加速包要收费等。既然这样，我们何不开发出一款属于自己的抢票软件呢？

13.1 项 目 需 求

简单讲，本项目需要实现的功能是：根据用户事先提供的购票信息（出发地、目的地、出发日期、车次、乘客和邮箱），实现持续不间断地刷票和购票的过程。

首先，用户将购票信息保存于一个文件中。然后，系统获取这些信息，根据出发地、目的地、出发日期和车次，查询对应的车票信息。如果购买的车票已经售罄或者车票还未开售，系统会持续查询余票数量，直到刷到余票。接着，选择购票乘客和坐席，执行购票功能。最后，自动发送邮件提醒用户购票成功，要尽快支付。

为了简化开发流程、降低开发难度，我们不打算开发一款抢票App或桌面应用程序，而是使用自动化测试工具Selenium，模拟用户使用浏览器登录12306，执行购票的过程。具体流程如下：

（1）通过Selenium打开浏览器（如Chrome），访问12306登录页面，如图13-1所示。

（2）输入用户名、密码并选择验证码，单击"登录"按钮，登录12306网站。

（3）进入12306查询页面，如图13-2所示。输入出发地、目的地、出发日期后，单击"查询"按钮，就会显示查询结果。如果购买的车票无余票或还未开售，则每隔一段时间自动单击"查询"按钮，不断刷票，直至显示有余票。这时，就单击"预定"按钮。

（4）进入选择乘客页面，如图13-3所示。首先，选择购票的乘客，如果乘客为儿童，页面会弹出一个温馨的提示框，需要将其关闭。然后，选择乘客所乘的坐席。最后单击"确认购票"按钮。

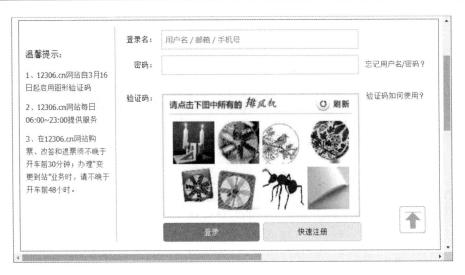

图 13-1　12306 登录页面

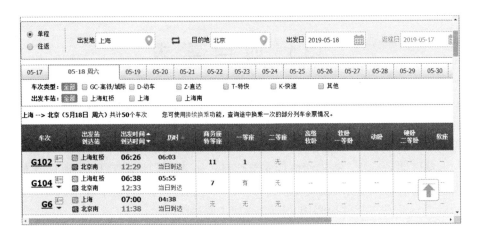

图 13-2　12306 查询页面

2019-05-18（周六）　G102次 上海虹桥站（06:26开）—北京南站（12:29到）

商务座（￥1748.0）11张票　一等座（￥933.0）1张票票　二等座（￥553.0）无票

*显示的卧铺票价均为上铺票价，供您参考。具体票价以您确认支付时实际购买的铺别票价为准。

乘客信息（填写说明）

| 👤 | ☑ 张涛 | ☑ | ☑ 吴 | ☑ 张 | ☑ 张 |

序号	票种	席别	姓名	证件类型	证件号码
1	成人票 ▼	一等座（￥933.0）▼		中国居民身份证 ▼	

图 13-3　选择乘客页面

（5）页面弹出信息核对确认对话框。确认对话框中如果有"确认"按钮，说明车票可购买，如图 13-4 所示；如果未显示，说明车票已被抢光，如图 13-5 所示。这时，页面会回到第（3）步中的查询页面，重复执行第（3）～（5）步，直到车票可购买。

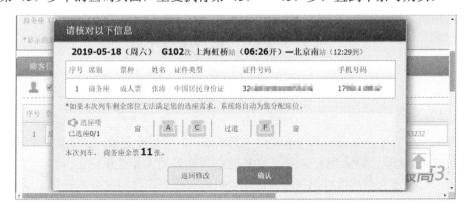

图 13-4　信息核对确认对话框（有票）

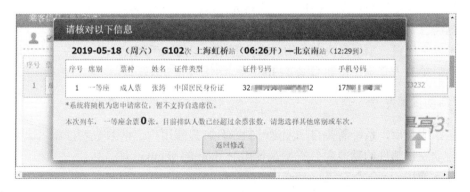

图 13-5　信息核对确认对话框（无票）

（6）购票成功，发送邮件。购票成功后，就会进入如图 13-6 所示的购票成功页面。然后发送邮件，提醒用户购票成功，需尽快支付。

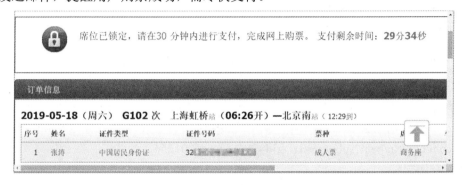

图 13-6　购票成功页面

以上购票的所有过程，除了第（2）步，其他几步都可以通过 Selenium 自动完成。从技术的角度来看，第（2）步要实现自动登录比较困难。下面一起来分析一下项目实现的相关技术。

13.2 技 术 分 析

1. 自动登录

说到 12306 的用户登录，不得不说到它的验证码。如果没有较广的知识面和极好的视力，估计 12306 的验证码会让人崩溃。12306 这样做的目的无非是想防止机器人程序的"骚扰"。因为这种连人类都难以识别的验证码，机器人程序识别起来自然就更加困难了。

从技术的角度来看，要实现自动识别验证码，主要有两个途径。

- 借助于打码平台。但打码平台不仅收费，而且很多都是人工识别的。
- 借助于深度学习算法。但该方式实现难度大，识别准确率低，且超出了本书的知识范畴。

鉴于以上问题，本项目决定让用户自主登录，即用户手动输入用户名、密码并选择验证码，然后单击"登录"按钮登录 12306。

2. 自动发邮件

在购票成功后，系统需要自动发送一封邮件，提醒用户已购票成功，需尽快支付。如何实现自动发送邮件的功能呢？答案是使用 Python 的 yagmail 库。

首先，使用 pip 命令安装 yagmail。

```
>pip install yagmail
```

yagmail 库安装成功后，就可以实现邮件发送功能了，主要有以下两个步骤。

（1）连接邮件服务器。

在发送邮件之前，需要确定一个发件人的邮箱服务器。使用 yagmail 的 SMTP 方法可以实现邮件服务器的连接，代码如下：

```
import  yagmail
yag = yagmail.SMTP( user="user@163.com", password="1234", host='smtp.163.com')
```

SMTP 方法需要传入 3 个参数：user 是发件人的邮箱地址，password 是邮箱密码，host 是邮箱服务器地址。不过有的邮箱服务器需要设置授权码（如 QQ 邮箱），这时，参数 password 中就要输入获取的授权码。QQ 邮箱授权码的设置可以参考地址 https://service.mail.qq.com/cgi-bin/help?subtype=1&&id=28&&no=1001256。

（2）发送邮件。

使用 yagmail 的 send 方法实现邮件的发送。send 方法的参数主要有：

- to：目标邮箱地址（收件人）。支持多邮箱发送，存储于列表中。
- subject：邮件标题。
- contents：邮件正文内容。
- attachments：上传的附件。支持多个附件上传，存储于列表中。默认为 None。
- cc：抄送。默认为 None。
- bcc：密件抄送。默认为 None。

以下代码实现了邮件的发送功能：

```
message = "亲，您的票已经抢到了，请在半个小时之内前往支付！"
yag.send(to="user@qq.com", subject='12306 抢票系统通知', contents=message)
```

13.3　项目实现及解析

13.3.1　搭建 Scrapy 项目框架

1．环境准备

首先，要确保项目实现的开发和运行环境已经搭建完成，主要有：
- Anaconda：Python 开发环境；
- Scrapy：Scrapy 爬虫框架；
- Selenium：自动化测试工具；
- yagmail：邮件发送模块。

下面就可以搭建 Scrapy 项目框架了。

2．新建Scrapy项目

使用命令新建一个名为 tickets 的 Scrapy 项目。

```
>scrapy startproject tickets
```

3．配置settings.py选项

在项目配置文件 settings.py 中，需要设置以下几个配置项：
- 设置 robots 协议：ROBOTSTXT_OBEY 为 False；
- 设置用户代理：USER_AGENT；
- 启用下载器中间件：TicketsDownloaderMiddleware。

```
#设置 robots 为 False
ROBOTSTXT_OBEY = False
```

```
#设置用户代理 USER_AGENT
USER_AGENT = "Mozilla/5.0 (Windows NT 10.0;Win64; x64) " \
            "AppleWebKit/537.36 (KHTML, like Gecko) " \
            "Chrome/68.0.3440.106 Safari/537.36"

#启用 TicketsDownloaderMiddleware
DOWNLOADER_MIDDLEWARES = {
    'tickets.middlewares.TicketsDownloaderMiddleware': 543,
}
```

13.3.2　实现获取站点信息的爬虫

12306 会专门维护一张站点信息表，包含站点名、站点编码和站点汉语拼音的简拼等。在查询票务信息时，用户输入的出发地和目的地会转换为对应的站点编码，再通过站点编码查询车票信息，如图 13-7 所示。

图 13-7　查询页面

因此，我们需要获取这张站点信息表的数据。获取站点信息的 URL 地址为 https://kyfw. 12306.cn/otn/resources/js/framework/station_name.js?station_version=1.9040。如果通过浏览器访问，就会显示站点信息的所有内容，如图 13-8 所示。

```
var station_names ='@bjb|北京北|VAP|beijingbei|bjb|0@bjd|北京
东|BOP|beijingdong|bjd|1@bji|北京|BJP|beijing|bj|2@bjn|北京
南|VNP|beijingnan|bjn|3@bjx|北京西|BXP|beijingxi|bjx|4@gzn|广州
南|IZQ|guangzhounan|gzn|5@cqb|重庆北|CUW|chongqingbei|cqb|6@cqi|重
庆|CQW|chongqing|cq|7@cqn|重庆南|CRW|chongqingnan|cqn|8@cqx|重庆
西|CXW|chongqingxi|cqx|9@gzd|广州东|GGQ|guangzhoudong|gzd|10@sha|
上海|SHH|shanghai|sh|11@shn|上海南|SNH|shanghainan|shn|12@shq|上海
虹桥|AOH|shanghaihongqiao|shhq|13@shx|上海
西|SXH|shanghaixi|shx|14@tjb|天津北|TBP|tianjinbei|tjb|15@tji|天
```

图 13-8　显示站点信息的页面

由图 13-8 显示的站点信息可知，所有站点信息保存在一个名为 station_names 的变量中。站点之间通过符号@分隔，同一站点的不同字段则通过|分隔。我们需要从中提取站点

名和站点编码，如北京北|VAP、北京东|BOP、北京|BJP、北京南|VNP 等。下面来定义一个爬虫，获取站点信息并将其保存到文件中。

1. 定义爬虫类

在项目的 spiders 目录下，新建一个名为 sites_spider.py 的爬虫源文件，代码如下：

```python
from scrapy.spiders import Spider
from scrapy import Request
import re
import os
class SitesSpider(Spider):
    name = "sites"
    def start_requests(self):
        #获取站点信息的 URL
        url = 'https://kyfw.12306.cn/otn/resources/' \
              'js/framework/station_name.js?station_version=1.9040'
        yield Request(url)

    def parse(self, response):
        #使用正则表达式获取站点名和站点编码
        #\u4e00-\u9fa5 为 unicode 格式的汉字编码范围
        #字符串前的 r 用于防止字符转义，如\n 就不会转义为换行符
        sites = re.findall(r'([\u4e00-\u9fa5]+)\|([A-Z]+)',response.text)
        #如果站点文件存在，则删除该文件
        if(os.path.exists("sites.txt")):
            os.remove("sites.txt")
        #将站点信息保存到文件中
        with open("sites.txt","a",encoding="utf-8") as f:
            for site_name, site_code in sites:
                #以"站点名:站点编码"的形式保存到文件
                f.write(site_name+":"+site_code+"\n")
```

在 parse()方法中，只用一行代码就将数据（站点名和站点编码）提取到。

```python
sites = re.findall(r'([\u4e00-\u9fa5]+)\|([A-Z]+)',response.text)
```

正则表达式中的([\u4e00-\u9fa5]+)为 unicode 格式的汉字编码范围，匹配了所有汉字，([A-Z]+)匹配了所有的大写字母。因此，所有"站点名|站点编码"格式的字符串，如"北京|VPN"，就会全部被提取出来。最后将站点信息保存到文件 sites.txt 中。

2. 运行爬虫程序

通过以下命令运行爬虫程序：

```
>scrapy crawl sites
```

爬虫程序执行完成后，在项目根目录下生成了文件 sites.txt，文件内容如图 13-9 所示。事实上，该爬虫程序不会被频繁执行，只有 12306 更新站点内容时，才需要同步更新。

图 13-9 保存站点信息的文件

13.3.3 实现站点处理类

在抢票过程中,会多次用到与站点相关的功能,可以专门为此设计一个站点处理的类。该类的主要功能有:
- 从文件中获取站点信息。
- 判断站点是否存在。
- 根据站点名获取站点编号。

在项目中的 tickets 目录下,新建源文件 SitesCode.py,实现站点处理的类,代码如下:

```python
#站点处理类
class SitesCode:
    def __init__(self):
        self.sites = {}                         #存储站点名和站点编码的字典
        self.get_sites_from_file()              #从文件中获取站点信息

    #从文件中获取站点信息（站点名和站点编码）
    def get_sites_from_file(self):
        with open("sites.txt", "r", encoding="utf-8") as f:
            for site in f:
                site = site.strip("\n").split(":")
                                                #清除换行符并获取站点名和站点编码
                site_name = site[0]             #站点名
                site_code = site[1]             #站点编码
                self.sites[site_name] = site_code

    #判断站点名是否存在
    def is_exist(self,site_name):
        if site_name not in self.sites:
            return False                        #站点名不存在
        return True                             #站点名存在

    #根据站点名获取编码
    def name_2_code(self,site_name):
        return self.sites[site_name]
```

在 SitesCode 类的构造函数 __init__()中，定义了一个属性 sites，用于存储站点名和站点编码的字典；然后调用方法 get_sites_from_file()从文件中获取站点信息。

方法 get_sites_from_file()实现了从文件获取站点信息的功能，然后将其存储于属性 sites 中；方法 is_exist()实现了判断站点名是否存在的功能；方法 name_2_code()实现了根据站点名获取站点编码的功能。

13.3.4　实现购票类

购票功能是本项目的核心部分。纵观整个购票过程，需要实现以下几个功能。
- 读取用户购票信息。
- 通过 Chrome 浏览器访问 12306 的登录页面。
- 查询车票信息。
- 获取购买车票的详细信息。
- 选择乘客和席别。
- 核对预定的车票。
- 发送邮件。
- 保持登录状态。

以上所有功能，可以通过一个购票类来实现。下面来定义一个购票类并实现这些功能。

1. 定义类及构造函数

在项目中的 tickets 目录下，新建源文件 Tickets.py。在 Tikets.py 中，定义类 Tickets。以下代码实现了构造函数的功能：

```
#coding:utf-8
from selenium import webdriver                    #导入浏览器引擎模块
from selenium.webdriver.common.by import By       #导入定位方式模块
from selenium.webdriver.support.ui import WebDriverWait    #导入等待模块
from selenium.webdriver.support import expected_conditions as EC
                                                   #导入预期条件模块
from selenium.common.exceptions import TimeoutException    #导入异常模块
from selenium.webdriver.support.select import Select   #导入 Select 模块
from tickets.SitesCode import SitesCode            #导入站点处理类
import yagmail                                     #导入邮件模块
import time

class Tickets(object):
    #构造函数
    def __init__(self):
        #1.声明 Chrome 的对象 driver
        self.driver = webdriver.Chrome()           #驱动 Chrome 浏览器进行操作
        #2.获取购票信息（出发地、目的地、出发日期、车次、坐席、乘客）
        self.tickets_info=[]
```

```
    self.read_tickets_from_file()
    #3.生成站点处理类的实例
    self.sites = SitesCode()

#从文件中读取购票信息
def read_tickets_from_file(self):
    with open('buy_tickets.txt',"r",encoding="utf-8") as f:
        for line in f:
            self.tickets_info.append(line.strip("\n"))
```

首先，导入 Selenium 相关模块、站点处理类及 time 类；然后，定义一个基于 object 的类 Tickets。在类的构造函数中，实现了以下 3 个功能。

（1）声明 Chrome 浏览器对象 driver。

（2）获取购票信息。为了实现自动化的购票过程，用户需要将购票的信息保存到一个文件中（buy_tickets.txt 置于项目根目录下），内容有出发地、目的地、出发日期、车次、坐席、乘客姓名及邮箱地址，书写格式如图 13-10 所示。如果有多个乘客，需以英文格式的逗号加以间隔，如"张涛,张三丰"。

图 13-10　存有用户购票信息的文件

方法 read_tickets_from_file()实现了从文件 buy_tickets.txt 中获取购票信息，保存到属性 tickets_info 中。

（3）生成站点处理类的实例 sites，供其他方法使用。

2．访问登录页面

通过 Selenium 打开 Chrome 浏览器并访问 12306 的登录页面。在类 Tickets 中定义方法 login()，实现展示登录页面的功能，代码如下：

```
#展示登录页面
def login(self):
    # 打开 URL 对应的页面（登录页面）
    self.driver.get("https://kyfw.12306.cn/otn/login/init")
    try:
        # 设置显式等待，最长等待 100 秒
        wait = WebDriverWait(self.driver, 100)
        # 如果登录成功，则会跳转到下面的 URL 页面中
```

```
            wait.until(EC.url_to_be('https://kyfw.12306.cn/otn/view/index.html'))
      except TimeoutException:                    #因超时抛出异常
          return False                            #异常
      return True
```

在方法 login()中，首先，使用 Chrome 浏览器对象 driver 的 get()方法打开 12306 的登录页面；接着，使用显式等待方法 WebDriverWait()，等待用户输入用户名、密码和验证码，并单击"登录"按钮（最长等待 100 秒钟）。如果用户成功登录，会跳转到个人中心页面（URL 为 https://kyfw.12306.cn/otn/view/index.html）。

3．查询车票信息

用户成功登录后，需要进入车票查询页面，实现车票查询的操作，而查询的条件是自动填充到输入框中的。但是，如果仅仅是将站名填充到输入框中，是无法实现查询功能的。下面通过实际操作来看一下问题所在。笔者在出发地或目的地输入框中，输入"苏州"后，下方就会出现一个相关的站点列表，然后需要从列表中选择一个站点（即使文字一致也需要选择），否则输入的文字无效，如图 13-11 所示。

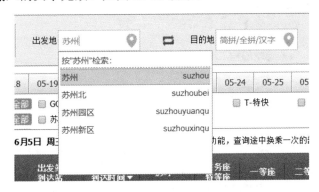

图 13-11　12306 的搜索栏

通过 Chrome 浏览器的"开发者工具"，不难发现，紧接着出发地的输入框（id 为 fromStationText 的 input 元素），有一个隐藏的输入框（id 为 fromStation 的 input），其 value 值默认为空。当选择了"苏州"项时，value 就变为 SZH，而这个 SZH 就是"苏州"对应的站点编码，如图 13-12 所示。

```
▼<div class="inp-w">
    <input id="fromStation" type="hidden" value="SZH" name=
    "leftTicketDTO.from_station"> == $0
    <input type="text" id="fromStationText" class="inp-txt
    inp_selected" value name="leftTicketDTO.from_station_name">
    <span class="i-city" id="fromStation_icon_image" style=
    "cursor: pointer;"></span>
  </div>
```

图 13-12　站名对应的站点编码

由此可见，12306 从隐藏的输入框中获取出发地和目的地的站点编码，并作为查询条件，来实现查询功能。因此，本项目要实现出发地和目的地的自动填充功能，需要先获取站点对应的站点编码，并将站点编码赋值给各自的隐藏输入框中。在类 Tickets 中定义方法 query_tickets()，实现查询车票信息的功能。代码如下：

```
#查询车票信息
def query_tickets(self,flag=0):
    if flag == 0:                               #0:跳转到票务查询页面并填充查询条件
        #1.跳转到车票查询页面
        self.driver.get('https://kyfw.12306.cn/otn/leftTicket/init')
        try:
            #2.设置出发地
            #显式等待，直到出发地输入框被加载
            from_station_input = WebDriverWait(self.driver, 100).until(
                EC.presence_of_element_located((By.ID, "fromStationText"))
                                            #设定预期条件
            )
            from_station_input.clear()      #清除输入框中的默认文字
            from_station_input.send_keys(self.tickets_info[0])
                                            #在输入框中输入出发地
            site_code = self.sites.name_2_code(self.tickets_info[0])
                                            #获取站点编码
            #JS：设置隐藏的输入框的值为出发地的编码
            js = "document.getElementById(\"fromStation\").value=\""+site_
            code+"\";"
            #执行 JS
            self.driver.execute_script(js)

            #3.设置目的地
            time.sleep(1)                   #暂停 1 秒
            #显式等待，直到目的地输入框被加载
            to_station_input = WebDriverWait(self.driver, 100).until(
                EC.presence_of_element_located((By.ID, "toStationText"))
                                            #设定预期条件
            )
            to_station_input.clear()        #清除输入框中的默认文字
            to_station_input.send_keys(self.tickets_info[1])
                                            #在输入框中输入出发地

            site_code = self.sites.name_2_code(self.tickets_info[1])
                                            #获取站点编码
            #js：设置隐藏的输入框的值为目的地的编码
            js = "document.getElementById(\"toStation\").value=\""+site_
            code+"\";"
            #执行 JS
            self.driver.execute_script(js)

            #4.设置出发日
            time.sleep(1)                   #暂停 1 秒
            #显式等待，直到出发日输入框被加载
```

```
        WebDriverWait(self.driver, 100).until(
            EC.presence_of_element_located((By.ID, "train_date"))
                                        #设定预期条件
        )

        #JS：设置输入框的值为出发日
        js = "document.getElementById(\"train_date\").value=\""+self.
        tickets_info[2]+"\";"
        #执行 JS
        self.driver.execute_script(js)
    except TimeoutException:         #因超时抛出异常
        return False                 #超时

try:
    #5.单击"查询"按钮
    # 显式等待，直到查询按钮被加载
    WebDriverWait(self.driver, 100).until(EC.element_to_be_clickable
    ((By.ID,"query_ticket")))
    # 如果可以找到查询按钮执行单击事件
    searchButton = self.driver.find_element_by_id("query_ticket")
    searchButton.click()
    # 显式等待，直到车票信息被加载
    WebDriverWait(self.driver, 100).until(
        EC.presence_of_element_located((By.XPATH, ".//tbody[@id='query
        LeftTable']/tr")))
except:
    return False
return True
```

该方法中，主要实现了 5 大功能：

- 跳转到车票查询页面。用户登录后，需要跳转到车票查询页面。这里使用 Chrome 浏览器对象 driver 的 get()方法实现页面的跳转。
- 设置出发地。将预设的出发地名称（预存于 buy_tickets.txt 中）填充到出发地的输入框中。首先，使用显示等待方法 WebDriverWait()，等待出发地输入框被加载；然后，使用 clear()方法清除输入框中的文字，使用 send_keys()方法设置出发地；最后，使用站点处理类的 name_2_code()方法获取站点名称对应的站点编码，使用 driver 的 execute_script()方法执行 JS 语句。该语句实现将站点编码赋值到隐藏的输入框中。
- 设置目的地。将预设的目的地名称（预存于 buy_tickets.txt 中）填充到目的地的输入框中。实现方法与设置出发地一样。
- 设置出发日期。将预设的出发日期填充到出发日期的输入框中。同样是使用 driver 的 execute_script()方法执行 JS 语句实现。
- 单击"查询"按钮。首先，使用显式等待方法 WebDriverWait()，等待"查询"按钮加载进来；然后，使用 find_element_by_id()方法获取"查询"按钮对象，并使用 click()方法执行单击功能；最后，等待查询结果被加载。

在方法 query_tickets() 中，带有一个默认值为 0 的参数 flag。flag=0 意味着需要跳转到票务查询页面并填充查询条件，flag≠0 意味着当前本来就处于查询页面中，无须执行页面跳转并填充查询条件的功能。

4．获取购买车票的详细信息

查询后，页面会展示所有符合条件的车票信息的列表，如图 13-13 所示。而我们关心的是预定车票的余票情况。因此，先要找到预定的车票，再获取该车票预定坐席的余票情况。如果还有余票，则单击右侧的"预定"按钮。

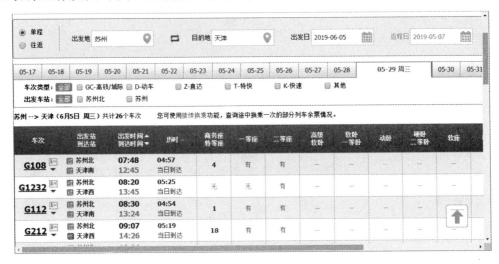

图 13-13　车票查询结果页

在类 Tickets 中定义方法 get_ticket()，实现获取购买车票的详细信息的功能，代码如下：

```
#获取购买车票的详细信息
def get_ticket(self):
    #1.获取所有车票信息的列表
    #获取所有不包含datatran属性的tr标签
    tr_list = self.driver.find_elements_by_xpath(".//tbody[@id ='queryLeftTable']"
                                                  "/tr[not(@datatran)]")

    #2.定位到购买的车次，获取余票数量，执行预定功能
    for tr in tr_list:
        train_number = tr.find_element_by_class_name('number').text
                                                  #获取车次编号
        if train_number == self.tickets_info[3]:      #找到购买的车次
            if self.tickets_info[4] in ["商务座","特等座"] :
                #获取商务座余票数量
                left_ticket = tr.find_element_by_xpath('.//td[2]/div').text
            elif  self.tickets_info[4] == "一等座":
                #获取一等座余票数量
                left_ticket = tr.find_element_by_xpath('.//td[3]').text
            elif self.tickets_info[4] == "二等座":#席别：二等座
```

```
                   #获取二等座余票数量
          left_ticket = tr.find_element_by_xpath('.//td[4]').text
      elif self.tickets_info[4] == "高级软卧":
          #获取高级软卧余票数量
          left_ticket = tr.find_element_by_xpath('.//td[5]').text
      elif self.tickets_info[4] in ["软卧","一等卧"]:
          #获取软卧/一等卧余票数量
          left_ticket = tr.find_element_by_xpath('.//td[6]').text
      elif self.tickets_info[4] == "动卧":
          #获取动卧余票数量
          left_ticket = tr.find_element_by_xpath('.//td[7]').text
      elif self.tickets_info[4] in ["硬卧","二等卧"]:
          #获取硬卧/二等卧余票数量
          left_ticket = tr.find_element_by_xpath('.//td[8]').text
      elif self.tickets_info[4] == "软座":
          #获取软座余票数量
          left_ticket = tr.find_element_by_xpath('.//td[9]').text
      elif self.tickets_info[4] == "硬座":
          #获取硬座余票数量
          left_ticket = tr.find_element_by_xpath('.//td[10]').text
      elif self.tickets_info[4] == "无座":
          #获取无座余票数量
          left_ticket = tr.find_element_by_xpath('.//td[11]').text
      elif self.tickets_info[4] == "其他":
          #获取其他余票数量
          left_ticket = tr.find_element_by_xpath('.//td[12]').text
      else:
          return -1                        #席别不存在

      if left_ticket == '--':              #席别不存在
          return -1                        #席别不存在
  #有票的情况（显示"有"或具体的余票数量）
  if left_ticket == '有' or left_ticket.isdigit():
      orderButton = tr.find_element_by_class_name('btn72')
                                           #获取预定按钮
      if orderButton.is_enabled():         #按钮可单击
          orderButton.click()              #单击"预定"按钮
          return 1                         #按钮可单击，单击了"预定"按钮
      else:
          time.sleep(3)                    #暂停 3 秒钟
          return -2                        #无票
  else:                                    #无票的情况
      time.sleep(3)                        #暂停 3 秒钟
      return -2                            #无票或车票还未开售
  return -3                                #车次不存在
```

该方法中，主要实现了两个功能。

（1）获取所有车票信息的列表。使用 Chrome 浏览器对象 driver 的 find_elements_by_xpath()方法，获取所有不包含 datatran 属性的 tr 标签（车票信息存储于此）。

（2）定位到购买的车次，获取余票数量，执行预定功能。首先，依次遍历所有的车票，直到找到要购买的车次；然后，获取该车次要购买坐席的余票数量，如果还有余票（显示"有"或者具体余票数量），则使用 find_element_by_class_name()方法获取"预定"按钮，再使用 click()方法执行按钮的单击，实现车票的预定。如果无票或车票还未开售，则暂停3 秒。在该方法中，根据不同的情况，返回的值也不相同，-1 表示预定的席别不存在，-2表示无票或车票还未开售，1 表示有余票。

5．选择乘客和席别

当查询到预定车票的坐席还有余票，并单击"预定"按钮后，就进入"乘客信息"确认页面，如图 13-14 所示。

图 13-14　乘客信息确认页面

在"乘客信息"确认页面中，需要选择购票的乘客和席别类型，如果选择的乘客是儿童，则会弹出如图 13-15 所示的"温馨提示"对话框。对于这种情况，我们需要定义一个方法来实现关闭"温馨提示"对话框的功能。

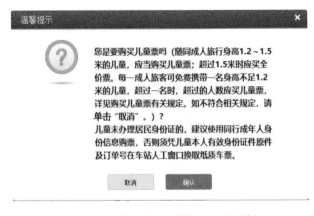

图 13-15　弹出的"温馨提示"对话框

在类 Tickets 中定义方法 children_dialog()，实现关闭温馨提示对话框的功能，代码如下：

```python
#处理弹出的"温馨提示"对话框
def children_dialog(self):
    try:
        #显式等待，直到提示对话框的确认按钮被加载
        WebDriverWait(self.driver, 3).until(
            EC.presence_of_element_located((By.ID, 'dialog_xsertcj_ok')))
        #获取"确认"按钮
        okButton = self.driver.find_element_by_id('dialog_xsertcj_ok')
        #单击"确认"按钮
        okButton.click()
    except:                        #抛出异常
        pass
```

在方法 children_dialog()中，首先，使用显式等待方法 WebDriverWait()，等待"温馨提示"对话框被加载；然后，获取对话框中的"确认"按钮；最后，单击"确认"按钮，实现关闭"温馨提示"对话框的功能。

下面在类 Tickets 中定义方法 order_ticket()，实现选择乘客和席别的功能，代码如下：

```python
#预定车票
def order_ticket(self):
    try:
        #显式等待，直到显示乘客确认页面
        WebDriverWait(self.driver, 100).until(
            EC.url_to_be('https://kyfw.12306.cn/otn/confirmPassenger/initDc'))
        #显式等待，直到所有的乘客信息被加载完毕
        WebDriverWait(self.driver, 100).until(
            EC.presence_of_element_located(
                (By.XPATH, ".//ul[@id='normal_passenger_id']/li")))
    except TimeoutException:                         #因超时抛出异常
        return False
    #获取所有的乘客信息
    passanger_labels = self.driver.find_elements_by_xpath(
        ".//ul[@id='normal_passenger_id']/li/label")
    order_passangers = self.tickets_info[5].split(",")  #获取购票的乘客姓名
    #勾选所有购票的乘客
    amount = 0                                       #购票乘客数量
    for passanger_label in passanger_labels:         #遍历所有的 label 标签
        name = passanger_label.text                  #获取乘客的姓名
        if name in order_passangers:                 #判断姓名是否与购票乘客的名字吻合
            amount+=1
            passanger_label.click()                  #选择购票乘客（checkbox 为选中状态）
            self.children_dialog()                   #如果是儿童，会弹出"温馨提示"对话框，
                                                     #需要单击"确认"按钮
    #席别
    SEAT_TYPE = {
        "商务座": '9',                               #商务座
        "特等座": 'P',                               #特等座
        "一等座": 'M',                               #一等座
        "二等座": 'O',                               #二等座
```

```
        "高级软卧": '6',                          #高级软卧
        "软卧": '4',                              #软卧
        "硬卧": '3',                              #硬卧
        "软座": '2',                              #软座
        "硬座": '1',                              #硬座
        "无座": '1',                              #无座
    }
    #选择席别
    for i in range(1,amount+1):                   #遍历所有
        id = 'seatType_%d'%i
        #根据 value 值选择坐席
        value = SEAT_TYPE[self.tickets_info[4]]   #获取预定的席别的 value 值
        Select(self.driver.find_element_by_id(id)).select_by_value(value)

    #获取提交订单的按钮
    submitButton = self.driver.find_element_by_id('submitOrder_id')
    submitButton.click()                          #单击"提交订单"按钮，提交订单
    return True
```

首先，使用显式等待方法 WebDriverWait()，等待乘客确认页面加载完毕。

然后，使用 find_elements_by_xpath()方法获取页面中所有乘客的姓名。遍历所有乘客，判断乘客姓名是否与购票的乘客吻合，如果吻合，则对该姓名执行 click 操作，选中该乘客。如果选择的乘客是儿童，则会弹出"温馨提示"对话框，调用上面的 children_dialog() 方法将其关闭。

接着，定义一个字典 SEAT_TYPE，存储席别信息，12306 会将每个席别对应一个 value 值，从席别的下拉列表框中，可以获取这些 value 值，如图 13-16 所示。通过 find_element_by_id()方法定位到席别下拉列表框后，再使用 Select 的 select_by_value()方法选择预定的席别。

图 13-16　席别对应的 value 值

最后，使用 find_element_by_id()方法获取"提交订单"按钮（id 为 submitOrder_id），使用 click()方法执行按钮的单击操作。

6. 核对预定的车票

在选择购票乘客，单击"提交订单"按钮后，就会弹出如图 13-17 所示的"核对以下信息"对话框。部分车次还支持选座功能（本项目不实现），单击"确认"按钮后，就可以等待购票成功的提示消息了。

图 13-17 "核对以下信息"对话框

有时也会出现排队人数超过余票数量，导致无法购票的情况，如图 13-18 所示。这时"确认"按钮就会被隐藏起来。遇到这种情况，就需要重新跳转到车票查询页面，重新刷票。

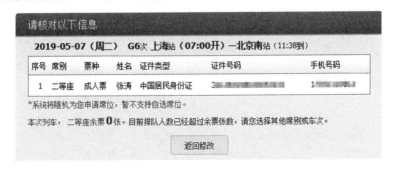

图 13-18 排队人数超过余票数量确认框

在类 Tickets 中定义方法 confirm_dialog()，实现核对预定车票的功能，代码如下：

```
#核对信息对话框
def confirm_dialog(self):
    try:
        #显式等待，直到核对订单对话框被加载
        WebDriverWait(self.driver, 100).until(
            EC.presence_of_element_located((By.CLASS_NAME, 'dhtmlx_wins_body_
            outer')))
```

```
            # 显式等待，直到"确认"按钮被加载
            WebDriverWait(self.driver, 100).until(
                EC.presence_of_element_located((By.ID, 'qr_submit_id')))
            time.sleep(2)                          #等待"确认"按钮可用
            #单击"确认"按钮
            ConButton = self.driver.find_element_by_id('qr_submit_id')
            # 如果页面显示"确认"按钮，则单击该按钮
            if ConButton.is_displayed():
                ConButton.click()
                return True
            else:
                return False                       #余票不足，需要重新回到票务信息页面
        except TimeoutException:                   #因超时抛出异常
            return False
```

在方法 confirm_dialog()中，首先，使用显式等待方法 WebDriverWait()，等待核对订单对话框和"确认"按钮被加载完毕；然后，使用 find_element_by_id()方法获取"确认"按钮（id 为 qr_submit_id）。如果"确认"按钮被显示，则使用 click()方法单击"确认"按钮；如果"确认"按钮是隐藏的（无票的情况），则返回 False。

7．发送邮件

如果购票成功，系统会向指定的邮箱（预存于 buy_tickets.txt 中）发送一份邮件，告知用户购票成功，请前往支付，实现代码如下：

```
#发送邮件
def mail_to(self,):
    try:
        #显式等待，直到购票成功页面被加载（说明购票成功）
        WebDriverWait(self.driver, 5).until(
            EC.presence_of_element_located((By.CLASS_NAME, 'i-lock ')))
        #连接邮件服务器
        yag = yagmail.SMTP(user='user@163.com',          #用户名
                    password='123456',                   #密码
                    host='smtp.163.com',                 #主机
                    port='465')                          #端口
        message = "亲，抢票成功，请在半个小时之内前往支付!"
        #发送邮件
        yag.send(to=self.tickets_info[6],
                                      #目标邮箱地址（从buy_tickets.txt 中获取）
                subject='12306 购票成功通知',             #邮件标题
                contents=message)                        #邮件内容
    except TimeoutException:                             #因超时抛出异常
        return False
    return True
```

首先，使用显式等待方法 WebDriverWait()，等待购票成功页面被加载；然后，使用 yagmail 的 SMTP()方法连接邮件服务器；最后，使用 send()方法完成邮件的发送。

8. 保持登录状态

用户登录后，需要一直保持登录状态，以便实现自动购票功能。而实际情况是，如果用户长时间（大约十几分钟）不访问登录后的页面，下次就需要重新登录。为了保持这种登录状态，使用的方法是每隔一段时间访问用户的个人中心，访问方法是单击车票查询页面右上方的用户名链接，如图 13-19 所示。

图 13-19 访问用户的个人中心

下面在类 Tickets 中定义方法 keep_loading()，实现访问用户的个人中心，保持登录状态的功能，代码如下：

```python
#保持登录状态
def keep_loading(self):
    try:
        #获取链接
        link = self.driver.find_element_by_id('login_user')
        #单击链接
        link.click()
    except:                  #抛出异常
        pass
```

代码很简单。首先，使用 find_element_by_id()方法获取用户名的链接；然后，使用 click()方法单击该链接。

9. 其他功能

在购票过程中，难免会出现一些异常情况，如站点不存在、坐席不存在等。这时就应该弹出一个带有错误信息的提示框，告知用户具体的出错信息。

下面在类 Tickets 中定义方法 show_message()，实现显示提示框的功能，代码如下：

```python
#显示提示框
def show_message(self,msg):
    #调用JS
    self.driver.execute_script("alert(\""+msg+"\");")
```

在类 Tickets 中定义方法 site_is_exist()，实现判断站点是否存在的功能，代码如下：

```
#判断站点是否存在
def site_is_exist(self):
    if False==self.sites.is_exist(self.tickets_info[0]):
                                                    #判断出发地的站点是否存在
        return -1
    if False==self.sites.is_exist(self.tickets_info[1]):
                                                    #判断目的地的站点是否存在
        return -2
    return 0
```

13.3.5　实现购票功能

购票功能是本项目的核心部分。首先，我们新建一个爬虫，用于发送一个 Request 请求。接着，在下载器中间件（DownloaderMiddleware）中使用 Selenium 操控 Chrome 浏览器实现抢票功能。下面来看一下爬虫类的定义及下载器中间件中功能的实现。

在项目的 spiders 目录下，新建一个名为 tickets_spider.py 的爬虫源文件，代码如下：

```
from scrapy import Request
from scrapy.spiders import Spider
class TicketsSpider(Spider):
    #定义爬虫名称
    name = 'tickets'

    #获取初始 Request
    def start_requests(self):
        url = "https://kyfw.12306.cn/otn/login/init"
        #生成请求对象，设置 URL
        yield Request(url)
```

在爬虫类 TicketsSpider 中，定义了爬虫的名称为 tickets。在 start_requests 方法中，生成了一个 Request 请求对象，通过 yield 发送该请求。下载器中间件接收到请求后，就可以实现使用 Selenium 操控 Chrome 浏览器实现抢票功能了。

打开下载器中间件源文件 middlewares.py，找到类 TicketsDownloaderMiddleware，在这个类中，实现抢票功能，实现代码如下：

```
from selenium.webdriver.common.by import By              #导入 By 模块
from selenium.webdriver.support.wait import WebDriverWait #导入等待模块
from selenium.webdriver.support import expected_conditions as EC
                                                          #导入预期条件模块
from tickets.Tickets import Tickets                       #导入购票类
import time
class TicketsDownloaderMiddleware(object):
    def process_request(self, request, spider):
        if spider.name == "tickets":                      #判断 name 是 tickets 的爬虫
            self.tickets = Tickets()                       #生成购票类的对象
            flag = 0                                        #是否需要跳转到票务查询页面
            count = 0                                       #计数器
            #1.判断出发地和目的地站点名称的合法性
            if self.tickets.site_is_exist()==-1:
```

```
                self.tickets.show_message("出发地的站点不存在，请重新设置。")
                return None
            elif self.tickets.site_is_exist()==-2:
                self.tickets.show_message("目的地的站点不存在，请重新设置。")
                return None
        #2.用户登录
        if self.tickets.login()==True:          # 登录成功
            while True:
                count+=1                         #每循环一次加1
                #3.查询票务信息
                if self.tickets.query_tickets(flag) == True:
                    #4.获取预定的车次信息
                    result=self.tickets.get_ticket()
                    if -1==result:               #坐席不存在
                        self.tickets.show_message("坐席不存在，请确认坐席的正
                        确性。")
                        break
                    elif -2==result:             #无票或车票还未开售
                        flag=1                    #无须重新加载票务查询页面
                        if count%100 == 0:
                            flag=0                #重新加载票务查询页面
                            #单击登录的用户名，保持登录状态
                            self.tickets.keep_loading()
                    elif -3==result:             #预定的车次不存在
                        self.tickets.show_message("预定的车次不存在。")
                        break
                    else:#1:正常，已经单击了"预定"按钮
                        #5.预定车票
                        if self.tickets.order_ticket()==True:
                            #6.核对订单
                            if self.tickets.confirm_dialog()==True:
                                #7.购票成功后，发送邮件
                                if self.tickets.mail_to()==True:
                                    break        #购票成功，退出
                            flag = 0             #重新跳转到票务查询页面
                        else:                    #超时
                            flag=0               #重新跳转到票务查询页面
        else:
            self.tickets.show_message("登录超时，请重新启动程序。")
        time.sleep(500)                          #购票成功后，暂停一段时间，防
                                                 止页面被关闭
        return None
```

在源文件 middlewares.py 中，先导入需要用到的模块，如 Selenium 相关模块及购票类。在类 TicketsDownloaderMiddleware 中，找到 process_request()方法，购票的整个过程正是在该方法中实现的。购票过程共有 6 个步骤，代码也是围绕这些步骤实现的。

（1）判断出发地和目的地站点名称的合法性。首先，生成 Tickets 类的对象 tickets；然后，调用 tickets 的 site_is_exist()方法判断出发地和目的地站点名称是否存在，如果不存

在，则调用 tickets 的 show_message()方法在页面中弹出出错对话框。

（2）用户登录。如果出发地和目的地站点名称均正确，则调用 tickets 的 login()方法载入 12306 的登录页面；如果登录成功，就进入车票查询页面。

（3）查询票务信息。当用户登录成功后，就进入车票查询页面。这时调用 tickets 的 query_tickets()方法，自动输入出发地、目的地和出发日期，并自动单击"查询"按钮，实现车票查询功能。这样，页面下部就会显示车票查询的结果。

（4）获取预定的车票信息。当页面显示查询结果后，就可以调用 tickets 的 get_ticket()方法获取预定的车票信息，最后得到下面 4 种不同的情况。

a)坐席不存在。调用 tickets 的 show_message()方法弹出出错对话框。

b)无票或车票还未开售。回到步骤（3），重复执行第（3）步和第（4）步，直到有余票。

c)预定的车次不存在。调用 tickets 的 show_message()方法弹出出错对话框。

d)有余票。此时，就进入步骤（5）预定车票功能。

（5）预定车票。如果有余票，就可以调用 tickets 的 order_ticket()方法选择购票乘客。

（6）核对订单。选择完购票乘客后，就可以调用 tickets 的 confirm_dialog()方法，单击核对订单对话框中的"确认"按钮。这样，订单就会进入排队状态，执行购票程序了。

（7）发送邮件。购票成功后，调用 tickets 的 mail_to()方法向指定的邮箱发送一封邮件。

13.3.6　运行项目

通过以下命令运行爬虫程序。

```
>scrapy crawl tickets
```

项目运行后，其运行过程跟项目需求所要求的流程一致，具体可参考 13.1 节的内容。

13.3.7　优化项目

另外，本项目有一些功能未实现，还有一些特殊情况也未考虑，读者可以自行实现和优化。

1．选座功能

部分车次提供选座功能，可在如图 13-17 中的"核对以下信息"对话框中选取心仪的座位。

2．特殊情况

在购票过程中，还需要考虑各种特殊情况，针对这些特殊情况，做出相应的处理。

（1）暂不办理业务：离开车时间不足半小时，会暂停办理购票业务，如图 13-20 所示。

图 13-20　提示框：该车次暂不办理业务

（2）有未处理的订单：只要有未处理的订单，就无法再办理购票业务，如图 13-21 所示。

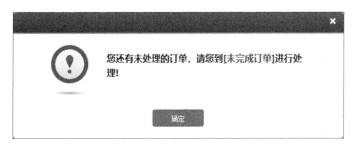

图 13-21　提示框：有未处理订单

（3）取消次数过多：订票取消操作一天最多可执行 3 次，否则当天无法再办理购票业务，如图 13-22 所示。

图 13-22　提示框：取消次数过多

13.4　本 章 小 结

本章完成了一个综合项目：抢票软件的实现。通过本章的学习，相信大家会进一步加深对 Scrapy 框架的理解，提高使用 Scrapy 解决实际问题的能力。

推荐阅读

人工智能极简编程入门（基于Python）

作者：张光华 贾庸 李岩　书号：978-7-111-62509-4　定价：69.00元

"图书+视频+GitHub+微信公众号+学习管理平台+群+专业助教"立体化学习解决方案

本书由多位资深的人工智能算法工程师和研究员合力打造，是一本带领零基础读者入门人工智能技术的图书。本书的出版得到了地平线创始人余凯等6位人工智能领域知名专家的大力支持与推荐。本书贯穿"极简体验"的讲授原则，模拟实际课堂教学风格，从Python入门讲起，平滑过渡到深度学习的基础算法——卷积运算，最终完成谷歌官方的图像分类与目标检测两个实战案例。

从零开始学Python网络爬虫

作者：罗攀 蒋仟　书号：978-7-111-57999-1　定价：59.00元

详解从简单网页到异步加载网页，从简单存储到数据库存储，从简单爬虫到框架爬虫等技术

本书是一本教初学者学习如何爬取网络数据和信息的入门读物。书中涵盖网络爬虫的原理、工具、框架和方法，不仅介绍了Python的相关内容，而且还介绍了数据处理和数据挖掘等方面的内容。本书详解22个爬虫实战案例、爬虫3大方法及爬取数据的4大存储方式，可以大大提高读者的实际动手能力。

从零开始学Python数据分析（视频教学版）

作者：罗攀　书号：978-7-111-60646-8　定价：69.00元

全面涵盖数据分析的流程、工具、框架和方法，内容新，实战案例多
详细介绍从数据读取到数据清洗，以及从数据处理到数据可视化等实用技术

本书是一本适合"小白"学习Python数据分析的入门图书，书中不仅有各种分析框架的使用技巧，而且也有各类数据图表的绘制方法。本书重点介绍了9个有较高应用价值的数据分析项目实战案例，并介绍了NumPy、pandas库和matplotlib库三大数据分析模块，以及数据分析集成环境Anaconda的使用。

推荐阅读

深度学习之TensorFlow：入门、原理与进阶实战

作者：李金洪　书号：978-7-111-59005-7　定价：99.00元

磁云科技创始人/京东终身荣誉技术顾问李大学、创客总部/创客共赢基金合伙人李建军共同推荐
一线研发工程师以14年开发经验的视角全面解析深度学习与TensorFlow应用

本书是一本有口皆碑的畅销书，采用"理论+实践"的形式编写，通过96个实战案例，全面讲解了深度学习和TensorFlow的相关知识，涵盖数值、语音、语义、图像等多个领域。书中每章重点内容都配有一段教学视频，帮助读者快速理解。本书还免费提供了所有案例的源代码及数据样本，以方便读者学习。

深度学习与计算机视觉：算法原理、框架应用与代码实现

作者：叶韵　书号：978-7-111-57367-8　定价：79.00元

全面、深入剖析深度学习和计算机视觉算法，西门子高级研究员田疆博士作序力荐
Google软件工程师吕佳楠、英伟达高级工程师华远志、理光软件研究院研究员钟诚博士力荐

本书全面介绍了深度学习及计算机视觉中的基础知识，并结合常见的应用场景和大量实例带领读者进入丰富多彩的计算机视觉领域。作为一本"原理+实践"教程，本书在讲解原理的基础上，通过有趣的实例带领读者一步步亲自动手，不断提高动手能力，而不是枯燥和深奥原理的堆砌。

深度学习之图像识别：核心技术与案例实战（配视频）

作者：言有三　书号：978-7-111-62472-1　定价：79.00元

奇虎360人工智能研究院/陌陌深度学习实验室资深工程师力作
凝聚作者6余年的深度学习研究心得，业内4位大咖鼎力推荐

本书全面介绍了深度学习在图像处理领域中的核心技术与应用，涵盖图像分类、图像分割和目标检测的三大核心技术和八大经典案例。书中不但重视基础理论的讲解，而且从第4章开始的每章都提供了一两个不同难度的案例供读者实践，读者可以在已有代码的基础上进行修改和改进，加深对所学知识的理解。